新编21世纪高等职业教育精品教材

土木建筑类

工程结算

（第二版）

主　审◎张　英

主　编◎马行耀　马也驰　张奕驰

副主编◎李秋晨　张孝允　黄　芳

王洁娴

中国人民大学出版社

·北京·

图书在版编目（CIP）数据

工程结算 / 马行耀，马也驰，张奕驰主编．--2 版．
北京：中国人民大学出版社，2025.6．--（新编 21 世纪
高等职业教育精品教材）．--ISBN 978-7-300-33438-7
Ⅰ．TU723.3
中国国家版本馆 CIP 数据核字第 2024ZL9929 号

新编 21 世纪高等职业教育精品教材 · 土木建筑类
工程结算（第二版）
主　审　张　英
主　编　马行耀　马也驰　张奕驰
副主编　李秋晨　张孝允　黄　芳　王洁娴
Gongcheng Jiesuan

出版发行	中国人民大学出版社		
社　　址	北京中关村大街 31 号	**邮政编码**	100080
电　　话	010－62511242（总编室）		010－62511770（质管部）
	010－82501766（邮购部）		010－62514148（门市部）
	010－62511173（发行公司）		010－62515275（盗版举报）
网　　址	http://www.crup.com.cn		
经　　销	新华书店		
印　　刷	北京溢漾印刷有限公司	**版　　次**	2021 年 10 月第 1 版
开　　本	787 mm × 1092 mm　1/16		2025 年 6 月第 2 版
印　　张	18	**印　　次**	2025 年 6 月第 1 次印刷
字　　数	353 000	**定　　价**	48.00 元

前言 PREFACE

工程结算作为工程管理的重要组成部分，是施工企业顺利完成工程项目施工、实现经营效益的关键环节。工程结算是一项专业性、知识性、技巧性、政策性较强的工作，不仅需要结算人员掌握工程结算专业知识、相关政策法规，还需要了解相关的专业设计、材料设备采购、施工方法与投资控制等多方面的基础知识。可以说，工程结算是一项多学科综合性的工作。

“工程结算”课程是高等职业教育工程造价专业、职业本科工程造价专业、应用型本科工程造价专业的核心课程，也是工程管理类专业的主干课程。学习这种实践性比较强的课程需要配套理实一体化教材。本书依据工程结算的规则和程序编写，辅以相应的案例加以说明，通俗易懂、步骤清晰、应用性强。本书既重视理论知识的阐述，也注重工程结算实例的讲解，体现了“做中学”和“学中做”，让学生在做中学习，在做中发现规律、获取知识，从而达到学以致用的目的。

本书以习近平新时代中国特色社会主义思想为指导，深入贯彻落实党的二十大精神，将思想道德建设与专业素质培养融为一体，着力培养爱党爱国、敬业奉献，具有工匠精神的高素质技能型人才。

本书主要内容有工程结算概论、工程结算的编制依据和审核依据、工程结算的编制程序与方法、工程结算的编制内容、工程索赔、工程结算的管理、工程结算软件应用、工程结算编制实例等。

本书由浙江建设职业技术学院马行耀，中建一局马也驰、张奕驰担任主编；浙江建设职业技术学院黄芳、王洁娴，中建一局李秋晨、张孝允担任副主编；中汇工程咨询有限公司叶佳赟，浙江城建规划设计院有限公司操龙玉，萧山区第四中等职业学校齐琳，广联达科技股份有限公司袁浩等参与编写。

由于编写时间及编者水平有限，本书的疏漏和不妥之处在所难免，恳请读者批评指正。

编者

目录 CONTENTS

项目 1　工程结算概论

项目导读

工程建设周期长，耗用资金数额大，为使建筑安装企业在施工中耗用的资金及时得到补偿，需要对工程价款进行中间结算（进度款结算）、年终结算，全部工程竣工验收后应进行工程竣工结算。工程竣工结算是核定建设工程造价的依据，也是建设项目竣工验收后编制竣工决算和核定新增固定资产价值的依据。因此，工程竣工结算直接关系到施工单位的切身利益与建设单位建设项目的投资控制，做好这项工作意义重大。

在工程结算的编审过程中，由于编审人员所处的地位、立场和目的不同，且编审人员的工作水平参差不齐，编审结果存在一定程度的差距均属正常。因此，只有更加全面、透彻地掌握、了解更多的结算知识，才能更好地完成工程竣工结算工作，维护己方的利益。

项目重点

1. 工程结算的概念。
2. 工程结算与工程决算的联系和区别。
3. 工程竣工结算概述。

素养目标

通过对本项目的学习，学生可以了解工程结算的概念、作用、原则、分类等；了解工程结算与工程决算的联系与区别；知道工程竣工结算相关合同的规定、作用、编制依据、内容、编制方法、编制步骤等。

任务 1 工程结算概述

任务目标

- 了解工程结算的概念、作用、原则和分类
- 了解工程决算的概念
- 了解工程结算与工程决算的区别

工程结算的初步认知

1.1.1 工程结算的初步认知

1. 工程结算的概念

根据《建设工程工程量清单计价标准》（GB/T 50500–2024）规定，发承包双方应按照合同约定的时限、计价方式办理工程结算。合同约定执行施工过程结算的，发承包双方应按合同约定的施工过程结算节点、程序和方法，进行相关施工过程结算的计量与支付。合同工程整体竣工验收合格，发承包双方应按合同约定的结算期办理工程竣工结算。

2. 工程结算的作用

（1）反映工程进度。

在施工过程中，工程结算的依据之一就是按照已完成的工程进行结算，根据累计已结算工程价款占合同总价款的比例能够近似地反映出工程的进度情况。

（2）加速资金周转。

施工单位尽快尽早地结算工程款有利于偿还债务和回笼资金，降低内部运营成本。通过加速资金周转，提高资金的使用效率。

（3）考核经济效益。

对施工单位来说，及时结清工程款，可以有效避免经营风险，获得相应的利润，进而实现良好的经济效益。

（4）确定资产的重要依据。

工程结算是建设单位进行工程决算、确定固定资产投资额度的重要依据之一。

3. 工程结算的原则

《建设工程价款结算暂行办法》第五条明确规定：从事工程价款结算活动，应当遵循合法、平等、诚信的原则，并符合国家有关法律、法规和政策。

《建设项目工程结算编审规程》对工程造价咨询企业承接工程结算委托业务也做出明确规定：工程造价咨询企业和工程造价专业人员承担工程结算的编制或审查，应以建设工程施工合同为依据，并应遵循合法、独立、公平、公正和诚实信用的原则。

4. 工程结算的分类

工程结算可以分为施工过程结算和工程竣工结算两种。

（1）施工过程结算，是指在工程实施过程中，施工企业依据施工合同中关于付款条款的有关规定和工程进展所完成的工程量，按照规定程序向建设单位收取工程价款的一项经济活动。这种结算方式反映了工程进度，是加速资金周转和考核经济效益的重要环节。工程价款结算方式包括按月结算、竣工后一次结算、分段结算、目标结算，以及结算双方约定的其他结算方式。

1）按月结算，即实行旬末或月中预支，月终结算，竣工后清算的方法。跨年度竣工的工程，在年终进行工程盘点，办理年度结算。

2）竣工后一次结算。建设项目或单项工程全部建筑安装工程建设期在12个月以内，或者工程承包价值在100万元以下的，可以实行工程价款每月月中预支，竣工后一次结算。

3）分段结算，即当年开工，当年不能竣工的单项工程或单位工程，按照工程形象进度划分不同阶段进行结算。

4）目标结算，即在工程合同中，将承包工程的内容分解成不同的控制界面，以业主验收控制界面作为支付工程款的前提条件。也就是说，将合同中的工程内容分解成不同的验收单元，当施工单位完成单元工程内容并经业主验收后，业主支付构成单元工程内容的工程价款。

在目标结算方式下，施工单位要想获得工程价款，必须按照合同约定的质量标准完成界面内的工程内容，要想尽早获得工程价款，施工单位必须充分发挥自己的组织实施能力，在保证质量的前提下，加快施工进度。

5）结算双方约定的其他结算方式。

实行预付款的工程项目，在承包合同或协议中应明确发包单位在开工前拨付给承包单位预付款的数额、预付时间，开工后扣还预付款的起扣点、逐次扣还的比例，以及办理的手续和方法。

预付款的支付按照专用合同条款约定执行，但最迟应在开工通知载明的开工日期7天前支付。预付款应当用于材料、工程设备、施工设备的采购，以及修建临时工程、组织施工队伍进场等。除专用合同条款另有约定外，预付款在进度付款中同比例扣回。在颁发工程接收证书前，提前解除合同的，尚未扣完的预付款应与合同价款一并结算。发包人逾期支付预付款超过 7 天的，承包人有权向发包人发出要求预付的催告通知，发包人收到通知后 7 天内仍未支付的，承包人有权暂停施工，并按相关条款规定的发包人违约的情形执行。

（2）工程竣工结算，是指施工单位按照合同规定的内容，全部完成所承包的单位工程或单项工程，经有关部门验收质量合格，并符合合同要求后，按照规定程序向建设单位办理最终工程价款结算的一项经济活动。这是反映工程进度的主要指标，标志着工程的最终完成和款项的最终结算。

（3）合同解除结算，是指发承包双方协商一致解除合同的，应按双方达成的协议办理解除合同结算，支付相应价款。

1.1.2 工程决算的概念

工程决算是指整个建设工程全部完工并验收合格以后，通过编制工程决算书计算整个项目从立项到竣工验收、交付使用全过程中实际支付的全部建设费用，核定新增资产和考核投资效果的过程，计算出的价格称为工程决算价。工程决算价是整个建设工程最终的实际价格。

工程结算与工程决算的联系和区别

1.1.3 工程结算与工程决算的联系和区别

我们经常会听到有人把工程结算说成工程决算，认为两者是一个概念，其实这是错误的。它们之间既有联系，又有着本质的区别。

1. 工程结算与工程决算的联系

工程结算是指施工单位按照承包合同和已完成工程量向建设单位（业主）办理工程价款清算的经济文件。建设项目工程决算是指建设项目在竣工验收、交付使用阶段，由建设单位编制的反映建设项目从筹建开始到竣工投入使用为止的全过程中实际费用的经济文件。因此，工程结算是工程决算的编制基础。

2. 工程结算与工程决算的区别

（1）发生的时间不同。

工程结算是指施工单位按照合同规定的内容全部完成所承包的工程，并经质量验收合格，通过编制工程结算书向建设单位进行工程价款结算，是施工单位向建设单位索取最终工程价款清算的经济文件，是施工单位得到工程价款的重要依据。工程结算也叫工程价款结算，发生在工程竣工验收阶段。

工程决算是以实物数量和货币指标为计量单位，综合反映竣工项目从筹建开始到项目竣工交付使用为止的全部建设费用，真实地反映项目实际造价结算，并客观地评价项目实际投资效果和财务情况的总结性文件，是核定新增固定资产价值、办理固定资产交付使用手续的依据。工程决算又称项目竣工财务决算，发生在项目竣工验收后。决算一般由项目法人单位编制或委托编制。

（2）内容不同。

工程结算是按工程进度、施工合同、施工监理情况办理的工程价款结算，并会根据工程实施过程中发生的超出施工合同范围的工程变更情况，调整施工图预算价格，确定工程项目的最终结算价格。它分为单位工程结算、单项工程结算和建设项目竣工总结算。

$$\text{竣工结算工程价款}=\text{合同价款}+\text{施工过程中合同价款调整数额}-\text{预付及已结算的工程价款}-\text{保修金}$$

工程决算包括从筹集到竣工投产全过程的全部实际费用，包括建筑工程费、安装工程费、设备工器具购置费用及预备费等费用。工程决算由竣工财务决算说明书、竣工财务决算报表、工程竣工图和工程竣工造价对比分析四部分组成。前两部分又称为建设项目竣工财务决算，是工程决算的核心内容。

（3）编审主体不同。

单位工程结算由承包人编制，发包人审查；实行总承包的工程，由具体承包人编制，在总承包人审查的基础上，发包人审查。单项工程结算或建设项目竣工总结算由总承包人编制，发包人可直接审查，也可以委托具有相应资质的工程造价咨询机构进行审查。工程结算属于工程造价人员的工作范畴，是由施工单位或者受其委托具有相应资质的工程造价咨询人编制的。工程结算在建设单位和施工单位之间进行，施工单位应该在合同规定的时间内编制完成竣工结算书，在提交竣工验收报告的同时递交给建设单位。建设单位在收到施工单位递交的竣工结算书后，应按合同约定的时间核实。合同中对核实竣工结算时间没有约定或者约定不明的，可以按照《建设工程价款结算暂行办法》中的相关规定处理。

建设工程决算的文件由建设单位负责组织人员编写，上报主管部门审查，同时抄送有关设计单位。大中型建设项目的工程决算还应抄送财政部、建设银行总行和省、自治区、直辖市的财政局和建设银行分行各一份。工程决算侧重于财务决算，主要由具备工程技术、计划财务、物资、统计等资质的有关部门的人员共同完成。财政部《关于进一步加强中央基本建设项目竣工财务决算工作的通知》指出，项目建设单位应在项目竣工后三个月内完成竣工财务决算的编制工作，并报主管部门审核。主管部门收到竣工财务决算报告后，对于按照规定由主管部门审批的项目应及时审核批复，并上报财政部备案。对于按规定上报财政部审批的项目，一般应在收到工程决算报告后一个月内完成审批工作，并将经其审核后的决算报告上报财政部审批。

（4）编制依据不同。

工程结算编制的主要依据是《建设工程价款结算暂行办法》，此外还包括国家有关法律、法规、规章制度和相关的司法解释，建设工程量清单计价规范，施工承发包合同、专业分包合同及补充合同；有关材料、设备采购合同；招投标文件，包括招标答疑文件、投标承诺、中标报价书及其组成内容；施工图、施工图会审记录，经批准的施工组织设计，以及设计变更工程洽商和相关会议纪要；双方确认的工程量、双方确认追加（减）的工程价款；双方确认的索赔、现场签证事项及价款等。

工程决算编制的主要依据是《基本建设财务规则》，包括经批准的可行性研究报告、投资估算书、初步设计或扩大初步设计、修正总概算及其批复文件；招标控制价、承包合同、工程结算等有关资料；历年基建计划、历年财务决算及批复文件；设备、材料调价文件和调价记录；有关财务核算制度、办法和其他有关资料。

（5）作用不同。

1）工程结算的作用体现在以下几个方面：

a. 经过双方共同认可的竣工结算是核定建设工程造价的依据。工程结算审核是合理确定工程造价的必要程序及重要手段，通过对竣工结算进行全面、系统的检查和复核，及时纠正所存在的错误和问题，可以更加合理地确定工程造价，并达到有效控制工程造价的目的，保证项目目标管理的实现。

b. 工程结算是施工单位向建设单位办理最终工程价款清算的经济技术文件，是施工单位得到工程价款的重要依据。

c. 竣工结算书作为工程竣工验收备案、交付使用的必备文件，也是建设项目验收后编制工程决算和核定新增固定资产价值的依据。

2）工程决算的作用体现在以下几个方面：

a. 建设项目工程决算是综合、全面地反映竣工项目建设成果及财务情况的总结性文件，采用货币指标、实物数量、建设工期和各种技术经济指标，综合、全面地反映建设项目自开始建设到竣工为止的全部建设成果和财务状况。

b. 建设项目工程决算是办理交付使用资产的依据，也是竣工验收报告的重要组成部分。

c. 建设项目工程决算是分析和检查设计概算执行情况、考核建设项目管理水平和投资效果的依据。

（6）目标不同。

工程结算是在施工工程已经竣工后编制的，反映的是基本建设工程的实际造价。

工程决算是竣工验收报告的重要组成部分，是正确核算新增固定资产价值、考核分析投资效果、建立健全经济责任的依据，是反映建设项目实际造价和投资效果的文件。

总之，工程结算是一个实体工程的建筑和安装的工程费用，工程决算是一个工程从无到有的所有相关费用。工程结算是工程决算的一个重要组成部分，而工程决算包含了工程结算的内容。

任务2 工程竣工结算概述

任务目标

- 了解施工合同文本中关于工程竣工结算的相关要求。
- 掌握工程竣工结算的编制方法，了解编制过程中应注意的事项。

1.2.1 工程竣工结算相关合同规定

《建设工程施工合同（示范文本）》(GF-2017-0201）对竣工结算做了如下规定。

1. 竣工结算申请

除专用合同条款另有约定外，承包人应在工程竣工验收合格后28天内向发包人和监理人提交竣工结算申请单，并提交完整的结算资料，有关竣工结算申请单的资料清单和份数等要求由合同当事人在专用合同条款中约定。

工程竣工结算相关合同规定

除专用合同条款另有约定外，竣工结算申请单应包括以下内容：

（1）竣工结算合同价格。

（2）发包人已支付承包人的款项。

（3）应扣留的质量保证金。已缴纳履约保证金的或提供其他工程质量担保方式的除外。

（4）发包人应支付承包人的合同价款。

2. 竣工结算审核

（1）除专用合同条款另有约定外，监理人应在收到竣工结算申请单后14天内完成核查并报送发包人。发包人应在收到监理人提交的经审核的竣工结算申请单后14天内完成审批，并由监理人向承包人签发经发包人签认的竣工付款证书。监理人或发包人对竣工结算申请单有异议的，有权要求承包人进行修正和提供补充资料，承包人应提交修正后的竣工结算申请单。

发包人在收到承包人提交竣工结算申请书后 28 天内未完成审批且未提出异议的，视为发包人认可承包人提交的竣工结算申请单，并自发包人收到承包人提交的竣工结算申请单后第 29 天起视为已签发竣工付款证书。

（2）除专用合同条款另有约定外，发包人应在签发竣工付款证书后的 14 天内，完成对承包人的竣工付款。发包人逾期支付的，按照中国人民银行发布的同期同类贷款基准利率支付违约金；逾期支付超过 56 天的，按照中国人民银行发布的同期同类贷款基准利率的两倍支付违约金。

（3）承包人对发包人签认的竣工付款证书有异议的，对于有异议部分应在收到发包人签认的竣工付款证书后 7 天内提出异议，并由合同当事人按照专用合同条款约定的方式和程序进行复核或按照《建设工程施工合同（示范文本）》第 20 条（争议解决）约定处理。对于无异议部分，发包人应签发临时竣工付款证书，并按（2）完成付款。承包人逾期未提出异议的，视为认可发包人的审批结果。

3. 甩项竣工协议

发包人要求甩项竣工的，合同当事人应签订甩项竣工协议。在甩项竣工协议中应明确，合同当事人按照竣工结算申请及竣工结算审核的约定，对已完合格工程进行结算，并支付相应合同价款。

4. 最终结清

（1）最终结清申请单。除专用合同条款另有约定外，承包人应在缺陷责任期终止证书颁发后 7 天内，按专用合同条款约定的份数向发包人提交最终结清申请单，并提供相关证明材料。

除专用合同条款另有约定外，最终结清申请单应列明质量保证金、应扣除的质量保证金、缺陷责任期内发生的增减费用。

发包人对最终结清申请单内容有异议的，有权要求承包人进行修正和提供补充资料，承包人应向发包人提交修正后的最终结清申请单。

（2）最终结清证书和支付。除专用合同条款另有约定外，发包人应在收到承包人提交的最终结清申请单后 14 天内完成审批并向承包人颁发最终结清证书。发包人逾期未完成审批，又未提出修改意见的，视为发包人同意承包人提交的最终结清申请单，且自发包人收到承包人提交的最终结清申请单后 15 天起视为已颁发最终结清证书。

除专用合同条款另有约定外，发包人应在颁发最终结清证书后 7 天内完成支付。发包人逾期支付的，按照中国人民银行发布的同期同类贷款基准利率支付违约金；逾期支付超过 56 天的，按照中国人民银行发布的同期同类贷款基准利率的两倍支付违约金。

承包人对发包人颁发的最终结清证书有异议的，按争议解决的约定办理。

1.2.2 工程竣工结算的作用

工程竣工结算审查是合理确定工程造价的必要程序及重要手段。通过对竣工结算进行全面、系统的检查和复核，及时纠正存在的问题和错误，能更加合理地确定工程造价，达到有效控制工程造价的目的，保证项目目标管理的实现。

工程竣工结算由施工单位编制，是施工单位获得工程款项的重要依据。它直接关系到建设单位和施工单位的切身利益，对于双方的价款结算、总结分析建设过程中的经验教训、提高工程造价管理水平、积累技术经济资料，都具有重要意义。工程竣工结算的作用如下：

（1）工程竣工结算是确定工程最终造价以及建设单位和施工单位办理结算价款的依据，是完结建设单位和施工单位的合同关系和经济责任的依据。

（2）工程竣工结算为承包商确定工程最终收入，是承包商经济核算和考核工程成本的依据。

（3）工程竣工结算反映建筑安装工程工作量和实物量的实际完成情况，是业主编报项目竣工决算的依据。

（4）工程竣工结算反映建筑安装工程实际造价，是编制概算定额、概算指标的基础资料。

（5）工程竣工结算是修订概（预）算定额和制定降低建设成本方案的重要依据。因为竣工结算反映了竣工项目实际物化劳动消耗和活劳动消耗的数量，为总结基本建设经验、积累各项技术经济资料、提高基本建设管理水平提供了基础资料。

（6）工程竣工结算是考核经济效益的重要指标。对于施工单位来说，只有工程款如数结清，才意味着避免了经营风险，施工单位才能够获得相应的利润，进而达到良好的经济效益。

（7）工程竣工结算是施工单位统计最终完成工作量和竣工面积、核算工程成本、考核企业盈亏的依据。

（8）竣工结算是加速资金周转的重要环节。施工单位可以尽快尽早地结算工程款、偿还债务、回笼资金，降低内部运营成本，并通过加速资金周转来提高资金的使用效率。

1.2.3 工程竣工结算书的编制依据

结算资料是编制工程竣工结算书的重要依据，它是在施工过程中不断收集而形成的，必须为原始资料。编制竣工结算书的主要依据如下：

（1）招标文件。

（2）投标文件。

（3）施工合同（协议）书及补充施工合同（协议）书。

（4）图纸（设计图、竣工图等）。

（5）图纸交底及图纸会审纪要。

（6）双方确认追加（减）的工程价款。

（7）双方确认的工程量。

（8）设计变更资料。

（9）施工现场签证和施工记录。

（10）调价部分的材料进货原始发票及运杂费单据，或列明材料品名、规格、数量、单价、金额等内容的明细表，并有建设单位、施工单位双方签章。

（11）甲方提供材料的名称、规格、数量、单价汇总表，并经建设单位、施工单位双方核对签章。

（12）工程竣工报告和竣工验收单。

（13）工程停工、复工报告。

（14）会议纪要。

（15）工程所执行的定额文件、国家及地方的调整文件等。

1.2.4 工程竣工结算书的编制内容

工程竣工结算书的主要内容如下：

（1）封面。

（2）编制说明。

（3）工程结算表。

（4）附件。

1）业主认厂、认质、认价单。

2）工程变更签证单。

3）索赔确认单。

4）竣工图纸。

5）其他相关的支撑证据资料。

工程竣工结算书的编制方式

1.2.5 工程竣工结算书的编制方式

竣工结算中，合同书中对工程价款的约定及结算原则是施工合同最重要的条款之一。建设工程项目因复杂程度、规模大小、工期长短、资金来源、风险范围的不同，其施工合同价款的约定有不同的方式。

总结起来，主要包括固定价格合同、可调价格合同、成本加酬金合同。按照合同价款约定方式的不同，工程竣工结算的编制方式也有所区别。工程竣工结算的常见方式如下所述。

1. 预算结算方式

这种方式是把经过审定确认的施工图预算作为竣工结算的依据。在施工过程中发生的但在施工预算中未包括的项目和费用，经建设单位驻现场工程师签证，和原预算一起在工程结算时进行调整，因此又称这种方式为施工图预算加签证的结算方式。

2. 预算包干结算方式

这种方式的工程承包合同为总价承包合同。这种方式实际上是按照施工图预算加系数包干编制竣工结算。依据合同规定，若未发生包干范围以外的工程增减项目，包干造价就是最终结算造价。

工程竣工后，暂扣结算价的 3% 作为维修金，其余工程价款一次结清，在施工过程中所发生的材料代用、主要材料价差、工程量的变化等，如果合同中没有可以调价的条款，则一般不予调整。因此，凡按总价承包的工程，一般都列有一项不可预见费用。

3. 每平方米造价包干结算方式

这种方式是承发包双方根据施工图和有关技术经济资料，经计算确定出每平方米的造价，经双方协商签订每平方米造价指标的合同，在此基础上，按实际完成的平方米数进行结算。

4. 招标投标结算方式

如果工程实行招、投标时，承包方可对报价进行合理浮动。通常中标一方根据工期、质量、奖惩、双方所承担的责任签订工程合同，对工程实行造价一次性包干。合同所规定的造价就是竣工结算造价。在结算时只需将双方在合同中约定的奖惩费用和包干范围以外的增减工程项目列入，并作为“合同补充说明”放进工程竣工结算。

1.2.6 工程竣工结算书的编制步骤

工程竣工结算书的制作应按准备、编制和定稿三个工作阶段进行，并实行编制人、校对人和审核人分别署名盖章确认的内部审核制度。

工程竣工结算书的编制步骤

1. 结算编制准备阶段

（1）收集与工程结算编制相关的原始资料（工程变更的关联资料等）。

（2）熟悉工程结算资料的内容，进行分类、归纳和整理。

（3）召集相关单位或部门的相关人员参加工程结算预备会议，对结算内容和结算资料进行核对、充实与完善。

（4）收集建设期内影响合同价格的法律和政策性文件。

2. 结算编制阶段

（1）根据竣工图、施工图以及施工组织设计进行现场踏勘，对需要调整的工程项目进行观察、对照，以及必要的现场实测和计算，做好书面或影像记录。

（2）按施工合同约定的工程量计算规则计算需调整的分部分项、施工措施项目及其他项目工程量（已完工程工程量计算书）。

（3）按招标文件，施工发、承包合同规定的计价原则和计价办法对分部分项、施工措施项目及其他项目进行计价。

（4）对于工程量清单或定额缺项，以及采用新材料、新设备、新工艺的，应根据施工过程中的合理消耗和市场价格，编制综合单价或单位估价分析表。

（5）工程索赔应按合同约定的索赔处理原则、程序和计算方法提出索赔费用，经发包人确认后作为结算依据。

（6）汇总计算工程费用，包括编制分部分项费、施工措施项目费、其他项目费、零星工作项目费或直接费、间接费、利润和税金等表格，初步确定工程结算价格。

（7）编写编制说明。

（8）计算主要技术经济指标。

（9）提交结算编制的初步成果文件（待校对、审核）。

3. 结算编制定稿阶段

（1）由结算编制的部门负责人对初步成果文件进行检查、校对。

（2）由结算编制人单位的主管负责人审核批准。

（3）向建设单位提交经编制人、校对人、审核人和本单位盖章确认的正式结算编制文件。

1.2.7 工程竣工结算变更发生的原因

工程竣工结算的内容和编制方法与施工图预算基本相同，只是结合施工中设计变更、施工范围增减、材料价差、索赔等实际变动情况，在施工图预算基础上做部分增减调整。发生变更的主要原因有以下几个方面。

1. 设计单位提出的设计变更

工程开工后，由于某种原因，设计单位要求改变某些施工方法，经与建设单位协商后，填写设计变更通知单，作为结算增减工程量的依据。

2. 施工单位提出的设计变更

此种情况比较多见，因施工方面的原因，如施工条件发生变化、某种材料缺货需改用其他材料代替等，施工单位要求设计单位进行设计变更。经设计单位和建设单位同意后，填写设计变更洽商记录，作为结算增减工程量的依据。

3. 建设单位提出的设计变更

工程开工后，建设单位会根据自身的意向和资金筹措的情况，增减某些具体工程项目或改变某些施工方法。经与设计单位、施工单位、监理单位协商后，填写设计变更洽商记录，作为结算增减工程量的依据。

4. 监理单位或建设单位工程师提出的设计变更

此种情况是工程师发现工程有设计错误或不足之处，监理单位或建设单位经设计单位同意提出设计变更。

5. 施工中遇到某种特殊情况引起的设计变更

在施工中，如遇到一些原设计无法预计的情况，如发现古墓、遇到不可抗力等，需要进行处理的，由设计单位、建设单位、施工单位、监理单位共同研究，提出具体处理意见，填写设计变更洽商记录，作为结算增减工程量的依据。

1.2.8 工程竣工结算的审查

根据结算审查经验，审计单位在对工程竣工结算进行审查时，通常会对以下几点进行重点关注。

1. 工程量

建筑安装工程造价是随着工程量的增加而增加的，根据设计图纸、定额及工程量计算规则、专业设备材料表、建筑物和总图运输一览表，对已算出的工程量计算表进行审查，主要是审查工程量是否有漏算、重算和错算。审查要抓住重点详细计算和核对，其他分项工程可做一般性审查，审查时要注意工程量的尺寸数据来源和计算方法。

2. 定额子目选（套）用

定额子目选（套）用的审查，是审查工程结算选用的定额子目与该工程各分部分项工程特征是否一致，代换是否合理，有无高套、错套、重套等现象。

3. 材料价格和价差调整

材料价格的取定及材料价差的计算是否正确，对工程造价的影响很大，在工程竣工结算审核中不容忽视。所以，结算过程中，该项审查是审计单位的重点审查项目。通常，审查人员会审查以下几方面：

（1）工程材料的规格、型号和数量是否按设计施工图规定计取，建筑工程材料的数量是否按定额工料分析出来的材料数量计取。

（2）材料预算价格是否按规定计取。

（3）材料市场价格的取定是否符合施工期间的市场行情。

4. 取费及执行文件

取费标准是否符合定额及当地主管部门下达的文件规定，其他费用的计算是否符合双方签订的工程合同的有关内容（如工期奖、抢工费、措施费、优良奖等），这也是审计单位审查的项目之一。通常主要关注以下几方面：

（1）费用定额与采用的预算定额是否相配套。

（2）取费标准的取定与地区分类及工程类别是否相符。

（3）取费基数是否正确。

（4）按规定应放在独立费用中的签证，是否放在了定额直接费用中取费计算。

（5）是否有不该收取的费率照收。

（6）其他费用的计列是否有漏项。

（7）结算中是否正确地按国家或地方有关调整文件规定收费。

5. 现场签证

现场签证记录是工程竣工结算的依据之一。在施工过程中，它是甲、乙双方认可的工程实际变更记录，包括施工图预算未包括、工程承包合同的条款中未直接反映出来的内容等。它没有固定的形式，不具有规律性，编成补充定额或套预算定额，便构成了施工单位进行施工活动的基本内容，而且直接与施工企业的成本和费用开支密切相关。加强现场签证的管理，是施工单位和建设单位经济管理工作不可忽视的重要环节。在工程结算中，审计人员对现场签证一般着重审查以下几点：

（1）审查工程现场签证的工作内容是否已包括在预算定额内，凡是定额中已有明确规定的项目，不得计算现场签证费用。

（2）现场签证的内容、项目要清楚，只有金额、没有工程内容和数量、手续不完备的签证，不能作为工程竣工结算的凭证。

（3）人工、材料、机械使用量以及单价的确定要甲、乙双方协商确定。

（4）凡现场签证必须具备甲方驻工地代表和施工单位现场负责人双方的签字或盖章，口头承诺不能作为竣工结算的依据。

1.2.9 按实结算的工程竣工结算的编制注意事项

近年来，介于固定价格合同与可调价格合同之间的一种按实结算工程价款的合同模式越来越多地出现在建设工程项目中，被习惯性地称为“按实结算合同”。一般对于工程项目规模较大、工期较长、施工难度大且工期紧张、设计图纸不完善或边设计边施工、预计施工变更较多的工程项目，常采用按实结算合同方式。在按实结算施工合同中，双方约定暂定合同价和按实结算原则，工程竣工后，施工方按结算原则编制竣工结算，经建设方审核后的竣工结算即可作为最终合同价款。

在编制按实结算合同的工程竣工结算时，应注意以下事项。

1. 签好按实结算合同中关于结算的条款

签好按实结算合同中关于结算的条款，决定着竣工结算的质量及水平。

在合同签订阶段，施工单位造价人员应全程介入与业主的合同谈判中，用专业知识和语言在合同中准确、详细地描述按实结算原则及方法，避免前后矛盾、含混不清、缺漏或产生歧义。按实结算条款主要应阐明以下几方面内容（以定额计价方式为例）：

（1）按实结算合同条款中应约定执行的定额标准，包括执行的装饰装修工程及安装工程定额编号、配套取费文件名称、安全文明施工费的计算方法、人工费是否调差及调差单价等。

（2）按实结算合同条款中应约定主材及设备的计价方式，包括主材及设备由发包人认质、认厂、认价；或主材及设备应执行政府造价管理部门颁布的信息指导结算价格。若采用造价信息上颁布的价格，合同中应约定以哪一年、哪一期的信息为准。若工程中有甲方提供的设备及材料，应约定甲方提供的设备及材料的上下车费、仓管费等费用的计算方法。

（3）按实结算合同条款中应约定工程量的计算原则，包括工程量逐层逐项按实收方或按甲方及监理确认的竣工图计算等。

（4）按实结算合同条款中应约定下浮比例及方式，包括总价下浮，扣除甲方认质、认价的主材及设备后下浮等方式。

（5）其他按实结算费用的计算方法中包括的总包配合费、设计费、措施费等计价定额中未包括的费用，均应在合同结算条款中予以详细约定。

2. 做好主材和设备的认质、认厂、认价工作

做好主材和设备的认质、认厂、认价工作是竣工结算的关键。

一般按实结算工程中的主材及设备（未计价材料）均由业主认质、认厂、认价，这就要求施工方材料及预结算人员把好材料价格关，详细收集材料价格信息资料，密切关注材料价格的涨落幅度，做到货比三家。

尽管是按实结算，合同价款也仅是暂定合同价款，但施工方在施工前仍需按设计图纸编制详细的工程预算书，并按工程预算书详细列出工程所用主材及设备的规格、名称、型号、数量，分批分期报业主认厂、认价，避免遗漏和重复报价。

业主审核后的核价单返还给施工方时，施工方一定要核实以下几项内容，保证设备及材料的认价合理，并能顺利完成采购：

（1）与核价单相对应的各种主材及设备的生产厂家应明确，生产厂家及品牌不同，其价格也不同。

（2）核价单中核定的价格是否包括运输费及上下车费，是工厂交货价还是工地交货价，是否包括采管费。

（3）核价单中应明确核价日期（期间），当钢材等用量较大的材料价格上涨时，可及时要求业主对涨价部分重新核价。

（4）核价单需由业主授权代表签字并加盖有效印章，确保核价单的有效性。由于核价单一般是在施工前核价，竣工结算时作为结算依据，核价及竣工结算之间的时间跨度很长，少则数月，多则几年，因此做好核价单的签字确认工作非常重要。

3. 做好工程变更签证的编制、审核、收集、管理工作

做好工程变更签证的编制、审核、收集、管理工作，为竣工结算做好准备。

工程实施阶段，是整个项目建设过程中时间跨度最长、变化最多的阶段，这一阶段工程变更签证的管理是造价人员的工作重点，工程变更签证管理得好，日后的竣工结算就会更加快捷和完善。若工程实施中不及时办理变更签证，竣工结算时仅靠口头说明及回忆，竣工结算根本无法顺利完成，受损失的必然是施工单位。

工程变更签证一般有以下几种形式，应分不同情况进行处理：

（1）设计变更签证。设计变更签证一般在工程尚未实施前进行，施工方可将变更部分的工程内容绘入竣工图中或实际完成后由收方确认，待到工程完工时一并结算。

（2）隐蔽工程量变化签证。这类变更的工程量无法在竣工图中体现，因为这是工程变更的中间环节，其完成后已被新的实体工程覆盖，更无法在竣工后到实地核查，这就要求其变更签证必须在工程实施过程中及时完成，如根据业主要求对已完工程量进行拆除就属于这类签证范畴。这种变更发生时，应立即请业主对变更部分的工程量进行确认，对拆除部分材料的报废及利用率予以详细约定，最好采取先算账后变更的方法。当然，为满足工程进度要求，确实需要立即变更的，即使当时无法确定变更价格，也应在签证单中约定变更价格的计算方法，才能保证竣工结算时能合理可靠地计算变更发生的费用。

（3）零星工程现场签证。这种类型的签证主要包括业主对施工方的临时借工（用工）、业主方委托施工方完成的合同外零星工程内容等的签证。这类现场签证，因其完成的工作较零星，无法套用相关定额或标准进行计算，发生时，最好的方法就是在签证中约定一个固定的包干价格或者确认一个用工数量。

此外，需要特别提醒的是，各种类型的工程变更签证均应详细写明变更工作内容、变更原因、变更工程量等，同时，业主、监理、设计等相关各方授权代表签字齐全，并加盖有效印章，才能保证变更签证的合法性和有效性，避免竣工结算时发生扯皮现象。

4. 抓好竣工图绘制及现场收方工作

竣工图绘制及现场收方工作是竣工结算最重要的环节。竣工结算价款的高低由价、量和结算水平三个因素决定。结算水平由合同条款约定，价以双方确认的核价为准，所以工程量是决定竣工结算价款高低的关键。按实结算项目的工程量确认有以下两种方式：

（1）由施工方绘制竣工图，经业主代表、监理工程师核实并签字后，作为甲、乙双方竣工结算的依据。大部分按实结算工程均采用此种方式计算工程量。

（2）由业主、监理、施工方三方代表共同现场收方，三方签字确认的收方记录作为竣工结算的依据。这种计算工程量的方式适用于小型工程项目。

就一个工程项目而言，以上两种方式结合起来作为竣工结算工程量确认的方法也是很常见的。对于项目较复杂、竣工图无法表达的区域采用按实收方的方式确定工程量，其余部分采用竣工图计算工程量。

无论采用何种方式，竣工图的绘制都是非常重要的。为了保证竣工图的质量，从而保证工程量计算的准确性，竣工图的绘制需要注意以下几点：

（1）竣工图的绘制应根据工程实际进展陆续进行，才能保证竣工图绘制的准确性。工程项目的建设周期较长，如果没有在工程实际进行中陆续绘制竣工图，就失去了竣工图绘制的最好时机。若等到工程竣工后，为应付竣工验收而绘制竣工图，不仅容易错画，更容易漏画，结果必然给竣工结算带来巨大损失和影响。即使在竣工结算时发现了漏画内容，但因时间较长、相关人员离开项目部无法确认等原因，施工方能追加计算的可能性很小。

（2）绘制竣工图时，应采用图示与文字相结合的方式表达，不明之处增补大样图，确保结算编制人员及审核人员能准确无误地读懂竣工图，从而提高竣工结算中计算工程量的准确性。

（3）竣工图绘制完成后的自审自查是必不可缺的环节，这个环节把握得好将在竣工结算时发挥非常大的作用，保证施工方的经济利益得到全面实现。这里推荐一种竣工图审查方法：在竣工图绘制完成后，由造价人员先按竣工图计算工程量。同时，材料部采购人员将该工程项目领用的全部设备及材料汇总后交给造价人员，造价人员将计算工程量与实际领用数量逐一核对。若发现计算工程量少于实际领用量，应由技术人员核查竣工图并逐一修改，最后完成的竣工图作为终版竣工图送审。这种方法有利于发现错画、漏画的内容，是一种很好的自查方法，在实际工作中行之有效。

5. 做好竣工结算的编制、资料收集、汇总、移交工作

竣工结算包括计算工程量、计价、套用定额等一系列过程，最终的成果是竣工结算书，这是造价工作者必备的能力。

按实结算工程的竣工结算工作非常复杂，虽然结算工作是在工程完工交付后才开始的，但结算的准备、管理工作却贯穿于工程项目建设的全过程。按实结算工程投入在管理上的人力、物力要远多于固定价格合同方式的建设项目，但这类工程项目的利润往往要比总包价的工程项目高，因为它避免了激烈的市场竞争、互相压价的环节。

项目实训

实训主题

某建设项目采用《建设工程工程量清单计价标准》清单招标，该项目的招标控制价为人民币 300 万元，招标文件约定为固定单价合同，由投标人自行现场勘察，措施费用自行报价并包干使用，无论招标工程量变化与否，措施费用均不调整。经过投标、评标等工作，某施工单位以人民币 288 万元中标并施工。工程结算时发现下列问题：

（1）中标单位的投标文件中所有措施费用为 0 元，包括必要的模板费、临设费以及招标文件约定的文明施工基本费（土建 2%、安装 1%）、考评费（土建 1%、安装 0.5%）等。

（2）招标人编制的工程标底中部分清单的工程量存在较大误差。

（3）招标时未提供地质勘测报告，基础施工时发现流沙，施工单位报建设和监理单位同意后，采用钢板桩结合井点降水加固。建设和监理单位均对此进行了签证。按招标口径计算钢板桩 50 万元，井点降水 22 万元。

在结算时发生如下争议：

（1）结算工程量与招标工程量变化超过 15% 的单价和模板措施费是否需要调整？

（2）本项目的现场安全文明施工费未考核，现场安全文明施工基本费、考评费是否要反扣？

（3）井点降水和钢板桩是否该计取？

实训分析

（1）在工程投标时应尽量避免将矛盾遗留到工程结算中，这就要求投标方在工程投标时考虑周全，不能一味地追求价格最低，而忽略招标文件中要求包死的费用。

（2）工程量清单的描述必须准确全面，避免由于描述不清而引起理解上的差异，造成投标企业报价时不必要的失误，影响招投标的工作质量。

（3）变更签证及其措施费是否可以调整、如何调整？投标方应对招标文件及合同中相关系条件理解透彻。

（4）应加强对施工合同的管理，避免在施工过程中重复签证，导致矛盾、扯皮现象的发生。

（5）结算审核是一项技术性、经济性很强的工作，造价咨询专业人员应具备一定的技术、经济和法律方面的知识，以及丰富的工程结算审核经验，并站在公正、公平的立场上进行审核。这样才能在审核工作中为业主和承包方解疑释惑，协调好双方的合作关系，科学、合理地解决工程结算中的分歧和争议。

实训内容

步骤1 本项目采用工程量清单招标，单价合同，根据《建设工程工程量清单计价标准》的要求，工程量的准确性由招标人负责，投标人依据招标人提供的工程量清单进行投标报价，并承担价格的风险。当工程量清单项目工程量的变化幅度在15%以上时，其综合单价以及对应的措施费（如有）均应做调整。调整的方法是由承包人对增加的工程量或减少后剩余的工程量提出新的综合单价和措施项目费，经发包人确认后调整。

步骤2 现场安全文明施工费为不可竞争费用，虽在招标时约定措施费为包干使用，但对现场安全文明施工费是不应该包干使用的，应根据造价管理部门现场核定的费率予以结算。由于本项目的现场安全文明施工未经考评，不得计取基本费、考评费和奖励费，故应对现场安全文明施工费进行相应扣减。

步骤3 招标人在工程招标时要求投标人自行现场勘察，并对相应措施费包干使用。作为有经验的承包人应在现场勘察时主动向建设单位索取本项目的相关资料，了解情况，对有可能产生的措施费进行充分考虑，并进行报价。如在实际施工时发生了井点降水和钢板桩的费用，建设单位和监理单位虽对该项事宜进行了签证，但根据合同约定该项费用不应计取。

技能检测

单选题

1. 工程结算的编制主体是（　　）。

A. 建设单位　　B. 施工单位　　C. 监理单位　　D. 审计单位

2. 关于工程结算和工程决算，下列说法不正确的是（　　）。

A. 工程结算是由施工单位编制的，而工程决算是由建设单位编制的，竣工结算是工程决算的编制基础

B. 工程结算也叫工程价款结算，发生在工程竣工验收阶段；工程决算又称项目竣

工财务决算，发生在项目竣工验收后

C. 工程结算编制的主要依据是财政部、住建部联合发布的《建设工程价款结算暂行办法》；工程决算编制的主要依据是财政部发布的《基本建设财务管理规定》

D. 工程结算反映的是基本建设工程的实际造价，是竣工验收报告的重要组成部分，是正确核算新增固定资产价值、考核分析投资效果、建立健全经济责任的依据

3. 关于办理有质量争议工程的竣工结算，下列说法中错误的是（　　）。

A. 已实际投入使用工程的质量争议按工程保修合同执行，竣工结算按合同约定办理

B. 已竣工未投入使用工程的质量争议按工程保修合同执行，竣工结算按合同约定办理

C. 停工、停建工程的质量争议可在执行工程质量监督机构处理决定后办理竣工结算

D. 已竣工未验收并且未实际投入使用，其无质量争议部分的工程，竣工结算按合同约定办理

4. 把经过审定确认的施工图预算作为竣工结算的依据，在施工过程中发生的而施工预算中未包括的项目和费用，经建设单位驻现场工程师签证，和原预算一起在工程结算时进行调整。该种结算方式是（　　）。

A. 预算结算方式　　B. 每平方米造价包干结算方式

C. 招标投标结算方式　　D. 预算包干结算方式

5. 收集与工程结算编制相关的原始资料（工程变更的关联资料），这一工作所属的结算编制阶段是（　　）。

A. 结算编制准备阶段　　B. 结算编制阶段

C. 结算编制定稿阶段　　D. 贯穿于结算整个工作过程

6. 工程结算的内容和编制方法与施工图预算基本相同，只是结合施工中设计变更、施工范围增减、材料价差、索赔等实际变动情况，在施工图预算基础上做部分增减调整。下列不能提出设计变更的单位是（　　）。

A. 建设单位　　B. 监理单位　　C. 施工单位　　D. 供货商

7. 对于一些工作量较小、工艺比较简单的一般民用建筑工程，编制结算的技术力量比较薄弱的项目，比较适用的审查方法是（　　）。

A. 重点审查法　　B. 全面审查法

C. 分解对比审查法　　D. 分组计算法

8. 关于对工程结算内容的审查，下列不属于对计取费及执行文件的审查的是（　　）。

A. 按规定应放在独立费中的签证，是否放在了定额直接费中取费计算

B. 结算中是否正确地按国家或地方有关调整文件规定收费

C. 材料预算价格是否按规定计取

D. 其他费用的计列是否有漏项

9. 以定额计价方式为例，按实结算的合同，在合同谈判阶段，施工单位做法不正确的是（　　）。

A. 若采用造价信息上颁布的价格，合同中应约定以哪一年哪一期的信息为准

B. 若工程中有甲供设备及材料，应约定甲供设备及材料的上下车费、仓管费的计算方法

C. 按实结算合同条款中应约定工程量的计算原则

D. 计价定额中未包括的费用，在合同结算条款中可以不予以详细约定

10. 材料认厂、认价时，核价单需由（　　）签字并加盖有效印章，确保核价单的有效性。

A. 监理工程师　　B. 业主授权代表

C. 建设单位工程部经理　　D. 设计负责人

11. 竣工结算价款的高低由价、量、结算水平三个因素决定。竣工结算时，（　　）是决定竣工结算价款高低的关键。

A. 材料价格　　B. 工程量　　C. 结算水平　　D. 三者都是

12. 下列在结算编制阶段完成的工作是（　　）。

A. 召集相关单位或部门的有关人员参加工程结算预备会议，对结算内容和结算资料进行核对、充实与完善

B. 收集建设期内影响合同价格的法律和政策性文件

C. 根据竣工图及施工图以及施工组织设计进行现场踏勘，对需要调整的工程项目进行观察、对照，以及必要的现场实测和计算，做好书面或影像记录

D. 由结算编制人单位的主管负责人审核批准

13. 关于建设工程结算审核，下列说法中正确的是（　　）。

A. 非国有企业投资的建设工程，不应委托工程造价咨询机构审核

B. 国有资金投资的建设工程，应当委托工程造价咨询机构审核

C. 承包人不同意造价咨询机构的结算审核结论时，造价咨询机构不得出具审核报告

D. 工程造价咨询机构的核对结论与承包人竣工结算文件不一致的，以造价机构核对结论为准

14. 工程结算不包含的内容是（　　）。

A. 编制说明　　B. 工程结算表

C. 变更签证等支撑性文件　　D. 施工联系单

15. 工程结算对施工单位的作用是（　　）。

A. 考核经济效益的重要指标

B. 编制工程决算的基础资料

C. 分析和考核固定资产投资效果的依据

D. 修订概（预）算定额和制定降低建设成本方案的重要依据

项目 2　工程结算的编制依据和审核依据

项目导读

工程结算的编制依据主要包括国家有关法律、法规、规章制度和相关的司法解释；国务院建设行政主管部门以及各省、自治区、直辖市和有关部门发布的工程造价计价标准、计价办法、有关规定及相关解释；施工发、承包合同，专业分包合同及补充合同，有关材料、设备采购合同；招投标文件，包括招标答疑文件、投标承诺、中标报价书及其组成内容；工程竣工图或施工图、施工图会审记录、经批准的施工组织设计，以及设计变更、工程洽商和相关会议纪要；经批准的开、竣工报告或停、复工报告；建设工程工程量清单计价规范或工程预算定额、费用定额及价格信息、调价规定等；工程预算书；影响工程造价的相关资料。

项目重点

1. 工程结算的编制依据，以及编制时各阶段的资料管理要求。
2. 工程结算的审核依据及方法。

素养目标

通过对本项目的学习，学生要增强法治意识，坚持立足实际、求真务实的工作作风，树立严谨科学的职业价值观，培养准确运用规则的职业能力。

任务1 工程结算的编制依据

任务目标

- 掌握工程结算的编制依据。

2.1.1 工程结算的主要编制依据

工程结算的主要编制依据

施工单位承揽施工业务的根本目的是在按合同要求履约的情况下，尽可能多地获取利润，但利润实现的前提是必须收回工程款，而要全部收回工程款，就得先办理工程结算。要顺利完成某一工程的结算，需要注意以下基本资料：

1. 相关法律规定

相关法律规定包括项目建设期内国家和地方相关法律、法规、规范性文件和相关司法解释。例如，《中华人民共和国民法典》《中华人民共和国招标投标法》《最高人民法院关于审理建设工程施工合同纠纷案件适用法律问题的解释》《建设工程价款结算暂行办法》《建筑工程施工发包与承包计价管理办法》等。

2. 工程合同

工程合同包括施工合同，专业分包合同及补充合同，有关材料、设备采购合同。工程合同价款的约定是工程合同的主要内容，包括预付工程款的数额、支付时间及抵扣方式；安全文明施工费的支付计划、使用要求等；工程计量与支付工程进度款的方式、数额及时间；工程价款的调整因素、方法、程序、支付及时间；施工索赔与现场签证的程序、金额确认与支付时间；承担计价风险的内容、范围，以及超过约定内容、范围的调整方法；工程竣工价款结算编制与核对、支付及时间；工程质量保证金的数额、预留方式及时间；违约责任以及发生合同价款争议的解决方法及时间；与履行合同、支付价款有关的其他事项等。

本着“从约原则”，依法签订的工程合同是工程结算最重要的依据。

3. 计量和计价依据

计量和计价依据主要包括与工程结算编制相关的国务院建设行政主管部门以及各省、自治区、直辖市和有关部门发布的工程造价计价标准、规范、计价定额、价格信息、相关计价办法、计价规范、工程量计算规定等。

《建设工程工程量清单计价标准》（GB/T 50500–2024）不仅是每个工程发承包阶段编制工程量清单、确定招标控制价、投标报价的依据，也是工程实施阶段进行工程计量、合同价款调整、合同价款结算与支付的依据。

4. 招投标文件

招标文件和投标文件是订立合同的重要依据，实行招标的工程合同价款应在中标通知书发出之日起 30 日内，由发承包双方依据招标文件和中标人的投标文件在书面合同中约定。合同约定不得违背招标、投标文件中关于工期、造价、质量等方面的实质性内容。招标文件与中标人投标文件不一致的地方，应以投标文件为准。

需要注意的是，当发生重大变更时，发承包双方通过协商达成补充协议，增加或修改原协议的某些条款，不属于违背招标文件和投标文件。例如，某项目招标文件要求只对钢材调差，实施过程中由于征地原因，停工两年，其间由于水泥、砂石料等地方材料价格上涨较快，复工时发承包双方协商后以补充协议明确将商品混凝土也纳入调差范围，竣工结算时补充协议应一并执行。

5. 工程实施文件

工程实施文件包括工程竣工图或施工图，经批准的施工组织设计、设计变更、工程洽商、索赔与现场签证，相关的会议纪要，工程材料和设备中标价、认价单等。

需要注意的是，由于工程实施过程中常常会出现设计变更，因此，进行竣工结算时依据的不是原来设计的施工图，而是工程竣工图（或施工图加设计变更）。工程竣工图是真实反映建设工程项目施工结果的图纸，是在竣工时按照施工实际情况绘制的图纸，是进行工程计量、办理结算的重要依据。

在竣工结算审核时，为避免出现承包人擅自变更的部分进入结算，审核人应审核工程竣工图与施工图不一致的部分是否有相应变更依据。

工程材料和设备质量直接影响工程质量，且工程材料和设备的价格在建筑安装工程费中占比最高。在项目实施过程中，有些工程材料及设备量大或者价高，可能采取招标的方式；有些工程材料虽然不需要招标采购，但要通过认质认价环节把关，以确保工程材料和设备符合工程质量要求和造价控制需要。

对于工程材料价格的波动，承包人只承担合同约定范围内价格的波动风险，超过波动风险范围应予以价格调整，此时一般根据中标价和认价单，结合合同约定来判断是否调整，因此工程材料和设备的中标价和认价单都是工程结算的重要依据。

6. 经批准的开、竣工报告或停工、复工报告

工程结算是针对建设项目施工期内发生的费用进行结算，开、竣工时间涉及计价依据的选取，停工、复工涉及索赔等问题，因此经批准的开、竣工报告或停工、复工报告也是工程结算的重要依据。

7. 发承包双方确认的工程量和追加（减）的工程价款

招标工程量清单中标明的工程量是招标人根据拟建工程设计文件计算的工程量，不能作为承包人在履行合同义务中应予以完成的实际和准确的工程量。实际和准确的工程量要通过工程计量予以确认，即发承包双方根据合同约定，对承包人完成合同工程的数量进行的计量和确认，这是发包人向承包人确认和支付合同价款的前提和依据。

有的建设项目工期长、影响因素多，在项目实施过程中可能会出现与预期不同的情况，进而会影响合同价款，双方会通过签证、索赔等方式对合同价款的影响额度予以确认，这些都是发承包双方对合同履行情况进行的双方确认内容，都是工程结算重要依据。特别是对根据施工图无法准确计量的项目，如基础换填，承包人应及时提请发包人组织现场收方，经各方确认后作为结算的依据，否则可能因缺乏相应资料而引起结算争议甚至不予纳入结算。

8. 影响工程造价的其他相关资料

工程造价从业人员特别要注意工程结算依据的质量要求：发承包双方书面确认的文件是工程计价的有效凭证；文字要专业准确、简明扼要；数字计算正确，过程清晰、明确；责任方签字完善、合法有效；必要时，配以照片、录像，作为确认证明材料。

由于存在信息不对称，因而遵循上述依据的结算编制仍然存在着偏差，需要借助以往编制的经验，以及对突发事件的发生概率进行测算，引入一定的弹性。

以上仅是顺利完成某一项目结算最基本的依据。在实际过程中，由于各项目的差异，工程结算的依据远不止上述所列资料，本任务侧重从确保工程顺利结算所需相关资料的角度来阐述工程结算依据。

2.1.2 对结算编制依据的基本要求

（1）资料的齐全性、时效性及资料之间的逻辑性、合理性是结算资料管理的核心要求。

（2）有思路清晰，重视过程管理、资料管理的项目经理。

（3）有具有从业资格、责任心强、熟悉业务的资料员。

（4）有具有从业资格、责任心强、能各负其责的各岗位人员。

（5）各岗位的签字人要提前确定（必须是工程发包人或监理单位认可的人员，一是直接用投标时的人员，二是用经项目经理变更及施工组织设计审批后确定的人员。各岗位上的人员均应有本岗位的岗位证书）。

任务 2 工程实施各阶段结算相关资料

任务目标

- 掌握编制工程结算时各阶段的资料管理要求。

工程结算档案资料管理要建立档案管理制度，工程结算编制人和审查人都应建立工程计价档案管理制度。应符合国家、相关部门或行业组织发布的档案管理相关规定；应明确资料保存期；归档的工程结算编制和审查的成果资料应包括纸质文件和电子文件；归档文件应字迹清晰、图表整洁、签字盖章手续完备；归档文件必须完整、系统，能够反映工程结算编制和审查成果文件形成的全部内容。

2.2.1 招投标阶段的资料

招投标阶段的资料，涉及建设单位、施工单位资料，以及施工单位的物资采购、劳务分包、专业分包资料，主要包括：

招投标阶段的资料

（1）招标资料、招标文件、招标图纸、补充文件、答疑文件。

（2）投标前发包人提供的参考资料和现场资料。

（3）投标文件（商务标、技术标等）。

（4）投标保证金收据。

（5）中标通知书。

2.2.2 签约阶段的资料

签约阶段的资料主要涉及以下几个方面：

（1）合同评审（相关部门及相关领导）。

（2）合同审批（相关部门及相关领导）。

（3）合同签订（骑缝章）。

（4）合同备案（官方审批及纠纷预防）。

2.2.3 施工准备阶段的资料

1. 项目目标管理责任书的签订与风险抵押金的交纳

单位法人或法人的授权委托人与项目部应及时签订项目目标管理责任书，项目部主要岗位人员应就签订的项目目标管理责任书，及时交纳风险抵押金。

2. 建立项目部收发文本（重要证据）

施工合同中一般都有关于交接、上报和审批时效的条款。为了确保各项工作的可追溯性，在项目部成立之初就建立项目部收发文本非常重要。收发文本的关键内容是：

（1）收发文本的时间。

（2）收发文本的名称、编号及关键内容。

（3）收发文本的单位。

（4）收发人的签字。

这四项缺少任何一项，收发文本（样式详见附录 1）就失去了存在的意义。

3. 项目部公章的授发与管理资料

（1）项目部公章管理资料包括项目印章使用申请表、项目印章使用登记表。

（2）项目部公章的使用必须遵守以下规定：

1）项目部公章仅限用于：项目部与业主、监理单位、施工配合单位等相关单位的工作联系及项目部施工技术、内业资料、上报或下发日常文书资料等。

2）项目部公章不得用于签订各种合同（包含但不限于与工程发包人的补充协议、劳务合同、材料采购合同、机械租赁合同、运输合同、劳动合同、带有经济性质的承诺、欠条、借据等）。

3）项目部公章交专门人员保管（一般由资料员保管），每次用章都必须经项目经理审批并有完整的使用及审批记录。

4）项目部公章在工程完工后（通过竣工验收并与工程发包人办理完竣工结算手续）须立即交印章管理部门销毁，并将该项目部公章是否归还与项目部考核兑现挂钩。

4. 项目部人员变更资料及要求

如实际负责施工的项目部人员与投标时拟派项目部人员不一致，尤其是在施工合同中还再次注明了姓名和岗位或在招标管理部门已被锁定在该项目的人员与实际在该岗位的人员不一致时，如通过与发包人沟通可以变更，必须先向发包人递交正式的项目经理或项目管理人员变更申请，只有在得到发包人同意变更的书面回复（该书面回复需盖发包人公章）后，该人员的变更才具有法律效力。

注意：发包人同意变更的书面回复原件必须交公司项目管理部，以便进行原拟派人员的解锁及将同意变更回复与合同正本原件一并保存。

对于其他未在施工合同中注明姓名和岗位或未被招标管理部门锁定在该项目的人员，则可以考虑在施工组织设计中直接变更成实际在各岗位的人员，只要施工组织设计能通过监理或发包人审批（报审表见附录2），该类人员的变更就具有法律效力。

5. 合同交底资料

对施工合同、物资采购合同、劳务分包合同、专业分包合同等合同均应进行合同交底。合同交底分为一级交底和二级交底，交底应做好交底记录。合同交底属商业秘密，应严格做好保密工作，任何人不得泄露。

6. “五看四比”摸清情况

（1）“五看”（要做到看＋分析，并形成分析结果）：看招标文件（含补充文件、答疑文件、招标图纸等）；看投标文件（重点是投标报价及单价分析）；看合同（项目部合同交底的依据）；看施工图；看现场。

（2）“四比”（形成对比表）：招标文件与合同条款对比；中标工程量（即合同工程量）及所包含的工作内容与施工图工程量及所包含的工作内容对比；施工图与现场对比（图纸会审问题来源之一）；中标报价与市场价（即成本价）对比。通过对比发现工程的盈利点、漏洞、洽商点及盈亏平衡点等。

7. 图纸会审记录

图纸会审记录（来源于“五看四比”）（表式详见附录3）是对已正式签署的设计文件进行交底、审查和会审，对提出的问题予以记录的文件。项目经理部收到工程图纸后，应组织有关人员进行审查，将设计疑问及图纸存在的问题，按专业整理、汇总后报建设单位，由建设单位提交设计单位，进行图纸会审和设计交底准备。图纸会审由建设单位组织，监理、施工单位负责人及有关人员参加。设计单位对设计疑问及图纸存在的问题进行交底，施工单位负责将设计交底内容按专业汇总、整理，形成图纸会审记录。由建设、设计、监理、施工单位的项目相关负责人签字并加盖各参加单位的公章，形成正式图纸会审记录。

图纸会审记录属于正式设计文件，实际性质就是整个工程的第一份设计变更，此时项目可能还没开工或刚刚开工，业主、设计、监理、造价咨询等单位对工程的各项具体内容及其与中标报价的关系还不是很清楚，如果此时施工单位的“五看四比”工作做得细致到位，完全有可能将图纸会审记录做成一份扭转项目盈亏或使项目有更多盈利的超大设计变更。

8. 施工组织设计编制与报审

根据实际情况编制施工组织设计的过程，实际就是在开工前对工程项目在书面上完整做一遍的过程，也是在开工前让项目部所有管理人员熟悉工程、统一思想，知道工程管理思路、管理目标及具体应该如何做的过程，所以说在施工准备阶段及工程开工前根据实际情况编制施工组织设计的工作非常重要。

施工阶段的施工组织设计与投标阶段的施工组织设计有着本质的不同。投标阶段的施工组织设计与实际工程中的施工组织设计肯定存在差异，施工阶段的施工组织设计是工程施工管理实施的指导文件。也就是说，施工阶段的施工组织设计一旦经监理或建设单位审批通过，实际施工时就必须按该施工组织设计执行。

9. 测量控制点书面资料及现场移交、现场原貌测量资料

测量控制点是施工放线的最基础依据，现场原貌测量则是争取土方增量签证或洽商的最基础依据。“现场原貌测量记录”的表式详见附录 4。控制点移交后由总承包单位进行妥善保管及管理。

10. 主要人员及首批材料、机械设备进场资料

如现场人员的证件及资格证书资料，进场材料的“三证”，进场机械设备的合格证、检验证，特种机械设备操作人员的上岗证等，以备动工报审、材料进场报验、机械设备进场报验等使用。

11. 报审批复文件等资料

收集业主方关于该工程的报审批复文件等资料，以备动工报审、向政府主管部门报批、政府主管部门检查等时出示。

12. 工程动工报审

施工单位根据现场实际情况达到开工条件时，应向项目监理申报“工程动工报审表”（见附录 5），由监理工程师审核，总监理工程师签署审批结论，并报建设单位。通过审批的工程动工报审表是建设单位与施工单位共同履行基本建设程序的证明文件，是施工单位承建单位工程施工工期的证明文件。

施工阶段的资料

2.2.4 施工阶段的资料

施工阶段的资料管理工作即施工阶段的“三控三管一协调”的资料管理。

1. 成本控制资料

成本控制资料主要包括以下资料：

（1）“五看四比”形成的成本预测及计划资料。

（2）施工过程中的成本核算与分析资料。

（3）财务记账资料（成本核算与分析的基本依据）。

2. 质量控制资料

通常所说的报监理的资料（B类、C类）的绝大部分都属于质量控制的相关资料，如原材料、构配件、成品、半成品和设备的出厂合格证明及进场检（试）验报告；隐蔽工程验收记录；交接检查记录；检验批、分项、分部、单位工程报验及验收，施工试验记录；见证检测报告等。这方面资料由资料规程和监理单位来规范，不再赘述。

3. 进度控制资料

进度控制资料主要包括：“工程动工报审表”“施工进度计划报审表”“(　　)月工、料、机动态表”“工程延期申报表”“工程延期审批表”“工程复工报审表”。重点是“施工进度计划报审表”（表式详见附录6）及同意非我方原因延期证明文件（表式详见附录7）。

4. 安全与环境管理资料

主要包括以下资料：

（1）安全管理协议（包括承包人与发包人、承包人与总包人、承包人与分包人、承包人与劳务方、承包人与机械设备承租人等之间的安全管理协议）。

（2）安全生产责任制。

（3）施工人员花名册。

（4）施工人员带本人签名并留拇指指纹（建议统一为右手）的身份证复印件（签名和指纹必须为原始痕迹）。

（5）三级教育记录卡。

（6）安全交底记录。

（7）施工人员本人作答的考核合格的试卷或答题纸原件等。

5. 合同管理资料

主要包括以下资料：

（1）合同（含主合同、内部承包合同、分包合同、劳务合同、采购合同、租赁合同、补充协议等）。

（2）分包、采购、劳务合同及报价资料。

（3）分包、采购、劳务单位的相关证件验证及带红章复印件。

（4）过程认量认价资料（含设计变更、工程洽商记录、已完工程量确认单、收货单、认价单等）。

其中，在填写设计变更、工程洽商记录前，务必熟读合同中关于设计变更、工程洽商记录的条款，以及关于合同价款变更的条款，发出前还需先让项目商务人员审核其商务合理性，否则很容易出现虽然签了设计变更或工程洽商记录，但与不签相比反而少盈利甚至亏损的情况。设计变更、工程洽商记录填写可参见附录 8。

（5）工程款的收支资料、对内对外人材机费用及专业分包工程款的结算资料。

（6）履约担保、支付担保、预付款担保、工程保修担保等资料（保证金的退还、银行保函冻结资金的解冻）。

（7）索赔资料（证据、报告、结果等）。

（8）诉讼时效资料（能反映事件发生时间点的证明资料，收发文、快递、电子邮件等）。

根据《中华人民共和国民法典》及相关司法解释，建设工程施工合同纠纷的诉讼时效通常为 3 年，诉讼时效从权利人知道或应当知道权利受到损害以及义务人之日起计算。对于特殊情况，如出售不合格商品需区分合同违约与侵权责任，具体适用需根据实际情况和相关法律规定。

6. 信息管理资料

信息管理资料主要包括以下资料：

（1）人、材、机的信息（供应状况、货源、信息价、市场价等）。

（2）相关单位及人员的联系方式及信息。

（3）分包、采购、劳务单位的相关信息及动态（营业执照、组织机构代码证等的真实有效性，有无诉讼、通报，有无变更等）。

（4）法律法规及相关规范文件。

（5）自然和社会条件信息。

7. 组织与协调资料

主要包括以下资料：

（1）工程往来文件、通知：主要包括工作联系单，发包人或者工程师发布的各种书面通知、指令和确认书，承包人的书面要求、请求通知书（须有签收记录才有效；不签收的可用 EMS 特快专递发给收件人，但要在快递单上注明文件名称），监理通知单。

一定要建立严格的收发文签字制度（索赔及诉讼的有力证据）。

（2）会议纪要（签到表、盖章或签字确认）。

（3）施工日志（工期索赔和费用索赔的重要依据，也是项目部进行项目经济活动分析基础数据的重要来源）。

施工日志要按时、真实、详细记录。真实分两种情况：一是与其他资料要逻辑合理，不能存在矛盾；二是反映施工的真实情况，便于施工单位内部自查和分析用。中途发生人员变动，应当办理交接手续，保持施工日记的连续性、完整性。施工日志是施工单位进行工期索赔和费用索赔的重要依据，也是项目部进行项目经济活动分析基础数据的重要来源。

（4）与公司、政府相关部门、工程所在地周边居民和单位之间的请示、报告、批复、往来文件、通知等。

2.2.5 竣工验收及结算阶段的资料

1. 竣工图

关于竣工图的编制要求，请参照《建设工程文件归档整理规范》（GB/T 50328-2014）有关规定，也可参照各省市建设主管部门颁布的建设工程资料管理规程。

按照规定，所有竣工图均应加盖竣工图章。《建设工程文件归档整理规范》有关规定如下：

（1）竣工图章的基本内容应包括："竣工图"字样、施工单位、编制人、审核人、技术负责人、编制日期、监理单位、总监理工程师等。

（2）竣工图章示例如图 2-1 所示。

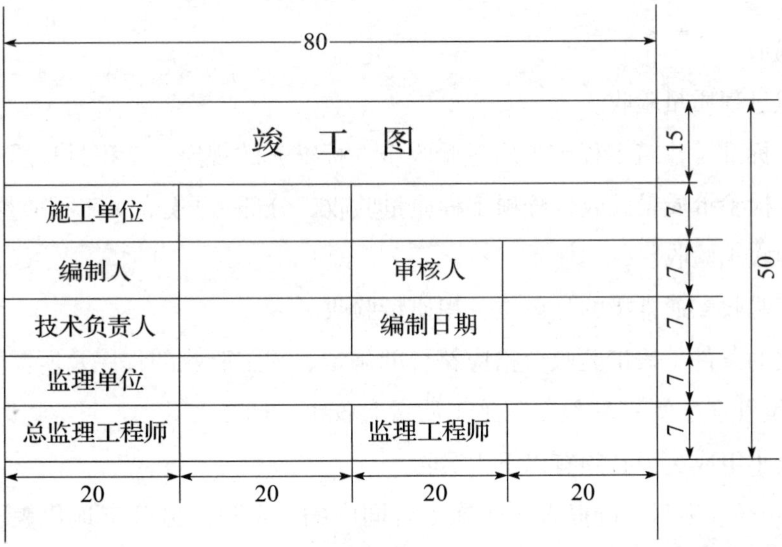

图 2-1　竣工图章示例（一）

（3）竣工图章尺寸为：50mm × 80mm。

（4）竣工图章应使用不易褪色的印泥，应盖在图标栏上方空白处。

利用施工图改绘竣工图，必须标明变更修改依据；凡施工图结构、工艺、平面布置等有重大改变，或变更部分超过图面 1/3 的，应当重新绘制竣工图。

不同幅面的工程图纸应按《技术制图复制图的折叠方法》（GB/10609.3-89）统一折叠成 A4 幅面（297mm × 210mm），图标栏露在外面。

各省市建设主管部门颁布的建设工程资料管理规程对于竣工图章有不同样式，《北京市建设工程资料管理规程》的竣工图章示例如图 2-2 所示。

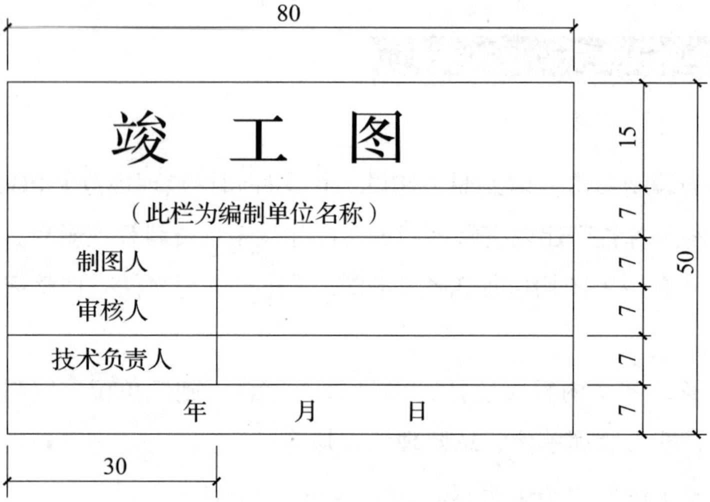

图 2-2 竣工图章示例（二）

2. 工程验收

（1）工程过程质量验收。

根据国家标准《建筑工程施工质量验收统一标准》的规定，工程过程质量验收包括以下验收环节：检验批质量验收、分项工程质量验收、分部（子分部）工程质量验收。

（2）工程竣工验收。

工程竣工验收，通常指的是单位工程质量验收。

竣工验收的条件、竣工验收合格应符合的规定、竣工验收的程序及所需资料，请参阅《建设工程质量管理条例》《建筑工程施工质量验收统一标准》。

竣工验收小组成员中必须有以下人员：

1）建设单位（项目）负责人——施工合同中的“发包人派驻工地代表”或“发包人派驻的工程师”。

2）施工单位（含分包单位）（项目）负责人——施工合同中的“承包人派驻工地代表”或“项目经理”。

3）设计单位（项目）负责人——施工图纸上的“项目主持人”。

4）监理单位（项目）负责人——施工合同中的“监理工程师”或“监理单位委派的工程师”。

工程通过竣工验收以后，必须形成填写规范、签字盖章齐全有效的“单位（子单位）工程质量竣工验收记录”（表式及填写要求详见附录 9）。

“单位（子单位）工程质量竣工验收记录”是施工单位（或承包人）已履行除保修义务以外所有合同义务的最重要的证明文件，也是标志保修期正式开始和办理竣工结算的最重要的证明文件，同时在企业资质就位、对外投标时还是证明企业业绩的重要文件，所以项目管理人员应对“单位（子单位）工程质量竣工验收记录”予以高度重视。

特别提醒：“四方验收单”也是项目的重要证明文件，其中施工单位栏的签字必须由项目经理本人签名，不允许代签。

（3）关于竣工验收及工程接收的相关规定。

《建设工程施工合同（示范文本）》中关于竣工验收的规定：

1）竣工验收条件。

工程具备以下条件的，承包人可以申请竣工验收：

除发包人同意的甩项工作和缺陷修补工作外，合同范围内的全部工程以及有关工作，包括合同要求的试验、试运行以及检验均已完成，并符合合同要求。

已按合同约定编制了甩项工作和缺陷修补工作清单以及相应的施工计划。

已按合同约定的内容和份数备齐竣工资料。

2）竣工验收程序。

除专用合同条款另有约定外，承包人申请竣工验收的，应当按照以下程序进行：

承包人向监理人报送竣工验收申请报告，监理人应在收到竣工验收申请报告后 14 天内完成审查并报送发包人。监理人审查后认为尚不具备验收条件的，应通知承包人在竣工验收前还需完成的工作内容。承包人应在完成监理人通知的全部工作内容后，再次提交竣工验收申请报告。

监理人审查后认为已具备竣工验收条件的，应将竣工验收申请报告提交发包人，发包人应在收到经监理人审核的竣工验收申请报告后 28 天内审批完毕，并组织监理人、承包人、设计人等相关单位完成竣工验收。

竣工验收合格的，发包人应在验收合格后 14 天内向承包人签发工程接收证书。发包人无正当理由逾期不颁发工程接收证书的，自验收合格后第 15 天起视为已颁发工程接收证书。

竣工验收不合格的，监理人应按照验收意见发出指示，要求承包人对不合格工程返工、修复或采取其他补救措施，由此增加的费用和（或）延误的工期由承包人承担。承包人在完成不合格工程的返工、修复或采取其他补救措施后，应重新提交竣工验收申请报告，并按本项约定的程序重新进行验收。

工程未经验收或验收不合格，发包人擅自使用的，应在转移占有工程后 7 天内向承包人颁发工程接收证书；发包人无正当理由逾期不颁发工程接收证书的，自转移占有后第 15 天起视为已颁发工程接收证书。

除专用合同条款另有约定外，发包人不按照本项约定组织竣工验收、颁发工程接收证书的，每逾期一天，应以签约合同价为基数，按照中国人民银行发布的同期同类贷款基准利率支付违约金。

3）竣工日期。

工程经竣工验收合格的，以承包人提交竣工验收申请报告之日为实际竣工日期，并在工程接收证书中载明；因发包人原因，未在监理人收到承包人提交的竣工验收申请报告 42 天内完成竣工验收，或完成竣工验收不予签发工程接收证书的，以提交竣工验收申请报告的日期为实际竣工日期；工程未经竣工验收，发包人擅自使用的，以转移占有工程之日为实际竣工日期。

4）拒绝接收全部或部分工程。

对于竣工验收不合格的工程，承包人完成整改后，应当重新进行竣工验收，经重新组织验收仍不合格且无法采取措施补救的，发包人可以拒绝接收不合格工程，因不合格工程导致其他工程不能正常使用的，承包人应采取措施确保相关工程的正常使用，由此增加的费用和（或）延误的工期由承包人承担。

5）移交、接收全部与部分工程。

除专用合同条款另有约定外，合同当事人应当在颁发工程接收证书后 7 天内完成工程的移交。

发包人无正当理由不接收工程的，发包人自应当接收工程之日起，承担工程照管，成品保护、保管等与工程有关的各项费用，合同当事人可以在专用合同条款中另行约定发包人逾期接收工程的违约责任。

承包人无正当理由不移交工程的，承包人应承担工程照管，成品保护、保管等与工程有关的各项费用，合同当事人可以在专用合同条款中另行约定承包人无正当理由不移交工程的违约责任。

（4）竣工移交证书。

竣工移交证书是证明工程通过竣工验收之后管理权及管理责任移交的有效证明。其中，园林绿化工程与建筑工程不同，建成后一般很难进行封闭管理。如果像建筑工程一样，在工程验收后，建设单位不办理完工程结算就不移交工程，一般只会增加施工单位的成品保护成本。所以对园林绿化工程，建议工程通过竣工验收后应立即将工程全部或部分移交给建设单位。竣工移交证书的表式详见附录 10。

（5）工程结算。

1）工程结算的条件：

工程通过竣工验收，或发包人在收到完整的竣工资料和竣工验收报告后，超过合同约定的期限未组织验收或提出修改意见，或发包人已实际使用工程的。

2）工程结算所需资料：

a. 工程结算书。

b. 竣工验收单或工程接收证书。

c. 工程竣工图纸。

d. 经监理、发包人确认的已完工程量清单。

e. 经监理、设计、发包人确认的工程洽商、设计变更通知单及变更图纸。

f. 经监理、发包人确认的索赔、现场签证及有待结算审核期间确认的索赔。

g. 招标文件（含招标图纸、补充文件、答疑文件等）。

h. 投标文件（重点是投标报价）。

i. 中标通知书、施工合同及相关补充协议。

j. 中标施工图纸。

k. 其他施工资料。

注意事项：

第一，上述资料中“经监理、发包人确认的已完工程量清单”主要用于固定单价合同和按实际发生结算的工程结算，对固定总价合同的结算，一般不需要。但在实际项目管理工作中，对固定总价合同的工程，项目部在工程竣工时最好也准备一份“经监理、发包人确认的已完工程量清单”，以防在工程结算出现争议时无据可查，但要注意各工程量之间的逻辑关系，即经监理、发包人确认的已完工程量 = 结算工程量，结算工程量 = 合同工程量 + 工程洽商、设计变更及现场签证工程量。

第二，如工程规模较小，上述资料中的合同部分、洽商部分、设计变更部分、现场签证部分可不单独结算，一般合订于“工程结算书”中，不一定都要单独成册。

3）结算审定后应形成的资料：

a. 结算审核确认单或定案表（常见格式见附录 11）。

b. 审定后的结算书。

发包人收到竣工结算报告及完整的结算资料后，在合同约定期限内，对结算报告及资料没有提出意见，则视同认可。

《建设工程工程量清单计价标准》规定，发包人应在收到承包人提交的竣工结算文件后，在约定时间内予以核对。发包人经核实，认为承包人还应进一步补充资料和修改结算文件，应在约定时间内向承包人提出核对意见，承包人在收到核对意见后，在约定时间内按照发包人提出的合理要求补充资料，修改竣工结算文件，并应再次提交给发包人复核后批准。

发包人应在收到承包人再次提交的竣工结算文件后，应在约定时间内予以复核，并将复核结果通知承包人。发包人、承包人对复核结果无异议的，应于 7 天内在竣工结算文件上签字确认，竣工结算办理完毕；发包人或承包人对复核结果认为有误的，无异议部分按规定办理不完全竣工结算；有异议部分由发承包双方协商解决，协商不成的，按照合同约定的争议解决方式处理。

发包人在收到承包人竣工结算文件后约定时间内，未按合同约定核对竣工结算或未提出核对意见的，应视为承包人提交的竣工结算文件已被发包人认可，竣工结算办理完毕。承包人在收到发包人提出的核对意见后，在约定时间内，未按合同约定确认，也未提出异议的，应视为发包人提出的核实意见已被承包人认可，竣工结算办理完毕。

发包人委托造价咨询人审核竣工结算的，受委托的造价咨询人就是发包人的代理人，此时结算审核确认的时限及程序同发包人自行审核。

发包人在收到承包人提交竣工结价款支付申请书后，应在规定时间内予以核实，向承包人签发竣工结算支付证书。发包人在收到承包人提交的竣工结算价款支付申请后，在规定时间内不予核实，也不向承包人签发竣工结算支付证书的，应视为承包人的竣工结算价款支付申请已被发包人认可。发包人应在收到承包人提交的竣工结算价款支付申请后的规定时间内，按照承包人提交的竣工结算价款申请列明的金额向承包人支付结算款。

2.2.6 保修阶段的资料管理

保修阶段的资料管理

1. 保修合同或协议（保修期限、保修责任、保修期开始时间等）

如果主合同对保修的条款已有详细约定，可不再另行与业主签订工程质量保修书。

《建设工程施工合同（示范文本）》规定，在工程移交发包人后，因承包人原因产生的质量缺陷，承包人应承担质量缺陷责任和保修义务。

缺陷责任期届满，承包人仍应按合同约定的工程各部位保修年限承担保修义务。

（1）缺陷责任期及其起止时间。

《建设工程施工合同（示范文本）》规定，缺陷责任期从工程通过竣工验收之日起计算，合同当事人应在专用合同条款约定缺陷责任期的具体期限，但该期限最长不超过24个月。承包人应于缺陷责任期届满后7天内向发包人发出缺陷责任期届满通知，发包人应在收到缺陷责任期届满通知后14天内核实承包人是否履行缺陷修复义务，承包人未能履行缺陷修复义务的，发包人有权扣除相应金额的维修费用。发包人应在收到缺陷责任期届满通知后14天内，向承包人颁发缺陷责任期终止证书。

（2）保修期限及保修期的起止时间。

根据《建设工程质量管理条例》第四十条的规定，在正常使用条件下，建设工程的最低保修期限为：

1）基础设施工程、房屋建筑的地基基础工程和主体结构工程，为设计文件规定的该工程的合理使用年限；

2）屋面防水工程、有防水要求的卫生间、房间和外墙面的防渗漏，为5年；

3）供热与供冷系统，为2个采暖期、供冷期；

4）电气管线、给排水管道、设备安装和装修工程，为2年。

其他项目的保修期限由发包方与承包方约定。建设工程的保修期，自竣工验收合格之日起计算。

（3）保修责任。

《建设工程质量管理条例》规定，建设工程在保修范围和保修期限内发生质量问题的，施工单位应当履行保修义务，并对造成的损失承担赔偿责任。

工程应在通过竣工验收并办理完竣工结算后就立即移交（或催发包人办理工程接收证书），移交（或接收）以后承包单位只需对因承包人原因造成的工程缺陷、损坏进行保修即可。如果没有履行移交（或接收）手续，则从法律上承包单位除了要承担因承包人原因造成的工程缺陷、损坏保修责任外，还必须承担因对工程保管不善所造成的损坏修复及损失赔偿。所以在工程通过竣工验收并办理完竣工结算后，应立即将工程移交给工程发包人，或与工程发包人一起移交给工程接收人。

（4）质保金的退还。

《建设工程施工合同（示范文本）》规定，承包人应在缺陷责任期终止证书颁发后7天内，按专用合同条款约定的份数向发包人提交最终结清申请单，并提供相关证明材料，除专用合同条款另有约定外，最终结清申请单应列明质量保证金、应扣除的质量保证金、缺陷责任期内发生的增减费用。除专用合同条款另有约定外，发包人应在收到承包人提交的最终结清申请单后 14 天内完成审批并向承包人颁发最终结清证书。发包人逾期未完成审批，又未提出修改意见的，视为发包人同意承包人提交的最终结清申请单，且自发包人收到承包人提交的最终结清申请单后 15 天起视为已颁发最终结清证书。除专用合同条款另有约定外，发包人应在颁发最终结清证书后 7 天内完成支付。发包人逾期支付的，按照中国人民银行发布的同期同类贷款基准利率支付违约金；逾期支付超过 56 天的，按照中国人民银行发布的同期同类贷款基准利率的两倍支付违约金。承包人对发包人颁发的最终结清证书有异议的，按争议解决条款的约定办理。

2. 保修记录

保修记录应记录自交钥匙后所有工程实体质量问题的保修。保修记录反映项目工程质量，为工程质量管理重点提供数据支持，是提高工程预控能力和保修及时处理能力的有效工具。

3. 客户满意度调查表

鉴于在质量管理体系认证、考核及部分工程评优过程中都要求提供“客户满意度调查表”（见附录 12），并且“客户满意度调查表”需要加盖业主单位公章，所以为便于操作，要求各项目部在竣工验收时随竣工验收单一起发出和收回。

4. 工程回访记录等

工程回访记录包含对工程使用过程及对保修过程的服务有何意见和要求。

2.2.7 工程移交与尾款结清阶段的资料

1. 工程移交证书或保修责任终止证书

工程移交证书或保修责任终止证书及“单位（子单位）工程质量竣工验收记录”是施工单位（或承包人）已履行全部合同义务的最重要的证明文件。

工程移交证书和保修责任终止证书的样式见附录 13。

2. 尾款结清确认及承诺书

尾款结清确认及承诺书是一种用于与专业 / 劳务分包及采购租赁商结清尾款后，进一步明确双方权利义务，防止后患的书面文件。根据内容不同可分为以下两个版本：

（1）专业 / 劳务分包版，详见附录 14。

（2）采购租赁版，详见附录 15。

任务 3 工程结算审核依据及方法

任务目标

- 了解工程结算的审核依据。

2.3.1 审核竣工结算编制依据

编制依据主要包括工程竣工报告、竣工图及竣工验收单；工程施工合同或施工协议书；施工图预算或招标投标工程的合同标价；设计交底及图纸会审记录资料；设计变更通知单及现场施工变更记录；经建设单位签证认可的施工技术组织措施；预算外各种施工签证或施工记录；合同中规定的定额，材料预算价格，构件、成品价格；国家或地区新颁发的有关规定。审计时要审核编制依据是否符合国家有关规定，资料是否齐全，手续是否完备，对遗留问题的处理是否合规。

2.3.2 竣工结算的审核内容

1. 审核施工工程量

工程量是决定工程造价的主要因素，核定施工工程量是工程竣工结算审核的关键。对于施工工程量，可以根据施工单位编制的竣工结算中的工程量计算表，对照图纸尺寸进行计算来审核，也可以依据图纸重新编制工程量计算表进行审核。一是要重点审核投资比例较大的分项工程，如基础工程、混凝土及钢筋混凝土工程、钢结构等；二是要重点审核容易混淆或出漏洞的项目，如土石方分部中的基础土方，清单工程量计算规则按基础垫层底面积乘以挖土深度计算，不考虑放坡、工作面；三是要重点审核容易重复列项的项目；四是重点审核容易重复计算的项目。对于无图纸的项目要深入现场核实，必要时可采用现场丈量实测的方法。

2. 审核材料用量及价差

材料用量审核，主要是审核钢材、水泥等主要材料的消耗数量是否准确，列入直接费用的材料是否符合预算价格。材料代用和变更是否有签证，材料总价是否符合价差的规定，数量、实际价格、差价计算是否准确，并应在审核工程项目材料用量的基础上，依据预算定额统一基价的取费价格，对照材料耗用时的实际市场价格，审核退补价差金额的真实性。

3. 审查隐蔽验收记录

验收的主要内容为：是否符合设计及质量要求，其中设计要求包含工程造价的成分达到或符合设计要求。因此，做好隐蔽工程验收记录是进行工程结算的前提。在很多建设项目中，隐蔽工程没有验收记录，到竣工结算时，施工企业才找有关人员后补记录，然后列入结算，有的甚至没有发生也列入结算。这种事后补办的隐蔽工程验收记录，不仅存在严重的质量隐患，而且使工程造价提高，并且存在严重的徇私舞弊问题，因此，在审查隐蔽工程的价款时，一定要严格审查验收记录手续的完整性、合法性。验收记录上除需监理工程师及有关人员确认外，还要加盖建设单位公章并注明记录日期，防止事后补办记录或虚假记录的发生，为竣工结算减少纠纷提前做好工作，有效地控制工程造价。

4. 审查设计变更签证

设计变更应由原设计单位出具设计变更通知单和修改图纸，设计、校审人员签字并加盖公章，并经建设单位、监理工程师审查同意。重大的设计变更应经原审批部门审批，否则不应列入结算。在审查设计变更时，除了有完整的变更手续外，还要注意工程量的计算，对计算有误的工程量进行调整，对不符合变更手续要求的不能列入结算。

5. 审查工程定额的套用

主要审查工程所套用定额是否与工程应执行的定额标准相符，工程预算所列各分项工程预算定额与设计文件是否相符，工程名称、规格与计算单位是否一致。正确把握预算定额套用，避免高套、错套和提高工程项目定额直接费等问题。

对于定额缺项的项目，要审核定额换算或补充定额的消耗量、单价等是否合理。审核综合单价的合理性。

6. 审核工程类别

对施工单位的资质和工程类别进行审核，是保证工程取费合理的前提。确定工程类别，应按照国家规定的规范认真核对。

7. 审查各项费用的计取

建筑安装工程取费标准，应按合同要求或项目建设期间与计价定额配套使用的建安工程费用定额及有关规定确定。在审查时，应审查各项费率、价格指数或换算系数是否正确，价差调整计算是否符合要求。在核实费用计算程序时要注意以下几点：

（1）各项费用计取基数，如安装工程间接费等是以人工费为基数，人工费是定额人工费与人工费调整部分之和。

（2）取费标准的确定与地区分类工程类别是否相符。

（3）取费定额是否与采用的预算定额相配套。

（4）按规定有些签证应放在独立费用中，是否放在定额直接费用中计算。

（5）有无不该计取的费用。

（6）结算中是否按照国家和地方有关调整结算文件规定计取费用。

（7）费用计列是否有漏项。

（8）材料正负差调整是否全面、准确。

（9）施工企业资质等级取费项目有无挂靠、高套现象。

（10）有无随意调整人工费单价。

8. 审查附属工程

在审核竣工结算时，对列入建安工程主体的水、电、暖及室外配套的附属工程，应分别审核，防止施工费用的混淆、重复计算。

9. 防止各种计算误差

工程竣工结算是一项非常细致的工作，由于结算的子项目多、工作量大、内容繁杂，不可避免地存在着这样或那样的计算误差（很多误差都是多算）。因此，必须对结算中的每一项进行认真核算，做到计等平衡，防止因计算误差导致工程价款多计或少计。做好竣工结算审查工作，控制工程造价，不仅需要审查人员具有较高的业务素质和丰富的审查经验，还需要具有良好的职业道德和较高的思想觉悟，同时也需要建设单位、监理工程师及施工单位等方面人员的积极配合，出具的资料要真实可靠，只有这样，才能使工程竣工结算工作得以顺利进行，减少双方纠纷；才能全面真实地反映建设项目合理的工程造价，维护建设单位和施工单位的经济利益，使建筑市场更加规范有序地运行。

项目实训

实训主题

某国有投资项目，在未获得立项批复和招标图纸的情况下，采用邀请招标的方式，要求投标人对该工程的工期、质量、让利幅度进行报价，最终确认中标人。该项目在没有签订正式的工程施工承包合同的情况下就开工建设，过程中的进度款支付也未经审计部门审核，累计付款比例已经超出初次批复的投资概算。目前，工程已基本竣工，进入工程竣工结算阶段。施工单位在施工过程中，对初步拟定的合同预算、窝工停工损失、零星用工等提出了很多不合理要求，导致工程不能正常进行竣工结算。

实训分析

参照《中华人民共和国招标投标法》（以下简称《招标投标法》）、《建设工程工程量清单计价标准》的相关规定，对该项目进行分析。

实训内容

步骤1 查询《招标投标法》相关条款的规定。

该工程招标程序不符合《招标投标法》的规定。具体规定如下：

1.《招标投标法》第九条规定，招标项目按照国家有关规定需要履行项目审批手续的，应当先履行审批手续，取得批准。

2. 该项目采用邀请招标方式程序不正确。《招标投标法》第十一条规定，国务院发展计划部门确定的国家重点项目和省、自治区、直辖市人民政府确定的地方重点项目不适宜公开招标的，经国务院发展计划部门或者省、自治区、直辖市人民政府批准，可以进行邀请招标。

3. 该项目招标人是否具备自行招标资格有待查证。《招标投标法》第十二条第二款规定，招标人具有编制招标文件和组织评标能力的，可以自行办理招标事宜。上款所指的能力是指具有与招标项目规模和复杂程度相适应的技术、经济等方面的专业人员。

步骤2 查询《建设工程工程量清单计价规范》等相关条款的规定。

招标文件的内容不合规。招标工程量清单必须作为招标文件的组成部分，其准确性和完整性应由招标人负责。《工程建设项目施工招标投标办法》规定：项目进行招标的前提条件之一是具备招标所需的设计图纸及技术资料。本项目没有招标图纸，未编制工程量清单，其做法违规。在过程跟踪过程中，咨询人员一定要注意提醒建设单位编制工程量清单。在有满足招标所需的设计图纸及技术资料情况下及时编制工程量清单；在没有图纸的情况下（如 EPC 项目招标时无图纸，图纸要求由中标人绘制），可参考类似项目编制模拟工程量清单。

由上分析可知，该建设项目显然不符合有关法律及规范的规定，在工程竣工结算的时候，出现了一系列的问题，导致该工程不能正常进行竣工结算。

技能检测

简答题

1. 工程结算的编制依据是什么？
2. 结算相关资料管理的基本要求是什么？
3. 简述施工准备阶段资料管理工作的“五看四比”。

项目 3　工程结算的编制程序与方法

项目导读

工程结算编制过程一般分为准备、编制和定稿三个阶段，实行各类别人员分别署名、盖章确认的编审签署制度，共同对工程结算成果文件质量负责。本项目主要从这三个阶段对工程结算的内容进行阐述，根据编制结算的不同阶段按照相应的编制程序，采用合适的方法编制结算书。

在工程实践中，合理调整材料价差是确定工程结算价的重要环节，也是控制工程造价的关键所在。因此，要求结算编审人员能够熟练掌握并准确运用调差办法，严把工程结算关；要求工程造价主管部门加强宏观管理，制定有关调整方法适用的法规，确保调整方法的使用有章可循、有据可依。只有这样才能既维护国家和建设单位的利益，又能保护施工单位的合法权益，使建设工程朝着有计划、有序、持续的方向发展。

项目重点

1. 熟悉工程结算编制的三个阶段。
2. 掌握并准确运用工程结算调差办法。

素养目标

通过本项目的学习，培养学生的规则意识，做到计算有据可循，养成精准科学的工作作风，具备脚踏实地的新时代工匠精神。

任务 1 工程结算的编制程序

任务目标

- 掌握工程结算的编制原则。
- 掌握工程结算的编制程序。
- 能够编制工程结算书。

3.1.1 工程结算的内涵

工程结算是指承包方按照合同约定的条款和结算方式，向业主结清双方往来款项。工程结算在项目施工中通常需要发生多次，一直到整个项目全部竣工验收，还需要进行最终建筑产品的工程竣工结算，从而完成最终建筑产品的工程造价的确定和控制。在此主要按照施工的不同阶段，阐述工程结算的编制程序与方法，进行工程备料款、工程价款和完工后的结算（工程竣工结算）的编制。

3.1.2 工程结算的编制原则

（1）工程结算按工程的施工内容或完成阶段，可分为竣工结算、分阶段结算、合同终止结算和专业分包结算等形式，在编制工程结算时可根据合同条款的具体约定进行编制。

（2）当合同范围涉及整个建设项目时，应按建设项目组成，先将各单位工程汇总为单项工程，再将单项工程汇总为建设项目，编制相应的建设项目工程结算成果文件。

（3）实行分阶段结算的建设项目，应按合同要求进行分阶段结算，出具各阶段结算成果文件。在竣工结算时再将各阶段结算成果文件汇总，编制相应的建设项目工程结算成果文件。

（4）进行合同中止结算时，应按已完合格工程的实际工程量和施工合同的有关条款约定编制合同中止结算。实行专业分包结算的工程项目，应按专业分包合同要求分别编制专业分包工程结算。总承包人应按合同要求将各专业分包工程结算汇总在相应的单位工程或单项工程结算内，进行工程总承包结算。

（5）工程结算的编制还应区分施工合同类型及工程结算的计价模式采用合适的工程结算编制方法。工程项目采用总价合同模式的，应在原合同价的基础上对设计变更、工程商洽以及工程索赔等合同约定可以调整的内容进行调整；工程项目采用单价合同模式的，工程结算的工程量应按照经发承包双方在施工合同约定应予计量且实际已完成的工程量确定，并根据合同约定对可以调整的内容进行调整；工程项目采用成本加酬金合同模式的，应依据合同约定的方法计算各分部分项工程及设计变更、工程洽商、施工措施等内容的工程成本，并计算酬金及有关税费。

（6）工程竣工结算审查期限。

单项工程竣工后，承包人应在提交竣工验收报告的同时，向发包人递交竣工结算报告及完整的结算资料，发包人应按以下规定时限进行核对（审查）并提出审查意见。

工程竣工结算报告金额审查时间：

1）500 万元以下，从接到竣工结算报告和完整的竣工结算资料之日起 20 天。

2）500 万元～ 2 000 万元，从接到竣工结算报告和完整的竣工结算资料之日起 30 天。

3）2 000 万元～ 5 000 万元，从接到竣工结算报告和完整的竣工结算资料之日起 45 天。

4）5 000 万元以上，从接到竣工结算报告和完整的竣工结算资料之日起 60 天。

建设项目竣工总结算在最后一个单项工程竣工结算审查确认后 15 天内汇总，送发包人后 30 天内审查完成。

3.1.3 工程结算编制的三个阶段

工程结算编制过程一般分为准备、编制和定稿三个阶段，实行编制人、审核人和审定人分别署名、盖章确认的编审签署制度，共同对工程结算成果文件的质量负责。以下也从这三个阶段对工程结算的内容进行阐述。

1. 工程结算编制准备阶段的工作内容

（1）收集与工程结算相关的编制依据，主要有国家法律、法规和行业规程、规范等。

（2）熟悉招标文件、投标文件、施工合同、施工图纸等相关资料。

（3）掌握工程项目发承包方式，现场施工条件，应采用的计价标准，定额、费用标准、材料价格、人工工资、机械台班价格变化等情况。

（4）对工程结算编制依据进行分类、归纳和整理。

（5）召集工程结算编制人员对工程结算涉及的内容进行核对、补充和完善。

2. 工程结算编制阶段的工作内容

（1）根据施工图或竣工图以及施工组织设计进行现场踏勘，并做好书面或影像记录。

（2）按招标文件施工合同约定的方式和相应的工程量计算规则计算分部分项工程项目、措施项目或其他项目的工程量。

（3）按招标文件、施工合同约定的计价原则和计价办法对分部分项工程项目、措施项目或其他项目进行计价。

（4）对工程量清单缺项以及采用的新材料、新设备、新工艺、新技术，应根据施工过程中的合理消耗和市场价格以及施工合同有关条款，编制综合单价或单位估价分析表。

（5）工程索赔应按合同约定的索赔处理原则、程序和计算方法，算出索赔费用。针对索赔，做如下说明：

1）合同一方向另一方提出索赔时，应有正当的索赔理由和有效证据，并应符合合同的相关约定。

2）根据合同约定，承包人认为非承包人原因发生的事件造成了承包人的损失，应按以下程序向发包人提出索赔：

a. 承包人应在索赔事件发生后，合同约定的期限（合同未约定的为 28 天）内，向发包人提交索赔意向通知书，说明发生索赔事件的事由。承包人逾期未发出索赔意向通知书的，丧失索赔的权利。

b. 承包人应在索赔意向通知书发出后，合同约定的期限（合同未约定的为 28 天）内，向发包人正式提交索赔通知书。索赔通知书应详细说明索赔理由和要求，并附必要的记录和证明材料。

c. 索赔事件具有连续影响的，承包人应继续提交延续索赔通知，说明连续影响的实际情况和记录。

d. 承包人应在连续影响工程索赔文件结束后，在合同约定的期限（合同未约定的为 28 天）内，向发包人提交最终索赔通知书，说明最终索赔要求，并附必要的记录和证明材料。

3）承包人索赔应按下列程序处理：

a. 发包人收到承包人的索赔通知书后，应及时查验承包人的记录和证明材料。

b. 发包人应在收到索赔通知书或有关索赔的进一步证明材料后，在合同约定的期限（合同未约定的为 28 天）内，将索赔处理意见书面回复承包人，如果发包人逾期未做出答复，视为承包人的索赔要求已被发包人认可，在进度款中进行支付；承包人不接受索赔处理结果的，按合同约定的争议解决方式办理。

4）承包人要求赔偿时，可以选择以下一项或几项方式获得赔偿：

a. 延长工期。

b. 要求发包人支付实际发生的额外费用。

c. 要求发包人支付合理的预期利润。

d. 要求发包人按合同的约定支付违约金。

5）若承包人的费用索赔与工期索赔要求相关联时，发包人在做出费用索赔的批准决定时，应结合工程延期，综合做出费用赔偿和工程延期的决定。

6）发、承包双方在按合同约定办理了竣工结算后，应被认为承包人已无权再提出竣工结算前所发生的任何索赔。承包人在提交的最终结清申请中，只限于提出竣工结算后的索赔，提出索赔的期限自发、承包双方最终结清时终止。

7）根据合同约定，发包人认为由于承包人的原因造成发包人的损失，应参照承包人索赔的程序进行索赔。

8）发包人要求赔偿时，可以选择以下一项或几项方式获得赔偿：

a. 延长质量缺陷修复期限。

b. 要求承包人支付实际发生的额外费用。

c. 要求承包人按合同的约定支付违约金。

9）承包人应付给发包人的索赔金额可从拟支付给承包人的合同价款中扣除，或由承包人以其他方式支付给发包人。

10）发、承包人未能按合同约定履行自己的各项义务或发生错误，给另一方造成经济损失的，由受损方按合同约定提出索赔，索赔金额按合同约定支付。

（6）汇总计算工程费用，包括编制分部分项工程费、措施项目费、其他项目费、规费和税金，初步确定工程结算价格。

（7）编写编制说明。对工程项目概况、编制依据、编制内容、工程量及价格调整进行说明。

（8）计算和分析主要技术经济指标。

（9）编制工程结算的初步成果文件。

3. 工程结算编制定稿阶段的工作内容

（1）工程结算审核人员对初步成果文件进行审核，并对发现的问题和意见进行处理。

（2）工程结算审定人员对审核后的初步成果文件进行审定，并对发现的问题和意见进行处理。

（3）工程结算编制人员、审核人员、审定人员分别在工程结算成果文件上署名，并加盖造价工程师或造价人员执业或从业印章。

（4）工程结算文件经编制、审核、审定后，工程造价咨询企业的法定代表人或其授权人在成果文件上签字或盖章。

（5）经工程造价咨询企业在工程结算文件上签署工程造价咨询企业执业印章，工程结算文件正式完成。

在上述三个阶段中需要尽量规避信息不对称现象。

3.1.4 工程竣工结算编制的程序

1. 熟悉、理解合同文件

合同文件贯穿整个工程始终，是结算编制的重要依据，一定要熟悉、理解合同文件及相关合同条款，尤其要注意弄清楚合同条款中工程变更的范围及计量的方法、工程变价的约定、材料价差是否能够调整及调整方式、相关措施费的调整方式等。熟悉和了解合同条款，减少和避免计量失误，提高结算编制质量。

2. 收集和整理计量资料

一份完整而丰富的竣工资料不仅可以保证结算编制内容的完整性和准确性，而且可以避免审核时产生过多的疑问，保证结算审核工作的顺利进行。这些资料主要包括：工程承发包合同、图纸及图纸会审记录、投标报价、变更通知单、施工组织设计、有关定额、费用调整的文件规定等。资料的积累和收集必须注重其时效性和完整性，尤其是各方联合签证，有无发、承包双方的签字与意见，而且要审查签字、意见的真实性。

计算工程量时必须熟练掌握工程量计算规则，仔细查看施工图纸、设计变更资料。同时注意工作联系单等涉及工程量签证的确认依据必须合理有效，避免出现不必要的审减。因此，及时办理工程签证和工程变更有利于工程最后竣工结算的顺利进行。

（1）竣工图是工程交付使用时的实样图，对于工程变化不大的，可在施工图上的变更处分别标明，不用重新绘制；对于工程变化较大的，一定要重新绘制竣工图。竣工图绘制后，需要建设单位、监理人员在图签栏内签字，并加盖竣工图章。

（2）设计变更通知必须是由原设计单位下达，必须要有设计人员的签名和设计单位的印章。由建设单位现场监理人员发出的不影响结构和造型美观的局部小变动也属于变更，必须要有建设单位工地负责人的签字，还要征得设计人员的认可及签字方可生效。

（3）各种签证资料、合同签证决定着工程的承包形式与承包价格、方式、工期及质量奖罚。现场签证即施工签证，包括设计变更联系单及实际施工确认签证、主体工程中的隐蔽工程签证；按实际工程量结算的项目工程量签证以及一些预算外的用工、用料或因建设单位原因引起的返工费等。其中“主体工程中的隐蔽工程”及时签证尤为重要，这种工程事后根本无法核对其工程量，必须是在施工的同时画好隐蔽图，检查隐蔽验收记录，设计单位、监理单位、建设单位等有关人员到现场验收签字，手续完整，工程量与竣工图一致，方可列入结算。

（4）主要建筑材料规格、质量与价格签证。因为设计图纸对一些材料只指定规格与品种，不能指定生产厂家，目前市场上同一种合格或优质产品，不同的厂家和型号，价格差异比较大，或者变更工程项目材料无单价。这就需要建设单位、监理单位、造价单位等各方对主要建筑材料进行联合考察，共同会签材料单价，作为结算套价的依据。

3. 审核工程量

结算文件编制工作完成后，校审很有必要，能有效避免多算、漏算、重算等现象，提高结算的准确性，加快工作进展。审核的重点应放在工程量计算是否准确，变更单价套用是否正确，各项取费标准是否符合现行规定上。

工程量计算是否准确是关系到结算准确性的重要环节，在这一环节应着重注意以下几点：

（1）审核工程项目的划分是否合理。

（2）审核工程量的计算规则是否与定额保持一致。

（3）审核工程量的计算单位是否与套用定额单位保持一致。

（4）审核签证凭据，核准工程量。

4. 严格套价取费

结算单价应按合同约定或招投标规定的计价定额与计价原则执行。没有定额单价的项目应按类似定额进行分析换算，或提出人工、机械、材料计价依据，编制补充单价，不得高套、拆算，不得随意毛估或重复计算。实行工程量清单计价的，合同中的综合单价因工程数量增减需要调整时，除合同另有约定外，由于工程量清单的工程数量有误或设计变更引起工程量增减，属合同约定幅度以内的，应执行原有的综合单价；属合同约定幅度以外的，其增加部分的工程量或减少后剩余部分的工程量的综合单价由承包人提出，经发包人确认后，作为结算的依据。

5. 重视索赔工作

索赔工作是竣工结算中的重要内容。在工程承包中，通常提到的索赔是指施工单位的索赔，即在施工过程中，由于业主或其他方面的因素导致承包方付出额外的费用或造成损失，承包方通过合法途径和程序，如谈判、诉讼或仲裁，对其在施工过程中受到的损失向业主提出赔偿的要求。索赔工作是建设单位比较注意规避的内容，为了避免出现索赔问题，各方通常会协商采取各种方式来弥补施工单位的损失。这就要求施工单位加强与各方协调、商谈，以最合理的方式达到各方的利益诉求。

3.1.5 提交竣工结算要求

提交竣工结算要求

合同工程完工后，承包人应在经发、承包双方确认的合同工程期中价款结算的基础上汇总编制完成竣工结算文件，并在提交竣工验收申请的同时向发包人提交竣工结算文件。

承包人未在合同约定的时间内提交竣工结算文件，经发包人催告仍未按要求提交或没有明确答复的，发包人有权根据已有资料编制竣工结算文件，并提请承包人确认，承包人确认无异议或在约定时间内没有明确答复的，应视为发包人编制的结算文件已被承包人认可，可作为办理竣工结算和支付结算款的依据。

发包人应在收到承包人提交的竣工结算文件后，在约定时间内予以核对。发包人经核对，认为承包人还应进一步补充资料和修改结算文件，应在约定时间内向承包人提出核对意见，承包人在收到核对意见后，在约定时间内按照发包人提出的合理要求补充资料，修改竣工结算文件，并再次提交给发包人复核确认。

发包人应在收到承包人再次提交的竣工结算文件后，在约定时间内复核，并将复核结果通知承包人。

（1）发包人、承包人对复核结果无异议的，应按规定办理不完全竣工结算。

（2）发包人或承包人对复核结果认为有误的，无异议部分按照规定办理不完全竣工结算；有异议部分由发承包双方协商解决，协商不成的，按照合同约定的争议解决方式处理。

发包人在收到承包人竣工结算文件后约定时间内，不核对竣工结算或未提出核对意见的，视为承包人提交的竣工结算文件已被发包人认可，竣工结算办理完毕。

承包人在收到发包人提出的核对意见后，在约定时间内，不确认也未提出异议的，视为发包人提出的核实意见已被承包人认可，竣工结算办理完毕。

发包人委托工程造价咨询人核对竣工结算的，工程造价咨询人应在约定时间核对完毕，核对结论与承包人竣工结算文件不一致的，应提交给承包人复核，承包人应在约定时间将同意核对结论或不同意见的说明提交工程造价咨询人。工程造价咨询人收到承包人提出的异议后，应再次复核，复核无异议的，或复核后仍有异议的，按相应规定办理。

承包人逾期未提出书面异议，视为工程造价咨询人核对的竣工结算文件已经被承包人认可。

对发包人或发包人委托的工程造价咨询人指派的专业人员与承包人指派的专业人员经核对后无异议并签名确认的竣工结算文件，除非发、承包人能提出具体、详细的不同意见，发、承包人都应在竣工结算文件上签名确认，如其中一方拒不签认的，按以下规定办理：

（1）若发包人拒不签认的，承包人可不提供竣工验收备案资料，并有权拒绝与发包人或其上级部门委托的工程造价咨询人重新核对竣工结算文件。

（2）若承包人拒不签认的，发包人要求办理竣工验收备案的，承包人不得拒绝提供竣工验收资料，否则，由此造成的损失，承包人承担连带责任。

合同工程竣工结算核对完成，发、承包双方签字确认后，禁止发包人再要求承包人与另一个或多个工程造价咨询人重复核对竣工结算。

发包人以对工程质量有异议，拒绝办理工程竣工结算的，已竣工验收或已竣工未验收但实际投入使用的工程，其质量争议按该工程保修合同执行，竣工结算按合同约定办理；已竣工未验收且未实际投入使用的工程以及停工、停建工程的质量争议，双方应就有争议的部分委托有资质的检测鉴定机构进行检测，根据检测结果确定解决方案，或按工程质量监督机构的处理决定执行后办理竣工结算，无争议部分的竣工结算按合同约定办理。

3.1.6 结算款支付

承包人应根据办理的竣工结算文件，向发包人提交竣工结算款支付申请。该申请应包括下列内容：

（1）竣工结算合同价款总额。

（2）累计已实际支付的合同价款。

（3）应扣留的质量保证金。

（4）实际应支付的竣工结算款金额。

发包人应在收到承包人提交竣工结算款支付申请后，在规定时间内予以核实，向承包人签发竣工结算支付证书。

发包人应在收到承包人提交的竣工结算价款支付申请后规定的时间内，按照竣工结算支付证书列明的金额向承包人支付结算款。

工程进度款的支付步骤为：工程量测量与统计→提交已完工程量报告→工程师审核并确认→建设单位认可并审批→交付工程进度款。通常规定为：

（1）发、承包双方应按照合同约定的时间、程序和方法，根据工程计量结果，办理期中价款结算，支付进度款。

（2）进度款支付周期，应与合同约定的工程计量周期一致。

（3）已标价工程量清单中的单价项目，承包人应按工程计量确认的工程量与综合单价计算，如综合单价发生调整的，以发、承包双方确认调整的综合单价计算进度款。

（4）已标价工程量清单中的总价项目，承包人应按合同中约定的进度款支付分解，分别列入进度款支付申请中的安全文明施工费和本周期应支付的总价项目的金额中。

（5）发包人提供的甲供材料金额，应按照发包人签约提供的单价和数量从进度款支付中扣除，列入本周期应扣减的金额中。

（6）承包人现场签证和得到发包人确认的索赔金额列入本周期应增加的金额中。

（7）进度款的支付比例按照合同约定，按期中结算价款总额计算，不低于 60%，不高于 90%。

（8）承包人应在每个计量周期及付款核定日或之前及时向发包人提交已完工程进度款支付申请，说明本期认为有权得到的价款，包括建筑工人工资的申请金额和专业分包人已完工程的进度款，并附上计算依据。支付申请的内容包括：

1）累计完成工程总值：

a. 累计完成合同清单的价款；

b. 累计发生工程量清单缺陷调整价款（包括单价合同的重新计量调整价款、总价合同的暂定数量调整价款）；

c. 累计发生暂列金额价款（用于未能完全预见或详细说明的工程、服务）；

d. 累计发生暂估价调整价款（包括材料暂估价、承包人实施的专业工程暂估价）；

e. 累计发生总承包服务费调整价款；

f. 累计发生计日工价款；

g. 累计发生物价变化调整价款；

h. 累计发生法律法规及政策性变化调整价款；

i. 累计发生工程变更价款；

j. 累计发生新增工程价款；

k. 累计发生工程索赔价款。

2）累计已扣回预付款（包括当期扣回价款）。

3）累计应付进度款。

4）前期累计支付进度款。

5）发包人应扣除的价款。

6）本期应付进度款。

（9）发包人认为需要进行现场进度计量核实的，核实前应适时通知承包人，承包人应为核实提供便利条件并派人参加。当发承包双方均同意核实结果时，应签字确认。承包人收到通知后不派人参加核实的，应视为认可发包人的进度计量核实结果。发包人不按约定时间通知承包人，致使承包人未能派人参加核实的，核实结果无效。

（10）发包人应在收到承包人进度款支付申请后在合理时间内对申请内容予以核对，确认后向承包人出具进度款支付证书并依时支付进度款。若发承包双方对部分清单项目的计量与计价结果存有争议，发包人应按无争议部分的清单项目计量与计价结果向承包人出具进度款支付证书并支付进度款。

（11）发包人不按合同约定支付进度款或逾期不支付的，承包人可按标准规定向发包人索赔。

（12）承包人完成履行合同义务的每个计量周期的工程量及价款经发包人核对无误后，发承包双方应对每个计量周期的历次计量报表进行汇总，并在汇总表上签署确认。

（13）合同约定或发承包双方商定已完工程量或工程进度款采用粗略计量的，应在工程进度款支付文件或相应的文件中明确说明其仅作为工程进度款支付使用，不作为工程结算的依据。

3.1.7 工程保修与结清

（1）发包人应按合同约定质量保证的方式预留质量保证金，累计预留的质量保证金或以担保保函替代保证金的保函金额不得超过工程结算总价的 3%。承包人已经提供履约担保的，在工程项目竣工前发包人不应预留工程质量保证金。采用工程质量保证担保、工程质量保险等其他保证方式的，发包人不得再预留保证金。

（2）缺陷责任期内，因承包人原因造成的缺陷或（和）损坏，承包人应负责维修，并承担鉴定及维修费用。承包人负责维修并承担相应费用不应免除合同约定对工程损失的赔偿责任。

（3）缺陷责任期内，因承包人原因造成工程的缺陷或（和）损坏，承包人拒绝维修或未能在合理期限内修复缺陷或（和）损坏，且经发包人书面催告后仍未修复的，发包人可自行修复或委托第三方修复，承包人应承担修复的费用，发包人可从质量保证金或质量担保保函中扣除。费用超出保证金额的，发包人可按规定向承包人索赔。

（4）缺陷责任期内，因非承包人原因造成的缺陷或（和）损坏，发包人应负责组织维修并承担费用，所发生的费用发包人不应从承包人的质量保证金中扣除。

（5）缺陷责任期终止后，承包人应在约定时间内向发包人提交最终结清申请书和相关证明材料。最终结清申请书应列明预留的质量保证金或担保保函、缺陷责任期内发生的修复费用、最终结清款。发包人应将质量担保保函或剩余的质量保证金返还给承包人，不应计算利息。

（6）最终结清款应为预留的质量保证金扣除缺陷责任期内发生的应由承包人承担的修复费用，如有尚未付清的工程结算价款也应在最终结清款中一并结清。预留的质量保证金或担保保函不足以扣减缺陷责任期内发生的应由承包人承担的修复费用的，承包人应承担不足部分的补偿责任。

（7）发包人对最终结清申请书内容有异议的，可要求承包人进行修正和提供补充资料，承包人应向发包人提交修正后的最终结清申请书。

（8）发包人在收到承包人提交的最终结清申请书后，应在约定时间内完成核对并向承包人签发最终结清支付证书。发包人逾期未完成核对，又未提出修改意见的，可视为发包人同意承包人提交的最终结清申请书，且视为已签发最终结清支付证书。

（9）发包人应在签发最终结清支付证书后，在约定时间内完成支付。发包人逾期支付的，应按合同约定或法律法规规定承担违约责任。

（10）承包人对发包人支付的最终结清款有异议的，可按规定的争议解决方式处理。

任务 2 工程结算的编制方法

任务目标

- 学会确定工程结算价格。
- 学会编制工程竣工结算。
- 掌握工程竣工结算的不同分类。

工程结算价格的确定

3.2.1 工程结算价格的确定

（1）采用工程量清单方式计价的工程，一般采用单价合同模式，工程结算的编制按工程量清单法编制，分部分项工程费按投标时的综合单价进行计算。

（2）工程结算编制时原招标工程量清单描述不清或项目特征发生变化，以及变更工程、新增工程的单价按以下方式确定：

1）合同中已有相同综合单价的，按已有综合单价计算。

2）合同中有类似综合单价的，参照类似综合单价计算。

3）合同中没有相同或类似综合单价的，按发承包双方协商确认的综合单价计算。

（3）措施项目费应依据合同约定的项目和金额计算，发生变更新增的措施项目，以发承包双方会谈约定的计价方式计算，其中措施项目清单中的安全文明施工费按国家或省级、行业建设主管部门的规定计算。施工合同中未约定的措施项目费按以下方式结算：

1）与分部分项实体消耗相关的措施项目，随该分部分项工程的实体工程量的变化，依据合同约定的综合单价进行结算。

2）相对独立的措施项目，应充分体现其竞争性，一般固定不变，按合同价中相应的措施项目费用约定进行结算。

3）与整个建设项目相关的综合取定的措施项目费用，可参照投标时的取费基数及费率进行结算。

（4）其他措施项目费应按以下方法进行结算：

1）计日工按发包人实际签证的数量和合同约定的工日单价进行结算，暂估价中的材料单价按发、承包双方最终确认的在分部分项工程中相应的单价进行调整，计入相应的分部分项工程费用。

2）专业工程结算应按中标价或发包人、承包人与分包人最终确认的分包工程价进行结算，总承包服务费应依据合同约定的方式进行结算。

3）暂列金额应按合同约定计算实际发生的费用，并分别列入相应的分部分项工程费、措施项目费中。

（5）招标工程量清单漏项、设计变更、工程洽商等费用应依据施工图，以及发承包双方签证资料确认的数量和合同约定的计价方式进行结算，其费用列入相应的分部分项工程费或措施项目费中。

3.2.2 工程竣工结算价的确定

（1）工程竣工结算价计算的依据：

1）《建设工程工程量清单计价标准》、各专业《 ×× 工程工程量计算规范》。

2）工程合同。

3）发、承包双方实施过程中已确认的工程量及其结算的合同价款。

4）发、承包双方实施过程中已确认调整后追加（减）的合同价款。

5）建设工程设计文件及相关资料。

6）投标文件。

7）其他依据。

（2）分部分项工程和措施项目中的单价项目应依据双方确认的工程量与已标价工程量清单的综合单价计算。如发生调整的，以发、承包双方确认调整的综合单价计算。

（3）措施项目中的总价项目应依据合同约定的项目和金额计算。如发生调整的，以发、承包双方确认调整的金额计算，其中安全文明施工费应按如下规定计算：措施项目中的安全文明施工费必须按国家或省级、行业建设主管部门的规定计算，不得作为竞争性费用。

（4）其他项目应按下列规定计价：

1）计日工应按发包人实际签证确认的事项计算。

2）暂估价应按如下规定计算：

a. 发包人在招标工程量清单中给定暂估价的材料、工程设备属于依法必须招标的，应由发、承包双方以招标的方式选择供应商，确定价格，并应以此为依据取代暂估价，调整合同价款。

b. 发包人在招标工程量清单中给定暂估价的材料、工程设备不属于依法必须招标的，应由承包人按照合同约定采购，经发包人确认单价后取代暂估价，调整合同价款。

c. 发包人在工程量清单中给定暂估价的专业工程不属于依法必须招标的，应按照以下规定确定专业工程价款，并应以此为依据取代专业工程暂估价，调整合同价款：

① 因工程变更引起已标价工程量清单项目或其工程数量发生变化时，应按照下列规定调整：

已标价工程量清单中有适用于变更工程项目的，应采用该项目的单价。但当工程变更导致该清单项目的工程数量发生变化，且工程量偏差超过 15% 时，该项目单价应按照如下规定调整：对于任一招标工程量清单项目，当因规定的工程量偏差和工程变更等原因导致工程量偏差超过 15% 时，可进行调整。当工程量增加 15% 以上时，增加部分的工程量的综合单价应予调低；当工程量减少 15% 以上时，减少后剩余部分的工程量的综合单价应予调高。

已标价工程量清单中没有适用但有类似于变更工程项目的，可在合理范围内参照类似项目的单价。

已标价工程量清单中没有适用也没有类似于变更工程项目的，应由承包人根据变更工程资料、计量规则和计价办法、工程造价管理机构发布的信息价格和承包人报价浮动率提出变更工程项目的单价，并应报发包人确认后调整。承包人报价浮动率可按下列公式计算：

招标工程：

承包人报价浮动率 $L=$（1－中标价 / 招标控制价）×100%

非招标工程：

承包人报价浮动率 $L=$（1－报价 / 施工图预算）×100%

已标价工程量清单中没有适用也没有类似于变更工程项目，且工程造价管理机构发布的信息价格缺价的，应由承包人根据变更工程资料、计量规则、计价办法和通过市场调查等取得有合法依据的市场价格提出变更工程项目的单价，并应报发包人确认后调整。

② 工程变更引起施工方案改变，并使措施项目发生变化时，承包人提出调整措施项目费的，应事先将拟实施的方案提交发包人确认，并应详细说明与原方案措施项目相比的变化情况。拟实施的方案经发、承包双方确认后执行，并应按照下列规定调整措施项目费：

安全文明施工费应按照实际发生变化的措施项目依据以下规定计算：措施项目中的安全文明施工费必须按国家或省级、行业建设主管部门的规定计算，不得作为竞争性费用。

采用单价计算的措施项目费，应按照实际发生变化的措施项目，按前述规定确定单价。

按总价（或系数）计算的措施项目费，按照实际发生变化的措施项目调整，但应考虑承包人报价浮动因素，即调整金额按照实际调整金额乘以承包人报价浮动率计算。

如果承包人未事先将拟实施的方案提交给发包人确认，则应视为工程变更不引起措施项目费的调整或承包人放弃调整措施项目费的权利。

③ 当发包人提出的工程变更因非承包人原因删减了合同中的某项原定工作或工程，致使承包人发生的费用或（和）得到的收益不能被包括在其他已支付或应支付的项目中，也未被包含在任何替代的工作或工程中时，承包人有权提出并应得到合理的费用及利润补偿。

④ 发包人在招标工程量清单中给定暂估价的专业工程，依法必须招标的，应当由发、承包双方依法组织招标，选择专业分包人，接受有管辖权的建设工程招标投标管理机构的监督，并应符合下列要求：

除合同另有约定外，承包人不参与投标的专业工程发包招标，应由承包人作为招标人，但拟定的招标文件、评标工作、评标结果应报送发包人批准。与组织招标工作有关的费用应当被认为已经包括在承包人的签约合同价（投标总报价）中。

承包人参加投标的专业工程发包招标，应由发包人作为招标人，与组织招标工作有关的费用由发包人承担。同等条件下，应优先选择承包人中标。

应以专业工程发包标价为依据取代专业工程暂估价，调整合同价款。

3）总承包服务费应依据合同约定金额计算，如发生调整的，以发、承包双方确认调整的金额计算。

4）施工索赔费用应依据发、承包双方确认的索赔事项和金额计算。

5）现场签证费用应依据发、承包双方签证资料确认的金额计算。

6）暂列金额应减去工程价款调整（包括索赔、现场签证）金额计算，如有余额归发包人。

（5）规费和税金应按如下规定计算：规费和税金必须按国家或省级、行业建设主管部门的规定计算，不得作为竞争性费用。规费中的工程排污费应按工程所在地环境保护部门的规定缴纳后按实列入。

（6）发、承包双方在合同工程实施过程中已经确认的工程计量结果和合同价款，在竣工结算办理中应直接进入结算。

由于存在着信息不对称现象，遵循上述依据的结算编制仍然存在着偏差，因此，需要借助以往编制的经验，以及对突发事件的发生概率进行测算，应做到：

（1）收集资料，向委托人提出资料要求。

1）施工合同及补充协议、合同附件（投标报价商务文件，提供纸质版及电子版）。

目的：找出合同约定付款条件，结算单价组成、风险：措施是否包干，材料调整、人工费调整要求，工期延误奖惩措施，质量处罚条款，找出项目特征描述是否与施工图一致、是否漏项，或价格明显偏低的是否采取一些变更措施或取消。

2）招标文件及招标清单（对应合同是否有未提及的内容）。

3）签字齐全的竣工蓝图（需要所有变更签证及核定单均逐一修改到竣工图中）、施工照片及现场施工草图、施工记录（以便更清楚地了解现场施工情况，确定资料是否遗漏）。

4）图纸会审记录。

5）地基验槽记录（如有基础工程施工则需提供，最好同时提供地勘报告）。

6）抄测记录（原始地貌抄测记录，如有土石方工程或基础施工则需提供）。

7）建筑工程隐蔽记录，需附图齐全（涉及节点详图的具体做法）。

8）设计变更（整理并编号，使用表格汇总每张设计变更的具体内容，并确认是否按此实施和执行结果，执行结果一般是由监理或甲方签字）。

9）技术核定单需附图齐全（涉及具体实施细节或节点详图的具体做法的组价依据，整理并编号，使用表格汇总每张技术核定单的具体内容，并对照设计变更和签证编号，核对是否一致，确认是否按此实施和执行结果，执行结果一般是由监理或甲方签字）。

10）经济签证核定单（原则上是一张设计变更或技术核定单后面应附的现场收方单和经济签证单，整理并编号，使用表格汇总每张经济签证的具体内容）。

11）现场收方单（应能反映现场实施情况及变更的一些记录、有草图及数据的收方单）。

12）材料认价单（最好附材料检测报告、合格证、发票），需提供目前施工所用的材料规格、材料品牌清单，如果有大宗材料认价采购的，应完善认质、认价手续，特别是品牌、规格、档次，材料进出台账（特别是监理审批数量及检测数量要与结算数量不能差异过大，只能多不能少）。以上资料均需签章齐全（涉及需要签章的各个相关部分及人员均需要完善相关签章手续）。

13）公司规费证。

14）安全评价书（此评价书涉及结算的安全文明施工费费率）。

15）如涉及施工工期与施工合同中相关处罚条款的报告、往来函件均需要提供（编号列表统计），以便更清楚地研究合同相关条款，提出索赔。

16）施工大事记（确定各个施工环节的时间节点及确定是否有政策性文件可以实施调整）。

（2）熟悉资料，找出资料问题，如有不一致的地方，使用铅笔在资料上注明，并在资料清单上注明问题，整理到电子表格中，及时记录并将整理出的问题及时反馈给委托人，提出合理化建议。

对投标清单项目特征及清单项目与图纸进行逐一核对，如投标清单项目特征描述不全，而图纸内有相应做法的，在招标文件或招标清单编制说明中未提及的，应考虑为清单漏项，将漏项逐一摘录到电子表格中，以免工程量计算和结算组价时遗漏。

（3）开始按整理齐全的资料进行工程量算量，并将隐蔽资料、变更资料、核定单、签证等按资料清单逐一计算，保留计算过程资料，并列出详细的计算书和备注说明。

（4）核对完算量及变更签证后进行组价，研究施工合同，按照招投标文件及施工合同进行组价，填写结算编制说明。

（5）整理结算对比表，与施工合同的投标清单进行核对，逐项列出调整原因。

（6）整理计算书、资料清单、结算书、竣工结算资料，编制结算报送甲方。

（7）编制要求：

1）工程结算一般经过发包人或有关单位验收合格且点交后方可进行。

2）工程结算应以施工发、承包合同为基础，按合同约定的工程价款调整方式对原合同价款进行调整。

3）工程结算应核查设计变更、工程洽商等工程资料的合法性、有效性、真实性和完整性。对有疑义的工程实体项目，应视现场条件和实际需要核查隐蔽工程。

4）建设项目由多个单项工程或单位工程构成的，应按建设项目划分标准的规定，将各单项工程或单位工程竣工结算汇总，编制相应的工程结算书，并撰写编制说明。

5）实行分阶段结算的工程，应将各阶段工程结算汇总，编制工程结算书，并撰写编制说明。

6）实行专业分包结算的工程，应将各专业分包结算汇总在相应的单项工程或单位工程结算内，并撰写编制说明。

7）工程结算编制应采用书面形式，有电子文本要求的应一并报送与书面形式内容一致的电子版本。

8）工程结算应严格按工程结算编制程序进行编制，做到程序化、规范化，结算资料必须完整。

3.2.3 工程竣工结算编制方法分类

1. 以施工图预算为基础编制竣工结算

对增减项目和费用等，经业主或业主委托的监理工程师审核签证后编制的调整预算。

工程竣工结算编制方法分类

2. 以包干承包结算方式编制竣工结算

这种方式实际上是按照施工图预算加系数包干编制的竣工结算。依据合同规定，倘若未发生包干范围以外的工程增减项目，包干造价就是最终结算造价。

3. 以房屋建筑造价为基础编制竣工结算

这种方式是双方根据施工图和有关技术经济资料，经计算确定出每平方米造价，在此基础上，按实际工程完成的平方米数量进行结算。

4. 以投标的造价为基础编制竣工结算

如果工程实行招投标时，承包方可对报价采取合理浮动。通常中标一方根据工期、质量、奖惩、双方所承担的责任签订工程合同，对工程实行造价一次性包干。合同中规定的造价就是竣工结算造价。在结算时只需将双方在合同中约定的奖惩费用和包干范围以外的增减工程项目列入，并作为“合同补充说明”列入工程竣工结算。

3.2.4 工程竣工结算的审核方法

由于建设工程的生产过程是一个周期长、数量大的生产消费过程，具有多次性计价的特点，因此，采用合理的编制和审核方法不仅能达到事半功倍的效果，而且直接关系到审核的质量和效率。工程竣工结算的审核方法如下。

1. 全面审核法

全面审核法就是按照施工图的要求，结合现行定额、施工组织设计、承包合同或协议以及有关造价计算的规定和文件等，全面审核工程数量、定额单价以及费用计算。这种方法实际上与编制施工图预算的方法基本相同。这种方法常适用于初学者审核的施工图预算；投资不多的项目，如维修工程；工程内容比较简单（分项工程不多）的项目，如围墙、道路挡土墙、排水沟等；建设单位审核施工单位的预算等。这种方法的优点是全面、细致，审查质量高、效果好；缺点是工作量大、时间较长、存在重复劳动。在投资规模较大、审核进度要求较紧的情况下，这种方法是不可取的，但建设单位为严格控制工程造价，仍常采用这种方法。

2. 重点审核法

重点审核法就是抓住工程预结算中的重点进行审核的方法。这种方法类似于全面审核法，与全面审核法的区别仅是审核范围不同。该方法是有侧重的，一般选择工程量大而且费用比较高的分项工程的工程量作为审核重点，如基础工程、砖石工程、混凝土及钢筋混凝土工程、门窗幕墙工程等。高层结构还应注意内外装饰工程的工程量审核。而一些附属项目、零星项目（雨篷、散水、坡道、明沟、水池、垃圾箱）等，往往忽略不计。重点核实与上述工程量相对应的定额单价，尤其重点审核定额子目容易混淆的单价。另外对费用的计取、材差的价格也应仔细核实。该方法的优点是工作量相对较小，效果较佳。

3. 对比审核法

在同一地区，如果单位工程的用途、结构和建筑标准都一样，其工程造价应该基本相近。对比审核法即在总结分析预结算资料的基础上，找出同类工程造价及工料消耗的规律性，整理出用途不同、结构形式不同、地区不同的工程的单方造价指标、工料消耗指标，然后根据这些指标对审核对象进行分析对比，从中找出不符合投资规律的分部分项工程，针对这些子目进行重点计算，找出其较大差异的原因的审核方法。常用的对比审核法有：

（1）单方造价指标法：通过对同类项目的每平方米造价的对比，可直接反映出造价的准确性。

（2）分部工程比例法：基础、砖石、混凝土及钢筋混凝土、门窗、围护结构等各占定额直接费用的比例。

（3）专业投资比例法：土建、给排水、采暖通风、电气照明等各专业占总造价的比例。

（4）工料消耗指标法：对主要材料每平方米的耗用量的分析，如钢材、木材、水泥、砂、石、砖、瓦、人工等主要工料的单方消耗指标。

4. 分组计算审查法

分组计算审查法就是把预结算中有关项目划分为若干组，利用同组中一个数据审查分项工程量的一种方法。采用这种方法时，首先把若干分部分项工程，按相邻且有一定内在联系的项目进行编组。利用同组中分项工程间具有相同或相近计算基数的关系，审查一个分项工程量，就能判断同组中其他几个分项工程量的准确程度。如一般把底层建筑面积、底层地面面积、地面垫层、地面面层、楼地面面积、楼面找平层、楼板体积、天棚抹灰、天棚涂料面层编为一组，先求出底层建筑面积、楼地面面积，其他分项的工程量利用这些基数就能求出。这种方法的最大优点是审查速度快、工作量小。

5. 筛选法

筛选法是统筹法的一种，通过找出分部分项工程在每单位建筑面积上的工程量、价格、用工的基本数值，归纳为工程量、价格、用工三个单方基本值表，当所审查的预算的建筑标准与“基本值”所适用的标准不同时，就要对其进行调整。这种方法的优点是简单易懂、便于掌握、审查速度快、发现问题快，但解决差错问题尚须继续审查。

任务 3 工程造价固定价结算方式

任务目标

- 了解现行工程造价固定价结算方式。
- 掌握固定价结算的法律实务。

工程实务中，工程造价（工程款）结算问题是一个复杂而敏感的话题。目前，对工程造价的结算问题法律层面没有予以明确规定，造价结算纠纷迭起，“结算难、难结算”成为建筑业的一大难题。建设单位、施工单位、造价咨询（鉴定）单位、造价管理单位等对造价结算问题各执己见，认识的不统一导致造价结算结果不统一。特别是作为现行造价结算方式之一的固定价结算方式，更是出现了诸多法律上的纠纷和认识上的分歧。

3.3.1 工程合同价格的类型

现行的工程造价结算方式主要是通过国家建设行政主管部门的规章政策和工程行业的实务规则予以确立的。

（1）根据《建设工程施工发包与承包价格管理暂行规定》第七条的规定，工程价格的分类如下：

1）固定价格：工程价格在实施期间不因价格变化而调整，在工程价格中应考虑价格风险因素并在合同中明确固定价格包括的范围。

2）可调价格：工程价格在实施期间可随价格变化而调整，调整的范围和方法应在合同条款中约定。

3）工程成本加酬金确定的价格。工程成本按现行计价依据以合同约定的办法计算，酬金按工程成本乘以通过竞争确定的费率计算，从而确定工程竣工结算价。

（2）根据《建筑工程施工发包与承包计价管理办法》第十三条的规定，合同价可以采用以下方式：

发承包双方在确定合同价款时，应当考虑市场环境和生产要素价格变化对合同价的影响。

1）实行工程量清单计价的建筑工程，鼓励发、承包双方采用单价方式确定合同价款。

2）建设规模较小、技术难度较低、工期较短的建筑工程，发、承包双方可以采用总价方式确定合同价款。

3）紧急抢险、救灾以及施工技术特别复杂的建筑工程，发、承包双方可以采用成本加酬金方式确定合同价款。

（3）根据《建设工程价款结算暂行办法》的规定，发、承包人在签订合同时对于工程价款的约定，可选用下列任一种约定方式：

1）固定总价。合同工期较短且工程合同总价较低的工程，可以采用固定总价合同方式。

2）固定单价。双方在合同中约定综合单价包含的风险范围和风险费用的计算方法，在约定的风险范围内综合单价不再调整。风险范围以外的综合单价调整方法，应当在合同中约定。

3）可调价格。可调价格包括可调综合单价和措施费等，双方应在合同中约定综合单价和措施费的调整方法，调整因素包括：

a. 法律、行政法规和国家有关政策变化影响合同价款。

b. 工程造价管理机构的价格调整。

c. 经批准的设计变更。

d. 发包人更改经审定批准的施工组织设计（修正错误除外）造成费用增加。

e. 双方约定的其他因素。

（4）《建设工程施工合同（示范文本）》专用条款中对“合同价款与支付”也确立了单价合同、总价合同、其他价格形式这三种工程造价结算方式，供发、承包双方选择使用，更进一步规定了三种工程造价结算方式的细节。合同价款在协议书内约定后，任何一方不得擅自改变。下列三种确定合同价款的方式，双方可在专用条款内约定采用其中一种：

1）单价合同是指合同当事人约定以工程量清单及其综合单价进行合同价格计算、调整和确认的建设工程施工合同，在约定的范围内合同单价不做调整。合同当事人应在专用合同条款中约定综合单价包含的风险范围和风险费用的计算方法，并约定风险范围以外的合同价格的调整方法，其中因市场价格波动引起的调整按市场价格波动引起的调整约定执行。

2）总价合同是指合同当事人约定以施工图、已标价工程量清单或预算书及有关条件进行合同价格计算、调整和确认的建设工程施工合同，在约定的范围内合同总价不做调整。合同当事人应在专用合同条款中约定总价包含的风险范围和风险费用的计算方法，并约定风险范围以外的合同价格的调整方法，其中因市场价格波动引起的调整按市场价格波动引起的调整、因法律变化引起的调整按法律变化引起的调整约定执行。

3）其他价格形式。合同当事人可在专用合同条款中约定其他合同价格形式。

（5）《建设工程施工专业分包合同（示范文本）》条款的“合同价款与支付”与通用条款也针对单价合同、总价合同、其他价格形式做出了与《建设工程施工合同（示范文本）》基本相同的规定。

从上述国家政策和工程行业惯例可以看出，目前我国工程造价的结算方式主要有单价合同、总价合同、其他价格形式结算这三种模式。

3.3.2 固定价结算的法律实务

在工程实务中，固定价结算方式的纠纷最多，分歧最大。“工程款”这一术语在不同的领域有不同的含义，建筑劳务分包企业计取的不是工程款，而只是工程款组价项目中直接费部分的人工费和一定的管理费，所以，劳务分包企业的所得和施工企业（总承包、专业承包）的所得在法律术语上有一定的区别，前者称为“劳务报酬”，后者称为“工程款”“分包款”。因此，对于劳务分包企业的劳务报酬是否属于法律意义上的“工程造价”，能否直接适用《最高人民法院关于审理建设工程施工合同纠纷案件适用法律问题的解释》（以下简称《司法解释》）中关于固定价结算的规定和能否进行司法鉴定等问题在法律界仍存疑。在此，我们主要探讨工程造价（工程款）方面的固定价结算方式，针对劳务分包情况下的固定劳务报酬结算问题，目前实务界有不同看法，但皆认为可以参照工程造价固定结算方式进行。

1. 固定价的种类

固定价在工程实务中又叫作“包死价”“包定价”“一口价”“闭口价”等。按照上述法律性规定的划分，固定价分为固定总价和固定单价两种，而固定单价又分为综合单价和工料单价。

（1）固定总价。固定总价是指发、承包双方在合同中约定一个固定的、总的价格（如合同总价 500 万元），在施工过程中合同约定的风险范围内约定总价不再调整的价格方式。根据工程行业的习惯，这种价格方式一般适用于工程规模较小、工期较短的情况。

（2）固定单价。固定单价是指发、承包双方在合同中约定一个固定单价（如 350 元 / 立方米），在施工过程中合同约定的风险范围内约定单价不再调整的价格方式。

对于招标工程采用哪种计价方法，应在招标文件中明确。

《建设工程工程量清单计价标准》中规定，全部使用国有资金投资或国有资金投资为主的工程建设项目必须采用工程量清单计价，非国有资金投资的工程建设项目，可采用工程量清单计价，规定分部分项工程量清单应采用综合单价计价。因此，在国有资金投资的工程项目招投标时，必须采用清单报价的方式，而非国有资金投资工程项目虽然没有强制性要求采用清单报价，但是根据工程实务和发展的趋势来看，清单报价必是主要形式。而在清单报价时，应当采用综合单价的形式，否则，在招投标过程中会被认定为废标。因此，可以说，现行的固定单价方式主要是指固定的综合单价。固定单价的合同主要适用于工程规模（量、项）较大、工期较长的情况。

2. 固定价的法律理解

《司法解释》规定，当事人约定按照固定价结算工程价款，一方当事人请求对建设工程造价进行鉴定的，不予支持。这条司法解释确立了一个重要原则——固定价合同按约结算，不鉴定。但是实务中对这一条的理解也有相当大的分歧。有的观点认为，如果合同约定了固定价，就应严格按合同约定进行结算，不应在合同约定价外再做调整；有的观点认为，虽然合同约定了固定价，但是由于工程施工中情况万变，不应机械理解本条规定，而应该综合合同约定情况和工程实际情况对固定价合同正确结算，固定价结算并非不可以调整。目前普遍赞同第二种观点，理由如下：

（1）固定总价的“固定”是建立在风险范围内确定工程量（项）基础上的。没有确定的工程量（项）就谈不上固定总价的问题。因此，在签订固定总价合同时，确定的工程量（项）就是合同约定的工程量（项），如果是清单报价的工程则是清单内的工程量（项），所“固定”的价格是约定范围（清单）内的工程量（项）的价格。也就是说，固定总价合同中，固定的是量（项），而不是绝对固定价。在固定总价模式下（风险范围内），量（项）变化，总价变化。

其次，固定单价中“固定”的是价而不是量（项）。在固定单价模式下，量（项）变化，单价不变化，总价变化。

（2）工程造价的风险应由发、承包双方共同分摊，这是工程行业的惯例。一般来说，发包人承担量（项）的风险，承包人承担价的风险，从而在工程建设的量、项、价三者之间构建平衡，达到公平分摊风险的法律精神。《建设工程工程量清单计价标准》中规定，采用工程量清单计价的工程，应在招标文件或合同中明确风险内容及其范围（幅度），不得采用“无限风险、所有风险”或类似语句规定风险内容及其范围（幅度）。

（3）影响固定价结算的还有合同约定的因素和工程自身的实际情况（最普遍的情况为设计变更）。

所以，不宜机械地把固定价结算的法律含义理解为绝对不做价格调整，而应根据合同约定情况、工程实际情况等多种因素判断是否调整价格。

3. 固定价的调整

固定价合同在结算时能否要求调整？调整的理由是什么？这是工程实务中一个争议很大而又普遍存在的问题，《建设工程工程量清单计价规范》专门对工程价款的调整做了规定。各地造价管理机构也都有一些调价文件予以规定。但在司法层面上，关于这个问题存在争论。根据实务情况，可简单总结固定价合同的法律调整情形如下，以供参考：

（1）约定风险范围（幅度）外，固定价应予调整。

不论是固定总价还是固定单价，在签订合同时，发、承包双方都应该明确约定风险范围（幅度）。而对于什么是“风险范围”、风险范围的区间、风险费用的数额，我国法律没有明确规定。工程实务中，发、承包双方应该根据自己的经验、行业的惯例、政策的指导和工程的实际情况来约定。例如，可以参考工程所在地造价管理机构发布的造价文件进行约定。一般来说，主材的风险范围（幅度）为 3% ～ 5%（钢筋、水泥、混凝土等主材为 3%，一般主材为 5%）；机械费的风险范围一般为 10%，具体以合同约定为准。超过合同约定的风险范围（幅度），则固定价合同在结算时可以调整。

（2）工程量（项）不确定的固定总价应予调整。

1）“三边工程”固定总价应予调整。

工程实务中，对于边勘测、边设计、边施工的“三边工程”，如果双方约定固定总价包死，则该约定因违反工程建设的基本程序规定而无效，这在实务中称为“包而不死”。这种情况在结算时应该按实结算或者进行工程造价鉴定，不适用《司法解释》规定的固定价按约结算、不鉴定的原则。

2）方案（扩初）固定总价应予调整。

工程实务中，有些当事人在合同中约定以方案或扩初对总价包死。这种约定也是无效的，这在实务中叫作“约而不定”，结算时应对“固定总价”予以调整，按实结算或进行造价鉴定。因为在方案和扩初阶段，施工图并未经过审定，工程的量、项无法确定，工程造价只停留在估算和概算的层面，而固定总价必须是在确定的量、项基础上，方可成立。

（3）施工图预算包干范围外的价款应予调整。

经审定的施工图是确立工程造价预算的依据。工程实务中，发、承包双方一般会约定以施工图预算包干的方式对工程造价包死。但对于超出施工图预算外的价款在结算时应以竣工图为依据进行结算，对超出施工图预算部分外的价款予以调整。

（4）工程变更情况下，固定总价应予调整。

这种情形主要包括设计变更、工程量变更、质量标准变更。《司法解释》第十六条第二款规定，因设计变更导致建设工程的工程量或者质量标准发生变化，当事人对该部分工程价款不能协商一致的，可以参照签订建设工程施工合同时当地建设行政主管部门发布的计价方法或者计价标准结算工程价款。

（5）其他情况下，固定总价应予调整。

主要包括当事人在合同中约定了调整的因素，比如工程施工中，当地政府部门的规定造成成本费用的增加，在固定总价外的签证款、索赔款，补充协议、会谈纪要、工程洽商等其他情况下的总价增加等。

工程实务中的固定价结算方式情况复杂，需要根据不同情况做出不同的处理，既不能一概地说固定价合同不可以调整，也不能想当然地认为必须调整。能否调整、怎样调整，必须结合法律的规定、行业的规则、合同的约定以及工程的具体情况来综合判断。特别需要提示的是，发、承包双方应当使用《建设工程施工合同（示范文本）》公平订约。同时，承包方要特别研究合同的专用条款，在专用条款中对固定价结算方式的调整因素或风险范围（幅度）做出科学的约定，以最大限度地保护自己的合同权益。

【例 3.1】固定价格合同单方违约如何确定造价？

基本情况：

发、承包双方签订施工合同，约定由承包方承建某商业广场工程，建筑结构为独立基础、框架结构，层数为 1 层、局部 2 层和 3 层，建筑面积为 35 545m^2，最终以双方审定的图纸设计面积为准；固定单价为 1 950 元 /m^2，合同承包范围包括地下部分、结构施工和安装装修在内的建筑安装工程全部，其一次性包干的承包单价是针对整个工程作出，合同总价款为 6 900 万余元，合同约定计划开工日期为 20×5 年 5 月 8 日，计划竣工日期为 20×6 年 6 月 30 日。《开工报告》载明开工日期为 20×5 年 5 月 15 日，竣工日期为 20×6 年 12 月 1 日。在工程施工期间，双方当事人与有关单位于 20×5 年 6 月 29 日完成图纸会审，施工内容得以具体明确，施工期间存在部分工程的设计变更。20×5 年 11 月 23 日，工程基础验收合格，20×6 年 6 月 13 日主体验收合格。

20×6 年 6 月 25 日，发包方发出通知以承包方拖延工程进度、不按图施工等理由单方解除合同，并要求承包方在接到通知的一日内撤场。发包方单方解除合同后，承包方撤场。后双方因为结算问题发生争议，承包方将发包方诉至人民法院，要求发包方支付工程欠款 2 043.9 万元及违约金，发包方反诉要求承包方退还其超付工程款 108.5 万元、赔偿质量不合格等损失 462.6 万元。

解析：

（1）本案例存在发包方单方违约解除合同的事实，发包方在主体验收合格后，距《开工报告》确定的竣工日期 20×6 年 12 月 1 日尚有多个月时，以承包方严重违约为由通知解除合同，但承包方此时已完成基础和主体工程的施工，并不存在工程延误及工程质量问题等违约情形，故承包方不构成违约。发包方在事先未同承包方协商的情况下，单方解除了合同，既不适用于协议解除合同的相关规定，也不具备约定解除权的行使要件，还不具备法定解除的事由，发包方单方解除合同的行为构成违约。

承包方意见：承包方完成基础、主体施工后，发包方单方解除合同，致使合同约定工程未能全部完工，合同约定的固定单价无法适用。承包方认为当合同价格或计价方法约定不明时，建设行政主管部门发布的定额价属于政府指导价，可以作为计价方法使用。

（2）本案施工合同被单方违约中途解除，承包方认为发包方存在严重违约情形，故导致原合同约定的按建筑平方米固定单价计价方式失去计价的前提，也违反了对整个工程综合平衡报价的原则。

发包方意见：在合同解除后，由于案涉工程为未完工程，无法直接以固定价计算工程价款。以合同约定总价与全部已完工程预算价的比值作为下浮比例，再以该比例乘以已完工程预算价格方式计算工程价款，符合合同双方的约定，也符合司法解释的规定，有事实与法律依据。

（3）本案中发包方单方违约解除合同时承包方已全部完工，上述计算方式忽略了当事人双方利益平衡及司法判决价值取向，虽然表面上看形式上是不失为公平的，但这不是双方合同约定的方法，因为合同并未约定在一方违约解除合同时如何计价；折价计价方式脱离了本案违约解除合同的前提条件，也不是双方当事人的真实意思表示，对承包方不公平。

任务 4 分包工程结算

任务目标

- 能理清分包商与总承包商、业主及咨询工程师的关系。
- 了解工程分包结算方式和方案。
- 熟悉分包工程结算索赔的处理原则。
- 掌握工程总承包单位与分包单位结算常见问题及防范方式。

在建筑工程的实施过程中，最复杂和棘手的问题之一就是分包工程管理，其中涉及业主、咨询工程师（设计、监理、工程造价等）、总承包商及分包商相互之间的复杂关系。尤其是当其中的任何一方因其他参与方的过错或失误而使自己的权利受到侵犯并带来损失时，受损方是否能够根据合同约定或法律法规的规定从致害方得到合理的补偿，这在很大程度上取决于分包合同关系的管理及分包合同条款的签订。结算时应明确两个问题：一是分包商与总承包商、业主及咨询工程师的关系，二是分包工程结算索赔的处理原则。

3.4.1 分包商与总承包商、业主及咨询工程师的关系

1. 分包商与总承包商的关系

分包商与总承包商有直接的合同关系，双方的权利、义务、责任等在相应的分包合同中应都有明确的约定。如从市场的角度看，工程分包的一个主要特点就是，总承包商既是

买方又是卖方，既要对业主负全部法律和经济责任，又要根据分包合同对分包商进行管理并履行有关义务。分包是相对于总承包而言的。

对总承包商而言，其分包工程的行为受到法律规定的严格限制，同样，总承包商与分包商的一些权利、义务、责任等也受到法律规定的约束。原则上，总承包商只能将一项或若干项具体的工程施工分包给具有相应资质的其他单位，不可以将其与业主之间总承包合同的责任和义务分包出去。《中华人民共和国建筑法》(以下简称《建筑法》）规定，建筑工程总承包单位按照总承包合同的约定对建设单位负责；分包单位按照分包合同的约定对总承包单位负责。总承包单位和分包单位就分包工程对建设单位承担连带责任。总承包商不能通过分包规避自己在总承包合同中的责任，其仍需对其分包商在质量、进度、安全等方面负全面责任。

同时，法律或相关合同条款也都禁止总承包商将整个工程全部转包，或将整个工程肢解分包出去。《建筑法》在这方面有严格的规定，同样大部分施工合同范本也有类似的合同条款。通常，业主在工程招标时要求投标人提交准备分包的工程项目和拟签约的分包商。在合同履行过程中如果总承包商未征得业主同意而擅自分包，则业主可以根据合同约定对承包商进行处罚。

一般情况下，总承包商都会将分包合同的权利、义务条款尽量与总承包合同挂钩。为了减少风险，有时还要求开出各类保函，从而避免可能发生的经济损失。如果总承包商违反分包合同，则应该赔偿分包商的经济损失等；如果分包商违反分包合同并造成总承包商的损失，如业主对总承包商的罚款或制裁等，则分包商应该赔偿总承包商的相应损失。

2. 分包商与业主的关系

分包合同只是总承包商与分包商之间的协议，业主与分包商之间并没有直接合同关系。在没有特殊约定的情况下分包商不能就付款、索赔等问题直接与业主交涉，一切与业主的往来均须通过总承包商进行。业主只是负责按照总承包合同向总承包商支付工程款并处理相关索赔，而分包商则是从总承包商处再按分包合同取得其应得部分及索赔处理。分包商的利益与总承包商紧紧地联系在一起。

个别情况下，业主也可以向分包商直接付款，如合同条款明确约定，或法律规定的条件成立。如果业主在没有合法依据的情况下直接向分包商付款，则可能使总承包商拒绝承担原总承包合同中的某些义务，或者导致业主向总承包商和分包商双重付款的不利局面。

尽管业主与分包商之间通常没有合同关系，但是如果分包商有侵犯业主权利的行为，比如工程质量的严重缺陷、工期拖延等，造成了业主的经济损失等，则业主可以依据《建筑法》第二十九条关于连带责任的规定对分包商进行索赔。但分包商向业主的类似索赔则缺少相关依据。

3. 分包商与咨询工程师的关系

咨询工程师（包括设计、监理、工程造价等）管理工程项目施工的权力来源于业主。一般情况下，业主与分包商没有合同关系，因此，咨询工程师管理项目的各种行为通常须通过总承包商再转达。有时，咨询工程师在征得总承包商的同意后，可能就一些技术问题直接与分包商进行交往，但咨询工程师应该将有关函件抄送总承包商，及时通报有关情况，尤其当涉及付款或进度计划等时，以便总承包商在适当的时候提出意见或采取相应的行动。

通常，如果在分包合同中做出了明确的责任划分，减少中间环节，总承包商同意分包商与咨询工程师就技术或施工的有关细节问题进行联系，可以缓解某些分包工程专业技术程度高而分包商又不能直接与咨询工程师沟通的矛盾。

如果分包商拒绝执行咨询工程师的指示，从理论上讲，业主只有权对总承包商实施惩罚等处理，因此实际受损的往往是总承包商。业主和分包商都会力图从总承包商处挽回各自的经济损失而进行索赔。

另外，有的业主绕开总承包商，直接就某项工作或服务与分包商签订单独的合同，此时，应由咨询工程师代表业主负责对该分包商的管理和协调工作，业主也应就此向咨询工程师支付额外的服务费。实际上，此时不存在所谓的分包合同了，而是一个主合同。在这种情况下，总承包商与分包商的联系通常要通过业主或咨询工程师来处理。

3.4.2 工程分包结算方式

1. 确定工程分包结算方式

在确定工程分包结算方式时，首先需要考虑的是与总包的结算方式是否一致。如果总包与工程分包的结算方式不一致，将给双方合作带来困难。一般来说，总包承包商应当与工程分包承包商协商一致，确定分包结算方式。

2. 确定工程分包结算方式的基本原则

在确定工程分包结算方式时，应当遵循以下基本原则：

（1）合理公正：工程分包结算应当遵循公平公正的原则，确保双方利益平衡。

（2）按进度结算：工程分包结算应按照工程实际完成的进度进行结算。

（3）按质量结算：工程分包结算应当结合工程质量考核，保障工程质量。

（4）合同约定：工程分包结算应当按照合同约定进行，保障合同权益的实现。

3. 常见的工程分包结算方式

（1）按进度结算：按照工程进度按比例结算工程分包款项。

（2）按百分比结算：按照工程实际完成的比例结算工程分包款项。

（3）按工程量结算：按照实际完成的工程量结算工程分包款项。

（4）按单价或总价结算：按照合同约定的单价或总价结算工程分包款项。

（5）其他结算方式：根据项目的特殊情况，还可以采取其他合理的结算方式。

3.4.3 工程分包结算方案

1. 编制工程分包结算方案

在确定工程分包结算方式的基础上，还需要编制工程分包结算方案。工程分包结算方案是具体的操作指南，对工程分包的结算工作起着指导作用。工程分包结算方案主要包括以下内容：

（1）结算范围：明确工程分包的结算范围，包括结算的工程内容、范围和标准。

（2）结算依据：明确工程分包结算的依据，包括工程量清单、实际完成进度、质量验收等。

（3）结算程序：制定工程分包结算的具体程序和流程，包括结算的时间节点、程序和相关人员的职责分工。

（4）结算标准：制定工程分包结算的具体标准，包括结算的计量单位、单价标准和总价标准等。

（5）结算支付：明确结算款项的支付方式，包括支付的时间、方式和账户等。

（6）结算文书：制定工程分包结算的相关文书，包括结算单、结算书和相关附件等。

（7）其他内容：根据项目的特殊情况，还可以制定其他必要的内容，如工程风险控制、结算风险预防等。

2. 工程分包结算方案的实施

在编制好工程分包结算方案后，还需要进行具体的实施工作。实施工程分包结算方案的主要工作包括：

（1）组织实施：根据工程分包结算方案，组织相关人员进行具体的结算工作。

（2）收集资料：收集工程分包结算所需的相关资料和证据。

（3）核对计算：对工程分包结算的相关数据进行核对和计算，确保结算的准确性和合理性。

（4）编制文书：根据工程分包结算方案，编制相关的结算文书并进行审核。

（5）结算支付：按照工程分包结算方案的规定，进行结算款项的支付和结算文书的签字确认。

3. 工程分包结算方案的监督和审查

在工程分包结算方案的实施过程中，还需要进行监督和审查工作，确保工程分包结算工作的规范性和合法性。监督和审查工作主要包括以下内容：

（1）监督执行：监督工程分包结算方案的具体执行情况，确保结算工作的正常进行。

（2）审查审核：对工程分包结算的相关文书进行审查和审核，确保结算的合法性和准确性。

（3）问题整改：及时发现并处理工程分包结算中存在的问题，确保结算工作的顺利进行。

3.4.4 分包工程结算索赔的处理原则

当事人提出索赔，其中一个前提就是其有某项权利受到了侵犯。当事人的权利是基于合同的约定，或者是根据法律的规定。在向他方索赔时首先必须明确提出索赔项目的理由、依据。

1. 分包商与总承包商

分包商与总承包商有合同约定，因此相互之间的索赔应完全按照合同条款来进行，这其中也不应考虑其他工程参与方的影响。一般的索赔过程如下：在熟悉合同条款后，收集整理索赔事项、依据，提出索赔理由，计算索赔数量，形成索赔报告，按照索赔程序递交报告，双方协商得出索赔结论。

2. 分包商与业主

在前面的关系分析中，通常业主与分包商之间没有直接合同关系，它们之间的联系一般由总承包商来搭接。这样，从索赔发生依据的合同约定方面来说，业主与分包商之间相互直接进行索赔就存在一定的困难。但是，在前面的分析中同样也提到了业主权利受到侵犯而索赔的另外一个依据，那就是《建筑法》。《建筑法》第二十九条、第五十五条都有相关的规定，如“总承包单位和分包单位就分包工程对建设单位承担连带责任”等。这样，业主可以根据法律的规定直接向分包商提出相应的索赔。

分包商向业主直接提出索赔既没有合同约定依据，也没有相关的法规依据，因此这样的索赔直接提出得到合理、规范的处理是比较困难的。通常情况下，如果业主的某种行为损害了分包商的某些利益，分包商都是先依据分包合同的约定向总承包商提出索赔要求，再由总承包商根据总承包合同的相关约定，向业主提出相应的索赔事项。

另外，如果在总承包合同中，业主有对分包商的具体承诺，则分包商直接向业主索赔是有可能的。

在分包工程结算中，有时会发生这样一种情况，分包商以自己的名义直接与业主签发了一些增加工程价款的索赔签证，双方都签字盖章了，事由也很合理，但到了结算时，或结算审核时，这样的索赔签证却得不到认可，业主利益代表认为这些索赔签证不具有有效性。在没有特别约定的情况下，分包商直接与业主联系并发生了各种工程联系单，是没有合同依据的，因此，在正常、规范的结算程序中，这些增加工程价款的索赔签证一般是不能作为结算依据的。除非总承包合同有相应的约定。所以，分包商在处理对业主的工程索赔时，一定要按照总承包合同约定的相关条款进行，以免做无用功，导致结算纠纷或工程亏损等情况出现。

3. 分包商与咨询工程师

受业主授权或委托，咨询工程师就工程项目的设计、监理和工程造价等方面进行工程管理，咨询工程师与分包商没有直接的合同关系，甚至各种现场指令要通过总承包商来向分包商转达。如果咨询工程师发出的指令给分包商造成了费用或工期等方面的损失，一般分包商是不能直接向咨询工程师提出索赔的，因为既没有合同约定其权利受侵犯而索赔的依据，也很难找到法律规定的依据。通常，分包商需要通过总承包合同的相关约定才能维护自己的权益，由分包商先向总承包商提出，再由总承包商直接向业主提出相应索赔。

4. 分包商与分包商

工程项目可能有多个分包商，总承包商分别与几个分包商签订分包合同，分包商之间没有合同关系，因此，分包商之间一般不能直接进行索赔。当分包商相互之间出现权益致害与受损的情况，通常受损失的分包商先向总承包商索赔，总承包商再向造成损失的分包商索赔。

如果总承包商在与分包商的合同中有约定，分包商也可以直接向其他分包商索赔。例如，在有多个分包商的工程中，总承包商与电梯安装分包商的合同中规定，电梯分包商不得干涉其他分包商的施工或造成它们的损失，否则将直接对受损失的分包商承担赔偿责任。如此，受损失的分包商就有了本应由总承包商享有的索赔权。

另外，工程保险的理赔也可以纳入分包商工程索赔的管理范畴。一般工程项目都要投一些必需的工程保险。这些工程保险项目中，都已将承包商包括分包商列入了受益人的范围，如分包商有相应的风险损失是可以提出理赔请求的。

工程索赔从工程项目启动到项目结束一直存在，分包工程的索赔是其中的很少一部分。此处仅简单讨论了分包工程发生索赔时的处理原则，工程索赔处理还有许多具体的事项要掌握，如索赔过程中的证据收集，索赔事项中费用或工期及具体数量的计算，索赔报告的形成，索赔程序的执行，索赔的协商谈判等。

【例 3.2】业主 A 将新建厂房项目以工程总承包方式发包工程总承包单位 B，工程总承包单位 B 又将除桩基、主体钢结构以外的土建、安装工程施工任务分包给建筑施工单位 C 承建。B 与 C 签订的施工分包合同约定结算条款为："竣工日期为 20×5 年 12 月 22

日，除尾项工程外，工程竣工验收合格后，施工单位C应向工程总承包单位B提交结算文件进行结算。”

施工合同签订后，施工单位C如期施工。20×5年12月18日业主A启用施工单位C承建的厂房进行生产设备安装，20×6年4月10日业主A对整个工程进行全面接收，但整个工程项目一直未进行竣工验收。

后施工单位C在竣工时间、工程价款结算问题上与工程总承包单位B发生争议，向人民法院起诉，要求工程总承包单位B支付工程款及拖欠工程款的利息。而工程总承包单位B则以整个工程未经竣工验收，施工单位C无权要求结算为由进行抗辩。

解析：

本案例的争议焦点是：

第一，施工合同中约定的“工程竣工验收合格后”是指整个工程竣工验收合格还是施工单位承包范围内工程竣工验收合格？

第二，工程项目未经正式验收程序，业主就提前使用，那么，竣工时间该如何确定？

要说明上述问题，首先要明确采用工程总承包模式中，工程总承包单位与承建施工任务的施工单位之间的法律关系，以及各自应该承担的责任。其次是工程在未经竣工验收，业主提前使用整个工程的情况下，分包工程竣工时间的认定。

（1）工程总承包中工程总承包单位与分包单位的法律关系及责任划分。

1）工程总承包与工程分包的概念。

工程总承包是指从事工程总承包的企业受业主委托，按照合同约定对工程项目的勘察、设计、采购、施工、试运行（竣工验收）等实行全过程或若干阶段的承包。

工程分包是指工程总承包人将其所承包工程中的专业工程发包给具有相应资质的其他建筑企业完成的行为。

2）工程总承包与分包的法律关系。

根据法律规定，总承包人经发包人同意，除地基及主体等必须由承包人自行完成的主体结构施工外，可以将自己承包的部分工作交由具备相应资质条件的分包单位完成。分包人就其完成的工作成果与总承包人向发包人承担连带责任。

（2）工程总承包中总承包单位与分包单位的责任划分。

1）根据法律规定，分包人就其完成的工作成果与总承包人向发包人承担连带责任。该规定确定了分包人仅应就承包范围内的分包工程承担责任的基本原则。

2）本案例中工程总承包单位B与施工单位C之间为总分包关系，施工单位C仅就承包范围内的工程承担责任。分包施工合同中“除尾项工程外，工程竣工验收合格”的“工程”没有明确约定是整个工程竣工验收合格的情况下，应遵循施工单位仅就承包范围内的分包工程承担责任的基本原则，应理解为分包单位承包范围内的工程竣工验收合格，而非整个工程的竣工验收合格。

当然，在工程总承包或施工总承包模式中，如果分包合同要以工程竣工验收合格作为提交结算文件的前提条件，最好明确约定是整个工程竣工验收合格还是分包工程竣工验收合格，以避免产生不必要的争议。

（3）在工程未经竣工验收，业主提前使用整个工程的情况下，分包工程竣工时间的认定。

1）《司法解释》规定，建设工程未经竣工验收，发包人擅自使用的，以转移占有建设工程之日为竣工日期。

《司法解释》适用的范围为建设工程施工合同，但是否能适用为工程总承包合同，以及本案例中工程总承包单位与分包单位之间的分包施工合同呢？

通常认为，工程总承包合同实际上包含勘察合同关系、设计合同关系、施工合同关系、采购合同关系等。因此，工程总承包中有关施工合同纠纷应适用《司法解释》。本案例中工程总承包单位与施工单位之间的法律关系属建设工程施工合同关系，理应适用《司法解释》。

2）按照《司法解释》的规定，整个工程的竣工时间应以业主转移占有整个工程之日作为实际竣工日期。而本案例应从何时认定“擅自使用”？应以哪个时间点为“转移占有整个工程之日”，即“竣工日期”？

有人认为，《司法解释》中“擅自使用”是指发包人未经承包人同意而使用工程，如果发包人使用工程获得了承包人的同意，就不应该认定为“擅自使用”。这是对《司法解释》中“擅自使用”的误解。《司法解释》中的“擅自使用”是针对《建筑法》的规定，在工程未经竣工验收或竣工验收不合格的情况下，业主对工程进行使用的行为。

所谓“使用”，就是利用该工程的使用功能的行为。对于厂房来说，就是用厂房来安装设备、组织生产；对于办公楼来说，就是用作办公场所开展办公活动；对于住宅来说，就是搬入住房进行生活起居。本案例中，业主 A 在车间内进行生产设备安装就是对厂房的使用行为。

3）本案例中，20×5 年 12 月 18 日业主 A 启用厂房进行生产设备安装，20×6 年 4 月 10 日业主 A 对整个工程进行全面接收。因此，应认定施工单位承包范围内的分包工程于 20×5 年 12 月 18 日已经竣工，整个工程于 20×6 年 4 月 10 日也已经竣工。

3.4.5 工程总承包单位与分包单位结算常见问题及防范建议

通过例 3.2 可以发现，在工程总承包中，总承包单位往往是将工程施工任务分包给一个或几个施工单位承建。而整个工程竣工验收是由业主与工程总承包单位来进行的，通常工程总承包单位、业主、分包单位不会针对分包工程进行专门的竣工验收，如果工程总承包单位怠于向业主提请竣工验收，则往往造成分包工程的实际竣工时间难以确定。

即使工程总承包单位在整个工程竣工后及时向业主提请工程竣工验收，也只能将整个工程竣工的时间视为分包工程的竣工时间，这也是总包人与分包人发生争议较多的主要原因。

除分包合同明确约定分包工程的竣工时间以整个工程的竣工时间为竣工时间外，如一方面要求分包单位仅应就承包范围内的分包工程承担责任，另一方面又实际上以整个工程竣工时间作为分包工程的竣工时间，对于分包单位来说显然不公平。

因此，建议除分包合同明确约定分包工程的竣工时间以整个工程的竣工时间为竣工时间外，为了避免以整个工程竣工时间作为分包工程竣工时间而对分包单位不公平的情况，在分包合同中应对分包工程的竣工时间以及分包工程的验收进行专门的约定，即约定在分包工程完工后，由业主、工程总承包单位、监理单位对分包工程进行专门的竣工验收程序。

项目实训

实训主题

工程完工后，乙方依据后来变化的施工图做了结算，结算仍然采用清单计价方式，结算价是 1 500 万元，另外还有 300 万元的洽商变更（此工程未办理竣工图和竣工验收报告，不少材料和做法变更也无签字）。咨询公司在对此工程审计时认为乙方结算报价与合同价格不符，且结算的综合单价和做法与投标也不尽一致，另外，施工图与投标时图纸变化很大，已经不符合招标文件规定的条件了。因此，咨询公司决定以定额计价结算的方式进行审计，将结算施工图全部重算，措施费用也重新计算，得出的审定价格大大低于乙方的结算价。而乙方以有清单中标价为由，坚持以清单计价方式结算，不同意调整综合单价费用和措施费。双方争执不下，谈判陷入僵局。这种分歧应如何判定？

实训分析

1. 此工程未办理竣工图和竣工验收报告，不符合结算条件，应在办理竣工图和竣工验收报告后再明确结算的方式，根据双方签订的承包合同规定的结算方式进行结算。

2. 材料和做法变更无签字不能作为工程结算的依据，应该以事实为依据，如隐蔽工程验收记录、分部分项工程质量检验批、影像资料、双方的工作联系单、会议纪要等资料文件。如果乙方不能提供这些事实依据，甲方有权拒绝结算相应项目的变更费用。工程在施工过程中出现变更时，甲、乙双方应该及时办理相应手续，避免工程结算时扯皮。

实训内容

步骤 1 本工程招标时按照清单报价的方式招标，并且甲、乙双方合同约定按照清单单价进行结算，合同约定具有法律效力，那么在工程结算时就应该遵守双方合同的约定。咨询公司作为中介机构是无权改变工程的结算计价方式的。

步骤 2 在工程施工过程中出现变更，合同中应该有约定出现变更时变更部分工程价款的调整方式和办法：如采用定额计价方式、参考近似的清单单价、双方现场综合单价签证等。工程量清单报价中有“分部分项工程量清单综合单价分析表”，在出现变更时，可以参照此表看一下清单综合单价的组成，相应地增减变更分项工程子目，重新组价，组成工程变更后新的清单单价，但管理费率和利润率不能修改。

技能检测

一、单选题

1.《建设工程工程量清单计价规范》规定，在具备施工条件的前提下，业主应在双方签订合同后的一个月内或不迟于约定的开工日期前的（　　）天内预付工程款。

A. 15　　B. 20　　C. 7　　D. 14

2. 根据《建设工程工程量清单计价规范》的规定，包工包料工程的预付款按合同约定拨付，原则按合同金额的（　　）比例区间预付。

A. 5% ～ 15%　　B. 10% ～ 25%　　C. 5% ～ 20%　　D. 10% ～ 30%

3. 业主应该在合同约定的时间拨付约定金额的预付款。如果业主不按约定预付，承包商向业主发出要求预付的通知应在预付时间到期后（　　）天内发出。

A. 7　　B. 10　　C. 14　　D. 28

4. 根据《建设工程价款结算暂行办法》的规定，在具备施工条件的前提下，业主给承包商预付工程款应在双方签订合同后（　　）。

A. 半个月内　　B. 1 个月内　　C. 15 个工作日内　　D. 2 个月内

5. 业主不按约定预付，承包商应在预付时间到期后按时向业主发出要求预付的通知，业主收到通知后仍不按要求预付，承包商可在发出通知（　　）天后停止施工，业主承担违约责任。

A. 7　　B. 10　　C. 14　　D. 28

6. 在工程进度款结算与支付中，承包商提交的已完工程量而监理不予计量的是（　　）。

A. 因业主提出的设计变更而增加的工程量

B. 因承包商原因造成工程返工的工程量

C. 因延期开工造成施工机械台班数量增加

D. 因地质原因需要加固处理增加的工程量

7. 合同双方应该在合同专用条款中选定两种结算方式中的一种，作为进度款的结算方式。两种结算方式是按月结算与支付和（　　）。

A. 按季结算与支付　　B. 按年结算与支付

C. 分段结算与支付　　D. 目标结算与支付

8. 承包商应当按照合同约定的方法和时间，向监理（业主）提交已完工程量的报告。监理（业主）接到报告后（　　）天内核实已完工程量，如未及时核实完，则承包商报告中的工程量即视为被确认，作为工程价款支付的依据。双方合同另有约定的，按合同执行。

A. 7　　B. 10　　C. 14　　D. 28

9. 在工程进度款结算过程中，除了对承包商超出设计图纸范围而增加的工程量监理不予计量之外，还包括（　　）。

A. 因发包人原因造成返工的工程量　　B. 因承包商原因造成返工的工程量

C. 因不可抗力造成返工的工程量　　D. 因不利施工条件造成返工的工程量

10. 根据监理（业主）确认的工程量计量结果，承包商向监理（业主）提出支付工程进度款申请，监理（业主）应在（　　）天内向承包商支付工程进度款。

A. 7　　B. 10　　C. 14　　D.28

11. 对承包人超出设计图纸范围和因承包人原因造成返工的工程量，发包人（　　）。

A. 按实际计量　　B. 按图纸计量　　C. 不予计量　　D. 双方协商计量

12. 根据监理（业主）确认的工程量计量结果，承包商向监理（业主）提出支付工程进度款申请，监理（业主）应在规定时间内按工程价款的（　　）向承包商支付工程进度款。

A. 30%～60%　　B. 60%～90%　　C. 10%～90%　　D. 30%～90%

13. 监理（业主）超过约定的支付时间不支付工程进度款，承包商应及时向业主发出要求付款的通知，监理（业主）收到承包商通知后仍不能按要求付款，可与承包商协商签订延期付款协议，经承包商同意后可延期支付，协议应明确延期支付的时间和从工程量计量结果确认后第（　　）天起计算应付款的利息。

A. 14　　B. 28　　C. 15　　D. 30

14. 根据《建设工程价款结算暂行办法》的规定，在竣工结算编审过程中，单位工程竣工结算的编制人是（　　）。

A. 业主　　B. 承包商　　C. 总承包商　　D. 监理咨询机构

15. 竣工结算的方式不包括（　　）。

A. 单位工程竣工结算　　B. 单项工程竣工结算

C. 建设项目竣工总结算　　D. 分部分项工程竣工结算

16. 单项工程竣工结算或建设项目竣工总结算由（　　）编制。

A. 业主　　B. 承包商　　C. 总承包商　　D. 监理咨询机构

17. 单项工程竣工后，承包商应在提交竣工验收报告的同时，向业主递交完整的结算资料和（　　）。

A. 竣工验收资料　　B. 造价对比资料　　C. 工程竣工图　　D. 竣工结算报告

18. 若从接到竣工结算报告和完整的竣工结算资料之日起审查时限为 45 天，则单项工程竣工结算报告的金额应该为（　　）。

A. 500 万元以下　　B. 500 万元～2 000 万元

C. 2 000 万元～5 000 万元　　D. 5 000 万元以上

19. 建设项目竣工总结算在最后一个单项工程竣工结算确认后 15 天内汇总，送业主后（　　）天内审查完成。

A. 20　　B. 45　　C. 60　　D. 30

20. 当某单项工程竣工结算报告金额为 1 500 万元时，审查时限应为从接到竣工结算报告和完整的竣工结算资料之日起（　　）天。

A. 20　　B. 30　　C. 45　　D. 60

21. 编制竣工结算除应具备全套竣工图纸、材料价格或材料、设备购物凭证、取费标准以及有关计价规定外，还应具备的资料有（　　）。

A. 工程量清单报价书和设计变更通知单等

B. 施工预算书和材料价格变更文件等

C. 材料限额领料单

D. 工程现场会议纪要

22. 根据确认的竣工结算报告，承包商向业主申请支付工程竣工结算款。业主应在收到申请后（　　）天内支付结算款，到期没有支付的应承担违约责任。

A. 14　　B. 28　　C. 15　　D. 30

23. 工程竣工结算的审核，除了核对合同条款、严格按合同约定计价、注意各项费用计取、防止各种计算误差之外，还包括（　　）。

A. 落实合同价款调整数额和按图计算工程造价

B. 落实工程索赔价款和按图核实工程造价

C. 落实设计变更签证和按图核实工程数量

D. 落实工程价款签证和按图计算工程数量

24. 某独立土方工程，招标文件估计工程量为 1 000 000m³，合同约定：工程款按月支付并同时在该款项中扣留 3% 的工程预付款；土方工程为全费用单位，10 元 /m³，当实际工程量超过估计工程量 15% 时，超过部分调整单价，8 元 /m³。某月施工单位完成土方工程量 300 000m³，截至该月累计完成的工程量为 1 250 000m³，则该月应结工程款为（　　）万元。

A. 280　　B. 240　　C. 271.6　　D. 260.5

25. 某分项工程发包方提供的估计工程量为 1 800m³，合同中规定单价 17 元 /m³，实际工程量超过估计工程量 20% 时，调整单价，单价调为 16 元 /m³，实际经过业主计量确认的工程量为 2 500m³，则该分项工程结算款为（　　）元。

A. 42 160　　B. 42 500　　C. 40 000　　D. 41 800

26. 如甲方不按合同约定支付工程进度款，双方又未达成延期付款协议，致使施工无法进行，则（　　）。

A. 乙方仍应设法继续施工

B. 乙方如停止施工则应承担违约责任

C. 乙方可停止施工，甲方承担违约责任

D. 乙方可停止施工，由双方共同承担责任

27. 标准机械设备的结算，大都使用国际贸易广泛使用的（　　）。

A. 不可撤销的信用证　　B. 可撤销的信用证

C. 不可撤销的商业保函　　D. 可撤销的商业保函

28. 将产品赊销给买方，规定买方在一定时期内延期或分期付款，卖方通过向本国银行申请出口信贷，来填补占用的资金。这种支付进口设备、工器具和材料价款的结算方式是（　　）。

A. 卖方信贷　　B. 买方信贷　　C. 商业发票　　D. 商业汇票

二、多选题

1. 关于工程预付款结算，下列说法正确的是（　　）。

A. 工程预付款原则上预付比例不低于合同金额的 30%，不高于合同金额的 60%

B. 对重大工程项目，按年度工程计划逐年预付

C. 实行工程量清单计价的，实体性消耗和非实体性消耗部分应在合同中分别约定预付款比例

D. 预付的工程款必须在合同中约定抵扣方式，并在工程进度款中进行抵扣

E. 凡是没有签订合同或不具备施工条件的工程，业主不得预付工程款

2. 合同示范文本专用条款中供选择的进度款的结算方式有（　　）。

A. 按月结算与支付　　B. 分段结算与支付

C. 按季结算与支付　　D. 按形象进度结算与支付

E. 按年结算与支付

3. 竣工结算的方式有（　　）。

A. 单位工程竣工结算　　B. 单项工程竣工结算

C. 建设项目竣工总结算　　D. 分项工程竣工结算

E. 分部工程竣工结算

4. 工程价款结算对于建筑施工单位和建设单位均具有重要的意义，其主要作用有（　　）。

A. 是建设单位组织竣工验收的先决条件

B. 是加速资金周转的重要环节

C. 是施工单位确定工程实际建设投资数额、编制工程决算的主要依据

D. 是施工单位内部进行成本核算、确定工程实际成本的重要依据

E. 是反映工程进度的主要指标

5. 竣工结算编制的依据包括（　　）。

A. 全套竣工图纸　　B. 材料价格或材料、设备购物凭证

C. 双方共同签署的工程合同有关条款　　D. 业主提出的设计变更通知单

E. 承包商单方面提出的索赔报告

6. 工程竣工结算的审核一般从（　　）入手。

A. 核对合同条款　　B. 落实设计变更签证

C. 按图核实工程数量　　D. 严格按决算约定计价

E. 注意各项费用计取

7. 专制机械设备的结算一般分为（　　）阶段。

A. 预付款　　B. 阶段付款

C. 最终付款　　D. 进度付款

E. 竣工付款

8. 对进口设备、工器具和材料价款的支付，我国还经常利用出口信贷的形式。出口信

贷根据借款的对象分为（　　）。

A. 卖方信贷　　B. 买方信贷

C. 商业发票　　D. 商业信用

E. 商业汇票

三、案例题

1. 某工程的合同价款为 350 万元，施工合同规定预付备料款为合同价款的 30%。主要材料和结构件费用为合同价款的 70%，尾款 5%。每月实际完成计量工程款和追加合同价款总额如表 3–1 所示。

表 3–1　某工程逐月完成计量工程款和追加合同价款总额

月份	1	2	3	4	5	6	追加合同价款总额
完成计量工程款（万元）	20	50	100	95	60	25	25

问题：

预付工程款、每月结算工程款、竣工结算工程款各为多少？（为方便计算，追加合同价款列入竣工结算时处理）

2. 某业主与承包商签订了某建筑安装工程项目总包施工合同。承包范围包括土建工程和水、电、通风建筑设备安装工程，合同总价为 5 000 万元。工期为 2 年，第一年已完成 2 700 万元，第二年应完成 2 300 万元，承包合同规定如下：

（1）业主应向承包商支付当年合同价 30% 的预付工程款。

（2）预付工程款应从未施工工程尚需的主要材料及构配件价值相当于预付工程款时起扣，每月以抵充工程款的方式陆续回收。主要材料费比例按 70% 考虑。

（3）工程质量保修金为承包合同总价的 3%，经双方协商，业主从每月承包商的工程款中按 3% 的比例扣留。在保修期满后，保修金及保修金利息扣除已支出费用后的剩余部分退还给承包商。

（4）当承包商每月实际完成的建安工作量少于计划完成建安工作量的 10% 以上（含 10%）时，业主可按 3% 的比例扣留工程款，在工程竣工结算时，将扣留工程款退还给承包商。

（5）除设计变更和其他不可抗力因素外，合同总价不进行调整。

（6）由业主直接提供的材料和设备应在发生当月的工程款中扣回其费用。

经业主的工程师代表签字的承包商在第二年各月计划和实际完成的建安工作量，以及业主直接提供的材料、设备价值如表 3–2 所示。

表 3–2　工程结算数据　　单位：万元

月份	1—6	7	8	9	10	11	12
计划完成建安工程量	1 100	180	200	200	190	190	120
实际完成建安工程量	1 120	175	220	210	195	180	120
业主直供材料、设备的价值	91	38	25	11.5	16	8	7

问题：

（1）预付工程款是多少？

（2）预付工程款从几月份开始起扣？

（3）1—6 月以及其他各月工程师代表应签证的工程款是多少？应签发付款凭证金额是多少？

（4）竣工结算时，工程师代表应签发付款凭证金额是多少？

项目 4　工程结算的编制内容

项目导读

工程结算的主要内容是指施工企业按照承包合同和已完成工程量向建设单位（业主）办理工程价款清算的经济文件。按照不同的建设阶段和需求划分为：期中结算、中止结算、终止结算和竣工结算。

期中结算是指发、承包双方根据国家有关法律法规的规定和合同约定，在施工过程中承包人完成合同约定的工作内容后，对工程价款进行的计算和确定。期中结算又称为中间结算，包括月度、季度、年度结算和形象进度结算。

中止结算是指发包方和承包方协商并一致同意暂停施工过程，发、承包双方根据合同约定和协商意见对已完工程内容及暂停施工期间的费用进行的价款计算和确定。

终止结算是指发、承包双方根据国家有关法律法规的规定和合同约定，就合同终止达成一致意见时对合同价款进行的调整和确定。

竣工结算是指发、承包双方根据国家有关法律法规的规定和合同约定，在承包人完成合同约定的全部工作内容后，在合同约定时间内对最终工程价款进行的调整和确定。

依据《建设工程工程量清单计价标准》（GB/T 50500–2024）及项目相应的施工合同，按照各专业《××工程工程量计算规范》、各地区适用清单及定额，运用工程量计算规则，按照各章节的分部分项名称，完成各分项工程量的计算、汇总，完成工程结算书的编制。

采用适当的工程结算格式，依据工程结算要求的内容编制结算书。

项目重点

熟悉工程结算的一般规定，掌握工程结算的计算方法，对案例分析深度学习后将所学知识应用于实际工程结算中。

素养目标

通过对本项目的学习，学生能加深对社会主义市场经济中价格机制的理解，培养一切从实际出发、实事求是的工作态度，形成职业责任感，树立法律意识。

任务 1 工程结算的规定及方式

任务目标

- 熟悉工程结算的一般规定。

4.1.1 工程结算一般规定

工程结算
一般规定

工程完工后，发、承包双方必须在合同约定时间内按照约定格式与规定内容办理工程竣工结算，工程竣工结算由承包人或受其委托具有相应资质的工程造价咨询人编制，由发包人或受其委托具有相应资质的工程造价咨询人核对。结算过程中需遵从以下几个原则：

1. 一般原则

（1）工程造价咨询单位应以平等、自愿、公平和诚实信用的原则订立工程咨询服务合同。

（2）在结算编制和结算审查中，工程造价咨询单位和工程造价咨询专业人员必须严格遵守国家相关法律、法规和规章制度，坚持实事求是、诚实信用和客观公正的原则，拒绝任何一方违反法律、法规、社会公德，影响社会经济秩序和损害公共利益的要求。

（3）结算编制应当遵循发、承包双方在建设活动中平等的责、权、利对等原则；结算审查应当遵循维护国家利益，发包人和承包人合法权益的原则。造价咨询单位和造价咨询专业人员应以遵守职业道德为准则，不受干扰，公正、独立地开展咨询服务工作。

（4）工程结算应按施工发、承包合同的约定，完整、准确地调整和反映影响工程价款变化的各项真实内容。

（5）工程结算编制严禁巧立名目、弄虚作假、高估冒算；工程结算审查严禁滥用职权、营私舞弊或提供虚假结算审查报告。

（6）承担工程结算编制或工程结算审查咨询服务的受托人，应严格履行合同，及时完成工程造价咨询服务合同约定范围内的工程结算编制和审查工作。

（7）工程造价咨询单位承担工程结算编制，其成果文件一般应得到委托人的认可。

（8）工程造价咨询单位承担工程结算审查，其成果文件一般应得到发包人和承包人的共同认可，并签署“结算审定签署表”。确因非常原因不能共同签署时，工程造价咨询单位应单独出具成果文件，并承担相应法律责任。

2. 结算编制文件组成

（1）工程结算文件一般由工程结算汇总表、单项工程结算汇总表、单位工程结算汇总表和分部分项（措施、其他、零星）工程结算表及结算编制说明等组成。

（2）工程结算汇总表、单项工程结算汇总表、单位工程结算汇总表应当按表格所规定的内容详细编制。

（3）工程结算编制说明可根据委托工程的实际情况，以单位工程、单项工程或建设项目为对象进行编制，并应说明以下内容：

1）工程概况。

2）编制范围。

3）编制依据。

4）编制方法。

5）有关材料、设备、参数和费用的说明。

6）其他有关问题的说明。

（4）工程结算文件提交时，受委托人应当同时提供与工程结算相关的附件，包括所依据的发、承包合同调整条款、设计变更、工程施工记录、图纸会审纪要、工程洽商记录、材料及设备定价单、调价后的单价分析表等与工程结算相关的书面证明材料。

3. 结算审查文件组成

（1）工程结算审查文件一般由工程结算审查报告、结算审定签署表、工程结算审查汇总对比表、分部分项（措施、其他、零星）工程结算审查对比表、结算内容审查说明等组成。

（2）工程结算审查报告可根据该委托工程项目的实际情况，以单位工程、单项工程或建设项目为对象进行编制，并应说明以下内容：

1）概述。

2）审查范围。

3）审查原则。

4）审查依据。

5）审查方法。

6）审查程序。

7）审查结果。

8）主要问题。

9）有关建议。

（3）结算审定签署表。

（4）工程结算审查汇总对比表、单项工程结算审查汇总对比表、单位工程结算审查汇总对比表应当按表格所规定的内容详细编制。

（5）结算内容审查说明应阐述以下内容：

1）主要工程子目调整的说明。

2）工程数量增减变化较大的说明。

3）子目单价、材料、设备、参数和费用有重大变化的说明。

4）其他有关问题的说明。

4. 发、承包人应当在合同条款中对涉及工程价款结算的相关事项进行约定

（1）预付工程款的数额、支付时限及抵扣方式。

（2）工程进度款的支付方式、数额及时限。

（3）工程施工过程中发生变更时，工程价款的调整方法、索赔方式、时限要求及支付方式。

（4）发生工程价款纠纷的解决方法。

（5）约定承担风险的范围及幅度，以及超出约定范围和幅度的调整办法。

（6）工程竣工价款的结算与支付方式、数额及时限。

（7）工程质量保证（保修）金的数额、预扣方式及时限。

（8）安全措施和意外伤害保险费用。

（9）工期及工期提前或延后的奖惩办法。

（10）与履行合同、支付价款相关的担保事项。

5. 发、承包人在签订合同时对合同形式的规定

可选用下列合同形式：

（1）固定总价合同：又称闭口合同，合同一旦签订，原则上不能改变，除合同约定的变更、签证除外。

（2）固定单价合同：在一定风险范围内，综合单价固定，不得调整的合同形式。风险范围以外的综合单价调整方法，也应当在合同中约定。

（3）成本加酬金合同：业主方除支付施工单位所有的成本外，约定一定利润。

目前我国建设工程合同使用较多的是固定单价合同，当然也有采用固定总价的合同，采用什么样的合同形式，由合同的风险承担方式、工期、造价等因素来决定的。

4.1.2 工程结算按结算时间分类

1. 工程预付款及扣回

工程预付款额度，各地区、各部门的规定不完全相同，主要是保证施工所需材料和构件的正常储备。一般是根据施工工期、建安工作量、主要材料和构件费用占建安工作量的比例，以及材料储备周期等因素经测算来确定。发包人根据工程的特点、工期长短、市场行情、供求规律等因素，招标时在合同条件中约定工程预付款的百分比，甲方应于开工前7日支付给乙方。

发包人支付给承包人的工程预付款的性质是预支。随着工程进度的推进，拨付的工程进度款数额不断增加，工程所需主要材料、构件的用量逐渐减少，原已支付的预付款应以抵扣的方式予以陆续扣回。扣款的方法由发包人和承包人通过洽商用合同的形式予以确定，可采用等比率或等额扣款的方式。也可针对工程实际情况具体处理扣款，如有些工程工期较短、造价较低，就无须分期扣回；有些工程工期较长，如跨年度工程，其备料款的占用时间较长，根据需要可以少扣或不扣。

2. 工程进度款

工程进度款是在合同施工过程中，发包人按照合同约定对付款周期内承包人完成的合同价款给予支付的款项，也是合同价款期中结算支付。发、承包双方应按照合同约定的时间、程序和方法，根据工程计量结果，办理期中价款结算，支付进度款。进度款的支付周期应该与合同约定的工程计量周期一致，即工程计量是支付工程进度款的前提和依据。

固定单价合同计量：工程量必须以承包人完成合同应予以计量的内容确定。施工中进行计量时，发现招标工程量清单中出现缺项、工程量偏差、因工程变更引起工程量增减时，则应以合同为基础，按承包人在履行合同义务中完成的工程量计算。

固定总价合同计量：总价合同约定的项目计量应以经审定批准的施工图及预算方式发包形成的总价合同为依据，发承包双方应在合同中约定工程计量的形象目标或时间节点，以便计量。

成本加酬金合同计量：按合同中约定工程计量的形象目标或时间节点计量，在计算工程进度款时要计算成本和酬金。

工程进度款的计算公式：

本周期应支付的合同价款（进度款）= 本周期完成的合同价款 × 支付比例 − 本周期应扣减的金额

公式中的“本周期完成的合同价款”包括：

（1）本周期已完单价项目价款。

（2）本周期应支付总价项目价款。

（3）本周期已完成的计日工价款。

（4）本周期应支付的安全文明施工费。

（5）本周期应增加的合同价款。

公式中的“支付比例”指进度款的支付比例按照合同约定，按期中结算价款总额计算，不低于 60%，不高于 90%。

公式中的“本周期应扣减的金额”包括应扣回的预付款、发包人提供的甲供材料金额。

3. 竣工结算

工程竣工验收报告经发包人认可后 28 天内，承包人向发包人递交竣工结算报告及完整的结算资料，双方按照协议书约定的合同价款及专用条款约定的合同价款调整内容进行工程竣工结算。专业监理工程师审核承包人报送的竣工结算报表并与发包人、承包人协商一致后，签发竣工结算文件和最终的工程款支付证书。

4. 建安工程价款的动态结算

建安工程价款的动态结算就是要把各种动态因素渗透到结算过程中，使结算大体能反映实际的消耗费用。下面介绍几种常用的动态结算办法：

（1）按实际价格结算法。

在我国，由于建筑材料需要市场采购的范围越来越大，有些地区规定对钢材、木材、水泥等材料的价格采取按实际价格结算的办法，工程承包人可凭发票按实报销，这种方法比较方便。因为是实报实销，所以承包人对降低成本不感兴趣。为了避免副作用，造价管理部门要定期公布最高结算限价，同时合同文件中应规定建设单位或监理工程师有权要求承包人选择更廉价的供应来源。

（2）按主材计算价差。

发包人在招标文件中列出需要调整价差的主要材料及其基期价格（一般采用当时当地工程造价管理机构公布的信息价或结算价），工程竣工结算时按竣工当时当地工程造价管理机构公布的材料信息价或结算价，与招标文件中列出的基期价比较后计算材料差价。

（3）竣工调价系数法。

按工程价格管理机构公布的竣工调价系数及调价计算方法计算差价。

（4）调值公式法（又称动态结算公式法）。

在发包方和承包方签订的合同中应明确规定调值公式。

价格调整的计算工作比较复杂，要先确定计算物价指数的品种。一般来讲，品种不宜过多，只确立那些对项目投资影响较大的因素，如设备、水泥、钢材、木材和工资等，这样便于计算。

要明确以下两个问题：一是合同价格条款中，应写明经双方商定的调整因素，在签订合同时要写明考核几种物价波动到何种程度才进行调整，一般在 ±10% 以内。考核的地点价格一般是指工程所在地或指定的某地的市场价格，考核的时点价格指某月某日的市场价格。这里要确定两个时点价格，即基准日期的市场价格（基础价格）和与特定付款证书有关的期间最后一天的 49 天前的时点价格。这两个时点是计算调值的依据。二是确定各成本要素的系数和固定系数，各成本要素的系数应根据各成本要素对总造价的影响程度而定。各成本要素系数之和加上固定系数应该等于 1。

建筑安装工程费用价格调值公式包括固定部分、材料部分和人工部分等。调值公式一般为：

$$P = P_0\left(a_0 + a_1\frac{A}{A_0} + a_2\frac{B}{B_0} + a_3\frac{C}{C_0} + \cdots + a_i\frac{I}{I_0}\right)$$

式中，P——调值后合同价款或工程实际结算款；

P_0——调值前工程进度款；

a_0——固定要素，代表合同支付中不能调整的部分；

a_1，a_2，a_3，…，a_i——有关成本要素（如人工费用、钢材费用、水泥费用、运输费等）在合同总价中所占的比重，$a_0+a_1+a_2+a_3+\cdots+a_i=1$；

A_0，B_0，C_0，…，I_0——基准日期与 a_1，a_2，a_3，…，a_i 对应的各项费用的基期价格指数或价格；

A，B，C，…，I——与特定付款证书有关的期间最后一天的 49 天前与 a_1，a_2，a_3，…，a_i 对应的各成本要素的现行价格指数或价格。

各部分成本的比重系数在许多标书中要求承包方在投标时即提出，并在价格分析中予以论证。但也有的是由发包人在标书中规定一个允许范围，由投标人在此范围内选定。

任务 2 工程价款的计算与应用

任务目标

- 掌握工程预付款、进度款的计算。
- 了解工程保修金（尾留款）的预留方法。
- 熟悉进口设备、工器具和材料价款的支付与结算等。

4.2.1 工程预付款及其计算

目前在我国工程承发包中，大部分工程实行包工包料，也就是说承包商必须有一定数量的备料周转金。通常在工程承包合同中，会明确规定发包方（甲方）在开工前拨付给承包方（乙方）一定数额的工程预付款。该预付款作为承包商为工程项目储备主要材料、构件所需要的流动资金。

工程预付款仅用于乙方支付施工开始时与本工程有关的动员费用。如乙方滥用此款，甲方有权立即收回。在乙方向甲方提交金额等于预付款数额（甲方认可的银行开出）的银行保函后，甲方按规定的金额在规定的时间内向乙方支付预付款，在甲方全部扣回预付款之前，该银行保函将一直有效。当预付款被甲方扣回时，银行保函金额相应递减。

工程预付款是建设工程施工合同订立后由发包人按照合同约定，在正式开工前预先支付给承包人的工程款。它是施工准备和所需要材料、结构件等流动资金的主要来源，国内习惯称为预付备料款。工程预付款的具体事宜由发、承包双方根据建设行政主管部门的规定，结合工程款、建设工期和包工包料具体情况在合同中约定。在《建设工程施工合同（示范文本）》中，对有关工程预付款做了如下约定：

预付款的支付按照专用合同条款约定执行，但最迟应在开工通知载明的开工日期 7 天前支付。预付款应当用于材料、工程设备、施工设备的采购及修建临时工程、组织施工队伍进场等。

除专用合同条款另有约定外，预付款在进度付款中同比例扣回。在颁发工程接收证书前，提前解除合同的，尚未扣完的预付款应与合同价款一并结算。

发包人逾期支付预付款超过 7 天的，承包人有权向发包人发出要求预付的催告通知，发包人收到通知后 7 天内仍未支付的，承包人有权暂停施工，并按（发包人违约的情形）条款执行。

工程预付款额度，各地区、各部门的规定不完全相同，主要是保证施工所需材料和构件的正常储备。一般是根据施工工期、建安工作量、主要材料和构件费用占建安工作量的比例以及材料储备周期等因素经测算来确定。发包人根据工程的特点、工期长短、市场行情、供求规律等因素，招标时在合同条件中约定工程预付款的百分比。

1. 预付备料款的限额

预付备料款的限额可由以下主要因素决定：主要材料（包括外购构件）占工程造价的比重、材料储备期、施工工期。对于施工单位常年应备的备料款限额，可以按照下面的公式计算：

$$\text{备料款限额}=\text{年度承包工程总值}\times\text{主要材料所占比重}\times\frac{\text{材料储备天数}}{\text{年度施工日历天数}}$$

一般情况下，建筑工程的预付备料款不得超过当年建筑工作量（包括水、电、暖）的30%；安装工程的备料款不应超过年安装工程量的10%；材料所占比重较多的安装工程按年计划产值的15%左右拨付。

【**例 4.1**】某住宅工程，年度计划完成建筑安装工作量2 100万元，年度施工天数为350天，材料费占造价的比重为60%，材料储备期为100天，试确定工程备料款数额。

解：

工程备料款数额 = 2 100 × 60% × 100 ÷ 350 = 360（万元）

【**例 4.2**】某住宅工程年度计划完成建筑安装工作量1 659万元，计划工期300天，材料比例为60%，材料储备期为100天，试求预付备料款数额。

解：

预付备料款数额 = 1 659 × 60% × 100/300 = 331.80（万元）。

实务中，备料款的数额也可根据各工程类型、合同工期、承包方式以及供应体制等不同条件来确定。如工业项目中钢结构和管道安装所占比重较大的工程，其主要材料所占比重比一般安装工程高，故备料款的数额也相应提高。

施工单位向建设单位预收备料款的数额取决于主要材料（包括外购构件）占合同造价的比重、材料储备期和施工工期等因素。

2. 备料款的扣回

施工企业对工程备料款只有使用权，没有所有权。它是建设单位（业主）为保证施工生产顺利进行而预交给施工单位的一部分垫款。当施工到一定程度后，材料和构配件的储备量将减少，需要的工程备料款也随之减少，此后办理工程价款结算时，应开始扣还工程备料款。扣还的工程备料款以冲减工程结算价款的方法逐次抵扣，工程竣工时备料款全部扣完。备料款的扣款方式有以下两种：

（1）按合同约定扣款。预付款的扣款方法由发包人和承包人通过洽商后在合同中予以确定。一般是承包人完成金额累计达到合同总价的一定比例后，由承包人开始向发包人还款，发包人从每次应付给承包人的金额中扣回预付款，额度由双方在合同中约定，发包人在合同约定的完工期前将预付款的总金额逐次扣回。

（2）起扣点计算法。根据实践经验，当未施工工程所需的主要材料和结构件的价值恰好等于工程预付备料款数额时开始起扣。从每月结算的工程价款中，按材料比重抵扣，至竣工前全部扣清。

开始扣回预付备料款的起点称为起扣点，是指工程备料款开始扣还时的工程进度状态。

确定工程备料款起扣点的原则：未完工程所需主要材料和构件的费用，等于工程备料款的数额。

工程备料款的起扣点有两种表示方法：

1）累计工作量起扣点：用累计方法完成建筑安装工作量的数额表示。

2）工作量百分比起扣点：用累计完成建筑安装工作量与承包工程价款总额的百分比表示。

按累计工作量确定起扣点时，应以未完工程所需主材及结构构件的价值刚好和备料款相等为原则。工程备料款的起扣点可按下列公式计算：

$$T = P - \frac{M}{N}$$

式中，T——起扣点，即预付备料款开始扣回时的累计完成工作量金额；

P——承包工程价款总额；

M——预付备料款限额；

N——主要材料所占比重。

在实际经济活动中，情况比较复杂，有些工程工期较短，无须分期扣回备料款；有些工程工期较长，如跨年度施工，在上一年预付备料款可以不扣或少扣，并于次年按应付备料款调整，多退少补。

【例 4.3】某工程合同价款为 1 850 万元，主要材料比重为 65%，合同规定预付备料款为合同价的 25%，试确定工程备料款的数额和起扣点。

解：

预付备料款 = 1 850×25% = 462.50（万元）

起扣点即起扣时累计完成工程价值，为 1 138.46（1 850 − 462.5 ÷ 65%）万元，相当于工程完成 61.5%（1 138.46/1 850）时开始起扣。

未完工程价值 = 1 850 − 1 138.46 = 711.54（万元）

未完工程所需材料价值为 462.50（711.54 × 65%）万元，恰好等于备料款。

【例 4.4】某建设项目当年发包工程总值为 1 200 万元，合同规定的预付备料款额度为 33.3%。材料费比重为 75%。计算预付备料款金额及起扣点。

解：

预付备料款 = 1 200×33.3% = 400（万元）

起扣点为 666.67（1 200 − 400 ÷ 75%）万元，表示当已完工工程价值达到 666.67 万元时，就可以开始扣回备料款了。

按上述扣还工程备料款的原则，应自起扣点开始，在每次工程价款结算中抵扣工程备料款。抵扣的数量，应该等于本次工程价款中的材料和结构件费的数额，即本次工程价款数额与材料比例的乘积。但是一般情况下，工程备料款的起扣点与工程价款结算间隔点不一定重合。因此，第一次扣还工程备料款数额计算公式与其后各次略有区别，具体计算公式如下：

$$\begin{matrix}第一次应扣\\预付备料款\end{matrix}=\left(\begin{matrix}累计已完\\工程价值\end{matrix}-\begin{matrix}开始扣回预付备料款\\时的已完工工程价值\end{matrix}\right)\times\begin{matrix}材料费\\比重\end{matrix}$$

$$以后各次应扣预付备料款=每次已完工程价值\times 材料费比重$$

【例 4.5】 在例 4.4 中，假如截至当年 8 月底，累计已完工程价值达 660 万元，9 月份完成工程价值为 300 万元，10 月份完成工程价值为 120 万元。由于起扣点为 666.67 万元，截至 8 月底累计已完工程价值为 660 万元，小于起扣点 666.67 万元，所以 8 月份不用扣回预付备料款。9 月份完成工程价值为 300 万元，因此截至 9 月底，累计已完工程价值为 960（660 + 300）万元，超过起扣点 666.67 万元，可以扣回预付备料款。计算得 9 月份应扣回的预付备料款数额为 220［（960 − 666.67）× 75%］万元，10 月份应扣回的预付备料款数额为 90（120 × 75%）万元。

对于只包定额工日，不包材料，材料供应由建设单位负责的工程，没有预付备料款，只有按进度拨付的进度款。在实际工作中，为了简化备料款的计算，会确定一个系数即备料款额度，它是指施工单位预收工程备料款数额占年度建筑安装工作量的百分比，其公式为：

$$预付备料款数额=出包工程年度建筑安装工作量\times 预付备料款额度$$

通常，预付备料款额度在建筑工程中一般不超过当年建筑（包括水、电、暖、卫等）工程工作量的 30%，大量采购预制结构件以及工期在 6 个月以内的工程可以适当增加；预付备料款额度在安装工程中不得超过当年安装工程量的 10%，安装材料用量比较大的工程可以适当增加。预付备料款的具体额度由各地区有关部门和建设银行根据工程的不同性质和工期长短，在调查测算的基础上分类确定。预付备料款应在施工合同签订后由建设单位拨付，且不得超过规定的额度。凡是实行全包料的建设单位在合同签订后的一个月内，应将预付备料款一次全部拨给施工单位；凡是实行半包或包部分材料的，应按施工单位的包料比重，相应地减少预付备料款的数额；包工不包料的，则不应拨付备料款。对跨年度的工程，应按下年度发包工程的建筑安装工程量和规定的预付备料款额度，重新计算应预付的备料款数额并进行调整。

4.2.2 工程进度款的支付

建安企业在工程施工中，按照每月形象进度或者控制界面等完成的工程数量计算各项费用，向建设单位（业主）办理工程进度款的支付（即中间结算）。

以按月结算为例，现行的中间结算办法是：施工企业在旬末或月中向建设单位提出预支工程款账单，预支一个月或半个月的工程款，月终再提出工程款结算账单和已完工程月报表，收取当月工程价款，按月进行结算，并对现场已完工程进行盘点，有关资料要提交监理工程师和建设单位审查签证。多数情况下是以施工企业提出的统计进度月报表为支取工程款的凭证，即工程进度款。

1. 工程量的确认

工程量的确认应做到以下三点：

（1）乙方应按约定的时间，向工程师提交已完工程量的报告。工程师接到报告后 7 天内按设计图纸核实已完工程量（以下称“计量”），并在计量前 24 小时通知乙方，乙方为计量提供便利条件并派人参加。乙方不参加计量，甲方自行进行，计量结果有效，作为工程价款支付的依据。

（2）工程师收到乙方报告后 7 天内未进行计算，从第 8 天起，乙方报告中开列的工程量即视为已被确认，作为工程价款支付的依据。工程师不按约定时间通知乙方，使乙方不能参加计量，计量结果无效。

（3）工程师对乙方超出设计图纸范围或因自身原因造成返工的工程量，不予计量。

2. 工程量清单的编制

工程量清单计价是一些发达国家和地区以及世界银行、亚洲银行等金融机构国内贷款项目在招标投标中普遍采用的计价方法。随着我国加入 WTO，对工程造价管理而言，所受到的最大冲击是工程价格的形成体系。从国内各地区差异性很大的状态，一下子纳入了全球统一的大市场，这一变化使过去的工程价格形成机制面临严峻挑战，迫使我们不得不引进并遵循工程造价管理的国际惯例，即由原来的投标单位根据图纸自编工程量清单进行报价改由招标单位提供工程量清单（工程实物量）给投标单位报价，这既顺应了国际通用的竞争性招投标方式，又较好地解决了政府管理与激励市场竞争机制二者的矛盾。

（1）工程量清单的概念及组成。

工程量清单是发包人将准备实施的全部工程项目和内容，依据统一的工程量计算规则，按照工程部位、性质，将实物工程量和技术措施以统一的计量单位列出的数量清单。它是招标文件重要的组成部分。

工程量清单的组成：

1）分部分项工程项目。

2）措施项目。

3）其他项目。

4）规费项目。

5）税金项目。

（2）使用工程量清单计价的意义。

工程量清单计价是国际上工程建设招、投标活动的通行做法，反映的是工程的个别成本，而不是按定额的社会平均成本计价。工程量清单将实体消耗量费用和措施费分离，使施工企业在投标中技术水平的竞争能够分别表现出来，可以充分发挥施工企业自主定价的能力，从而改变现有定额中有关束缚企业自主报价的限制。

工程量清单计价本质上是单价合同的计价模式。首先，它反映“量价分离”的特点。在工程量没有很大变化的情况下，单位工程量的单价都不会发生变化。其次，有利于实现工程风险的合理分担。建设工程一般都比较复杂，建设周期长、工程变更多，因而建设的风险比较大，采用工程量清单计价，投标人只对自己所报单价负责，而工程量变更的风险由业主承担，这种格局符合风险合理分担与责权利关系对等的一般原则。最后，有利于标底的管理与控制。采用工程量清单招标，工程量是公开的，是招标文件的一部分，标底只起到控制中标价不能突破工程概算，而在评标过程中并不像现行的招投标那样重要，甚至有时不编制标底，这样从根本上消除了标底的准确性和标底泄露所带来的负面影响。

（3）编制工程量清单。

工程量清单的编制要依据招标文件的发包范围、所选用的合同条件、施工图设计文件和施工现场实际情况。

工作内容总说明要明确拟建工程概况、工程招标范围；要明确质量、材料、施工顺序、施工方法的特殊要求，招标人自行采购材料、设备的名称、规格型号、数量；要明确采取统一的工程量计算规则、统一的计量单位。

工程量计算一般规则：

1）工程量计算规则是指对清单项目工程量的标准计算方法。

2）工程量计算的依据：招标文件、设计图纸、技术规范、产品样本、合同条款、经审定的施工组织设计或技术措施方案、行业主管部门颁发的工程量计算规则。

3）计量单位采用下列基本单位：

a. 以重量计算的项目——吨或千克（t 或 kg）；

b. 以体积计算的项目——立方米（m^3）；

c. 以面积计算的项目——平方米（m^2）；

d. 以长度计算的项目——米（m）；

e. 设备安装的项目——台或套；

f. 以自然计量计算的项目——件（个、块、樘、组）；

g. 没有具体数量的项目——项或宗；

h. 专业特殊计量单位，按行业部门规定使用。

工程量的计算一般按设计图纸以工程实体的净值考虑，不包括在施工中必须增加的工作量和各种损耗。

工程量清单计价采用综合单价法。它是指完成一个规定清单项目（或定额项目）所需的人工费、材料费、机械费和所对应的企业管理费、利润，以及一定范围内的风险费用。

（4）分部分项工程量清单表。

1）项目编码规则：国际通用土木建筑工程项目编码按二级设置，用五位阿拉伯数字表示，第一、二位表示第一级分部工程编码，第三、四、五位表示第二级清单项目顺序编码。项目名称原则上以形成工程实体而命名。项目名称如有缺项，招标人可按相应的原则进行补充，并报当地工程造价管理部门备案。

2）项目划分按部位、功能、材料、工艺系统等因素划分。

3）项目以主要项目带次要项目、以大项目带小项目组合取定。

4）项目特征应予以详细描述，并列出子项目。

工程量清单中的数量是按设计图纸所示尺寸，按净尺寸计算，不包括任何工程量和材料的损耗。任何有关材料（包括编配件）的损耗费用，投标单位须在编报单价中统一考虑。

工程量清单中的项目特征说明是工程量清单的核心内容，招标人及投标人都应该予以重视。招标人在编制清单时，应明确对清单项目的质量、材料、施工顺序、施工方法的特殊要求，招标人自行采购材料、设备的名称、规格、型号、数量等项目特征。投标人在报价时，对以上信息要做到充分理解，作为一个有经验的承包商应当充分考虑清单项目包括的单价范围，防止报价失误。项目特征的明确同样有利于工程结算，避免结算时对项目划分的争议。

分部分项工程费采用综合单价计算。

（5）措施项目清单。

措施项目清单是指为完成工程项目施工，按照安全操作规程、文明施工规定的要求，发生于该工程施工前和施工过程中用作技术、生活、安全、环境保护等方面的各项费用的明细清单，由施工技术措施费和组织措施费构成。

（6）其他项目清单。

其他项目清单是指除分部分项工程量清单、措施项目清单外的，由于招标人的特殊要求而设置的项目清单。

其他项目清单的具体内容主要取决于工程建设标准的高低、工程的复杂程度、工程的工期长短、工程的组成内容、发包人对工程管理要求等因素。

其他工程项目清单应按照下列内容列项：

1）暂列金额。

暂列金额是指招标人在工程量清单中暂定并包括在合同价款中的一笔款项。在实际工程结算中只有按照合同约定程序实际发生后，才能成为中标人的应得金额，纳入合同结算价款中，如没有发生或有余额均归招标人所有。

2）暂估价。

暂估价是指招标阶段直至签订合同协议时，招标人在招标文件中提供的用于支付必然要发生但暂时不能确定价格的材料、工程设备的单价以及需另行发包的专业工程金额。包括材料暂估价和专业工程暂估价两部分。

3）计日工。

计日工是指为了解决现场发生的工程合同范围以外零星工程的计价而设立的。计日工以完成零星工作所消耗的人工工时、材料数量、机械台班进行计量，并按照计日工表中填报的适用项目的单价进行支付。

4）总承包服务费。

总承包服务费是指招标人按国家有关规定允许对专业工程进行分包，及自行供应材料、设备时，要求总承包人对发包人和分包方进行协调管理、服务、资料归档工作时，向总承包人支付的费用。

（7）规费、税金项目清单。

1）规费项目清单。根据国家法律、法规规定，由省级政府或省级有关权力部门规定施工企业必须缴纳的，应计入建筑安装工程造价的费用。

2）税金项目清单。国家税法规定的应计入建筑安装工程造价内的城市维护建设税、教育费附加和地方教育费附加。

（8）汇总表。关于本工程各项费用总和的汇总表。

（9）工程量清单编制原则。

1）编制工程量清单应遵循客观、公正、科学、合理的原则。

编制人员要有良好的职业道德，要站在客观公正的立场上兼顾建设单位和施工单位双方的利益，严格依据设计图纸和资料、现行的定额和有关文件，以及国家制定的建筑工程技术规程和规范进行编制，避免人为地提高或压低工程量，以保证清单的客观公正性。

由于编制实物量是一项技术性和专业性都很强的工作，它要求编制人员基本功扎实，知识面广，不但要有较强的预算业务知识，而且应当具备一定的工程设计知识、施工经验，以及建筑材料与设备、建筑机械、施工技术等综合性建筑科学知识，这样才能对工程有一个全面的了解，形成整体概念，从而做到工程量计算不重不漏。

在编制过程中有时由于设计图纸深度不够或其他原因，对工程要求用材标准及设备定型等内容交代不够清楚，编制人员应及时向设计单位反映，综合运用建筑科学知识向设计单位提出建议，补足现行定额没有的相应项目，确保清单内容全面，符合实际，科学合理。

2）认真细致逐项计算工程量，保证实物量的准确性。

计算工程量是一项枯燥、烦琐且花费时间长的工作，需要计算人员耐心细致、一丝不苟，努力将误差减小到最低限度。计算人员在计算时首先应熟悉和读懂设计图纸及说明，以工程所在地进行的定额项目划分及其工程量计算规则为依据，根据工程现场情况，考虑合理的施工方法和施工机械，分步分项地逐项计算工程量，必须明确确定定额子目。对于工程内容及工序符合定额，按定额项目名称计算；对于大部分工程内容及工序符合定额，只是局部材料不同，而定额允许换算者，应加以注明，如运距、强度等级、厚度断面等；对于定额缺项须补充增加的子目，应根据图纸内容做补充，补充的子目应力求表达清楚，以免影响报价。

3）认真进行全面复核，确保清单内容符合实际、科学合理。

清单准确与否关系到工程投资的控制。此清单编制完成后必须认真进行全面复核。可采用如下方法：

a. 技术经济指标复核法。将编制好的清单进行套定额计价，从工程造价指标、主要材料消耗量指标、主要工程量指标等方面与同类建筑工程进行比较分析。在复核时，或要选择与此工程具有相同或相似结构类型、建筑形式、装修标准、层数等的以往工程，将上述几种技术经济指标逐一比较，如果出入不大，可判定清单基本正确，如果出入较大，则其中必有问题，就要按图纸在各分部中查找原因。用技术经济指标可从宏观上判断清单是否大致准确。

b. 利用相关工程量之间的关系复核。如：

外墙装饰面积 = 外墙面积 – 外墙门窗面积

内墙装饰面积 = 外墙面积 + 内墙面积 ×2 –（外门窗 + 内门窗面积 ×2）

天棚面积 = 地面面积 + 楼地面面积

平屋面面积 = 建筑面积偶数

c. 仔细阅读建筑说明、结构说明及各节点详图，从中可以发现一些疏忽和遗漏的项目，及时补足。核对清单定额子目名称是否与设计相同，表达是否明确清楚，有无错漏项。

3. 合同收入的组成

财政部制定的《企业会计准则第 15 号——建造合同》中对合同收入的组成内容进行

了解释。合同收入包括两部分内容：

（1）合同中规定的初始收入，即建造承包商与客户在双方签订的合同中最初商定的合同总金额，它构成合同收入的基本内容。

（2）因合同变更、索赔、奖励等构成的收入，这部分收入并不构成合同双方在签订合同时已在合同中商定的合同总金额，而是在执行合同过程中由于合同变更、索赔、奖励等原因而形成的追加收入。

1）工程进度款支付。《建设工程施工合同（示范文本）》对工程进度款支付做了如下规定：除专用合同条款另有约定外，发包人应在进度款支付证书或临时进度款支付证书签发后 14 天内完成支付，发包人逾期支付进度款的，应按照中国人民银行发布的同期同类贷款基准利率支付违约金。

2）工程合同收入确认原则。如果工程施工合同的结果能够可靠地估计，应当根据完工百分比法在资产负债表中确认工程合同收入和工程合同费用。如果工程施工合同结果不能可靠地估计，应当区别情况处理：若合同成本能够收回的，工程合同收入根据能够收回的实际合同成本加以确认，合同成本在其发生的当期确认为工程合同费用；若合同成本不能收回的，不能收回的金额应当在发生时立即作为工程合同费用，不确认收入。

项目预算人员月末应根据实际完成的工作量编制分部分项工程结算书（向建设单位收取工程款的结算书），并按项目承包测算口径编制项目预算成本分析表。在此过程中应注意：

a. 已完工程结算工作量必须是能够向建设单位收取的工程价款。

b. 已完工程结算书应有人工、各种材料定额耗用分析。

c. 工程合同收入、工程实际合同成本同时确认，并同时确认合同毛利。

d. 不能够可靠地估计工程施工合同结果的核算：根据已完工程结算书确认应收工程价款；根据实际成本耗用单、工程结算书，确认合同收入、合同费用及合同毛利。

e. 能够可靠估计工程施工合同结果的核算：前期能够精确估计工程实际成本（预算成本），发生的实际成本能够按预算成本实现；工程合同收入按实际成本占预计成本百分比确定合同收入；当期合同收入、实际成本、毛利均以累计进度完成金额减去前期已报进度差额完成金额确定。

【例 4.6】某项目合同价 5 000 万元，预付比例为 20%，主要材料所占比例为 40%。各月完成工程量情况如表 4–1 所示，进度款每月足额支付，不考虑预留，预付款是多少？起扣点是多少？按月应支付的费用是多少？

表 4–1　各月完成工程量情况　　单位：万元

月份	1	2	3	4	5
完成工程量	500	1 000	1 500	1 500	500

解：

预付款 = 5 000 × 20% = 1 000（万元）。

起扣点 = 5 000 − 1 000 ÷ 40% = 2 500（万元）。

按月支付的费用如表 4–2 所示。

表 4–2　按月支付的费用　　单位：万元

<table>
<tr><td>月份</td><td>1</td><td>2</td><td colspan="2">3</td><td>4</td><td>5</td></tr>
<tr><td rowspan="2">完成工程量</td><td rowspan="2">500</td><td rowspan="2">1 000</td><td colspan="2">1 500</td><td>1 500</td><td>500</td></tr>
<tr><td>1 000</td><td>500</td><td></td><td></td></tr>
<tr><td>应扣回预付款</td><td>0</td><td>0</td><td>0</td><td>200</td><td>600</td><td>200</td></tr>
<tr><td>应支付的费用</td><td>500</td><td>1 000</td><td>1 000</td><td>300</td><td>900</td><td>300</td></tr>
<tr><td>累计付款</td><td>500</td><td>1 500</td><td>2 500</td><td>2 800</td><td>3 700</td><td>4 000</td></tr>
</table>

4.2.3 合同价款的调整

按照风险共担和合理分摊的原则，根据建设工程施工合同价款类型，发、承包双方在施工合同中对下列事项的具体内容、范围（幅度）和调整方法应明确约定，结算时可以根据合同，对价款进行调整：

（1）法律、法规、规章和政策等的变化。

（2）工程变更、工程量清单漏项或清单项目重复计列等非承包人原因引起的工程量清单项目调整。

（3）工程变更或者施工图纸与招标清单项目特征描述不符。

（4）工程变更、工程量清单项目工程量偏差等非承包人原因引起的工程量调整。

（5）工程变更、工程量清单项目调整或工程量偏差等引起的措施项目变化。

（6）新增工程量清单项目综合单价的确定，或已有项目因工程量变化超过合同约定幅度后，其综合单价的调整、确定。

（7）合同施工期内人工、材料、施工机械台班等要素价格波动。

（8）不可抗力。

（9）需要约定的其他调整事项。

下面重点介绍工程量偏差及物价波动引起的价款调整。

1. 工程量偏差引起的价款调整

采用工程量清单综合单价计价的工程，发生下列情况的，工程量清单项目应予调整：

（1）发包人提供的工程量清单项目缺项、重复列项。

（2）工程变更引起新增或减少清单项目。

（3）施工图纸、工程变更后与原招标工程量清单的特征描述不符。

采用工程量清单综合单价计价的工程，发生下列情况的，工程量清单项目的工程量应予调整：

（1）发包人提供的工程量清单项目工程量有偏差。

（2）工程变更引起的工程量的增减。

（3）清单项目或工程量调整应根据合同约定、施工图纸、工程变更联系单等内容，按计价规范、计价依据等要求进行列项、计量。

1）综合单价的调整。

a.已标价工程量清单中有适用综合单价的，按原综合单价。合价金额占合同总价 2% 及以上的分部分项清单项目，其工程量增减超过本项工程量 15% 及以上，或合价金额占合同总价不到 2% 的分部分项清单项目，但其工程量增减超过本项目工程数量 25% 及以上时，增减工程量单价按下面的原则来处理：已标价工程量清单中没有适用的综合单价，可依据合同约定编制依据、组价原则和承包人投标报价浮动率提出适当的单价，经发包人确认后执行。

承包人报价浮动率可按下列公式计算：

招标工程：承包人报价浮动率 =（1－中标价 / 招标控制价）×100%

非招标工程：承包人报价浮动率 =（1－报价 / 预算价）×100%

式中的“中标价”及“招标控制价”均扣除暂列金额、暂估价。承包人依据合同约定的组价原则、合理成本和利润提出适当的单价，经发包人确认后执行。如当前施行的计价依据缺项内容，承包人应通过市场调查等手段提出单价，经发包人确定后执行。

b.已标价工程量清单中没有适用的综合单价，但有类似的工程项目综合单价，可参照类似工程项目综合单价计算确定。

某种材料（或半成品及成品）等级、标准变化的，清单组合子目不变，仅调整不同的材料市场价格之差；

清单项目组合内容中某一个（或多个）定额子目发生变化，不影响其他特征及工程内容价格的，仅调整发生变化的定额子目价格。

如该类似工程项目综合单价异常，则不宜参照，要重新计算综合单价。

c. 综合单价异常且工程量增减超过本项工程量 15% 以上的，按照下列原则来处理：工程量增加超过本项工程量 15% 以内的，按原综合单价计算，增加超过 15% 以外部分工程量综合单价应参考 a. 所示原则重新确定综合单价，计算合价。工程量减少超过本项工程量 15% 以内的，按原综合单价在该项目合价中扣除，减少超过 15% 以上时，减少后剩余部分的工程量的综合单价应参考 a. 所示原则重新确定综合单价，计算合价。

当 $Q_1>1.15Q_0$ 时，

$$S=1.15Q_0\times P_0+(Q_1-1.15Q_0)\times P_1$$

当 $Q_1<0.85Q_0$ 时，

$$S=Q_1\times P_1$$

式中，S——调整后的某一分部分项工程费结算价；

Q_1——最终完成的工程量；

Q_0——招标工程量清单中列出的工程量；

P_1——按照最终完成工程量重新调整后的综合单价；

P_0——承包人在工程量清单中填报的综合单价。

2）措施项目费的调整。

因工程量清单项目及工程数量变化，导致施工组织设计或施工方案变更，引起措施项目内容、工程数量发生变化，应调整措施项目内容及措施费。

a. 采用综合单价计价的措施项目，按照上面综合单价的调整原则来计价。

b. 措施项目是以“项”计价的技术措施项目，工程量清单项目及工程数量变化引起措施变动部分应重新组价。

c. 施工组织措施项目按合同约定的费率内容调整相关措施费。措施项目费的调整原则为：工程量增加的，措施项目费调增；工程量减少的，措施项目费调减。

2. 物价波动引起的价款调整

建设工程施工合同采用单价合同的，发、承包双方应明确人工、材料、施工机械台班价格的风险内容和风险幅度，以及超过风险范围以外的调整办法。施工机械台班一类费用（机械原值）不做调整，仅调整二类费用中机上人工和燃料动力，其风险幅度可参照相应的人工和单项材料价格风险原则处理。发、承包双方一般可按以下原则分担风险，并在合同中约定：承包人可承担 5% 以内的人工和单项材料价格风险，超过部分应由发包方承担或受益。

建设工程施工合同采用总价合同的，发、承包双方应约定总价包含的风险范围和风险费用，并明确超过风险范围的调整方法。

施工合同履行期间，人工、材料、机械价格遇市场波动影响合同价款时，应根据合同约定，采用抽料补差法或造价指数法进行调价。

（1）抽料补差法。发、承包双方按照合同的约定，根据实际工程进度的市场信息价与基准价格相比较，扣减风险费用后，计算全部或者部分人工、材料、机械价差，调整合同价格。

（2）造价指数法。因人工、材料、工程设备和施工机械台班等价格波动影响合同价款时，根据投标函附录中的价格指数和权重表约定的数据，按价格调整公式计算差额并调整合同价款。

4.2.4 工程保修金（尾留款）的预留

按规定，工程项目总造价中须预留一定比例的尾款作为质量保修金，到工程项目保修期结束时拨付。对于尾款的扣除，通常采取两种方法：

（1）当工程进度款拨付累计额达到该建筑安装工程造价的一定比例（一般为97%）时，停止支付，预留造价部分作为尾留款。

（2）《中华人民共和国标准施工招标文件》中规定，保修金（尾留款）的扣除，可以从甲方向乙方第一次支付的工程进度款开始，在每次乙方应得的工程款中扣留投标书附录中规定的金额作为保留金，直至保留金总额达到投标书附录中规定的限额为止。

【例 4.7】某项工程项目，业主与承包人签订了工程施工承包合同。合同中某项目估算工程量为 2 600m^3，单价为 160 元，合同工期为 6 个月。有关付款条款如下：

（1）开工前业主应向承包商支付估算合同总价 20% 的工程预付款。

（2）业主自第一个月起，从承包商的工程款中，按 3% 的比例扣留保修金。

（3）当累计实际完成工程量超过（或低于）估算工程量的 10% 时，可进行调价，调价系数为 0.97（或 1.1）。

（4）每月签发付款最低金额为 10 万元。每月除保修金外，进度款不考虑预留。

（5）工程预付款从承包人获得累计工程款超过估算合同价的 30% 以后的下一个月起，至第 5 个月均匀扣除。

承包人每月实际完成并经签证确认的工程量如表 4–3 所示。

表 4–3　承包人每月实际完成并经签证确认的工程量　　单位：m^3

月份	1	2	3	4	5	6
实际完成工程量	400	500	600	600	600	250

（1）工程预付款为多少？工程预付款从哪个月起扣留？每月应扣工程预付款为多少？

（2）每月工程量价款为多少？应签证的工程款为多少？应签发的付款凭证金额为多少？

解：

（1）估算合同总价 = 2 600 × 160 = 41.60（万元）。

工程预付款金额 = 41.6 × 20% = 8.32（万元）。

工程预付款应从第 3 个月起扣留，因为第 3 个月累计工程款 = 900 × 160 = 14.40（万元）> 41.60 × 30% = 12.48（万元）。

所以，每月应扣工程预付款 = 8.32 ÷ 3 = 2.77（万元）。

（2）每月进度款支付：

1）第 1 个月：

工程量价款 = 400 × 160 = 6.40（万元）。

应签证的工程款 = 6.40 × 0.97 = 6.208（万元）< 10（万元），第 1 个月不予签发付款凭证。

2）第 2 个月：

工程量价款 = 500 × 160 = 8.00（万元）。

应签证的工程款 = 8.00 × 0.97 = 7.76（万元）。

应扣工程预付款 = 6.208 + 7.76 = 13.968（万元）

应签发的付款凭证金额 = 6.208 + 7.76 − 2.08 = 11.888（万元）。

3）第 3 个月：

工程量价款 = 600 × 160 = 9.60（万元）。

应签证的工程款 = 9.60 × 0.97 = 9.312（万元）。

应扣工程预付款为 2.77 万元，9.312 − 2.77 = 6.542（万元）<10（万元），第 3 个月不予签发付款凭证。

4）第 4 个月：

工程量价款 = 600 × 160 = 9.60（万元）。

应签证的工程款 = 9.60 × 0.97 = 9.312（万元）。

应扣工程预付款为 2.77 万元，应签发的付款凭证金额 = 7.232 + 9.312 − 2.77 = 13.774（万元）。

5）第 5 个月：

累计完成工程量为 2 700m^3，比原估算工程量超出 100m^3，但未超出估算工程量的 10%，所以仍按原单价结算。

第 5 个月工程量价款 = 600 × 160 = 9.60（万元）。

应签证的工程款 = 9.60 × 0.97 = 9.312（万元）。

应扣工程预付款为 2.77 万元，9.312 – 2.77 = 6.542（万元）<10（万元），第 5 个月不予签发付款凭证。

6）第 6 个月：

累计完成工程量为 2 950m^3，比原估算工程量超出 350m^3，已超出估算工程量的 10%，对超出的部分应调整单价。

按调整后的单价结算的工程量 = 2 950 – 2 600 ×（1 + 10%）= 90（m^3）。

第 6 个月工程量价款 = 90 × 160 × 0.97 +（250 – 90）× 160 = 3.956 8（万元）。

应签证的工程款 = 3.956 8 × 0.97 = 3.838 1（万元）。

应签发的付款凭证金额 = 6.542 + 3.838 1 = 10.380 1（万元）。

【例 4.8】承例 4.7，如果完成的工程量不足，如表 4–4 所示。

表 4–4　承包人每月实际完成工程量　　单位：m^3

月份	1	2	3	4	5	6
实际完成工程量	400	500	600	600	100	100

解：

总工程量为 2 300m^3，比例 4.7 中的 2 340（2 600 – 2 600 × 10%）m^3 还少 40m^3，故应该调价。

正确做法是：对第 6 个月进行结算，切勿倒回去每月重算。

工程量总价款 = 2 300 × 160 × 1.1 = 40.48（万元）。

应扣留保修金总额 = 40.48 × 3% = 1.214 4（万元）。

按月已支付总额 = 13.968 + 13.084 = 27.052（万元）。

6 月应签发的付款凭证金额 = 40.48 – 27.052 – 1.214 4 – 8.32 = 3.893 6（万元）。

【例 4.9】某建筑工程承包合同额为 1 500 万元，工期为 12 个月。承包合同规定：

（1）主要材料及构配件金额占合同总额的 60.25%。

（2）材料储备天数为 120 天。

（3）工程保修金为承包合同总价的 3%，业主在最后一个月扣除。

（4）除设计变更和其他不可抗力因素外，合同总价不做调整。

由业主的工程师代表签认的承包商各月计划和实际完成的建安工程量如表 4–5 所示：

表 4-5　工程结算数据　　单位：万元

月份	1—8	9	10	11	12
计划完成的建安工程量	600	300	200	200	200
实际完成的建安工程量	650	300	200	200	150

（1）有关工程进度款支付的总额应如何控制？

（2）工程预付款和起扣点是多少？

（3）1—8 月及其他各月工程师代表应签证的工程款是多少？应签发付款凭证金额是多少？

解：

（1）在工程竣工前，施工单位收取的备料款和工程进度款的总额，一般不得超过合同金额（包括工程合同签订后经发包人签证认可的增减工程价值）的 97%，3% 的尾款在工程竣工结算时扣除保修金后一并清算。承包人向发包人出具履约保函或其他保证的，可以不留尾款。

（2）本例的工程预付款金额为 300（1 500 × 20%）万元。

工程预付款的起扣点 = 1 500 − 300 ÷ 60.25% = 1 002.07（万元）。

（3）1—8 月及其他各月工程师代表应签证的工程款、应签发付款凭证金额：

1—8 月完成 650 万元；9 月完成 300 万元，累计完成 950 万元；10 月完成 200 万元，累计完成 1 150 万元，1 150 万元 > 1 002.07 万元，因此，应从 10 月份开始扣回工程预付款。

1）1—8 月实际完成的建安工程量为 650 万元，工程师代表应签证的工程款为 650 万元，应签发付款凭证金额为 650 万元。

2）9 月工程师代表应签证的工程款为实际完成的建安工程量，即 300 万元，9 月应签发付款凭证金额为 300 万元。

3）10 月实际完成的建安工程量为 200 万元。

工程师代表应签证的工程款为：

10 月应扣回工程预付款金额 =（1 150 − 1 002.07）× 60.25% = 89.13（万元）。

10 月应签发付款凭证金额 = 200 − 89.13 = 110.87（万元）。

4）11 月实际完成的建安工程量为 200 万元。

11 月应扣回工程预付款金额 = 200 × 60.25% = 120.50（万元）。

11 月应签发付款凭证金额 = 200 − 120.50 = 79.50（万元）。

5）12 月实际完成的建安工程量为 150 万元。

12 月应扣除保修金 = 1 500 × 3% = 45（万元）。

12 月应扣回工程预付款金额 = 150 × 60.25% = 90.375（万元）。

12 月应签发付款凭证金额 = 150 – 45 – 90.375 = 14.625（万元）。

累计扣回工程预付款金额 = 89.13 + 120.50 + 90.37 = 300（万元）。

4.2.5 国内设备、工器具和材料价款的支付与结算

1. 国内设备、工器具价款的支付与结算

按照我国现行规定，银行、单位和个人办理结算都必须遵循以下结算原则：守信用、付款及时；谁的钱进谁的账，由谁支配；银行不垫款。

业主对订购的设备、工器具通常不预付定金，只对制造期在半年以上的专用设备和船舶的价款，按照合同规定分期付款。例如，上海市对大型机械设备结算进度规定为：当设备开始制造时，收取 20% 的货款；设备制造进行 60% 时，收取 40% 的货款；设备制造完毕托运时，再收取 40% 的货款。一些合同规定，设备购置方扣留 3% 的质量保证金，待设备运至现场验收合格或质量保证期到来时再返还质量保证金。

业主收到设备、工器具后，要按合同规定及时结算付款，不得无故拖欠。若因资金不足延期付款，则要支付一定的赔偿金。

2. 国内材料价款的支付与结算

建安工程承发包方的材料往来，可按如下方式结算：

（1）由承包单位自行采购建筑材料的，发包方可以在双方签订工程承包合同后按年度工作量的一定比例向承包方预付备料款，并应在一个月内付清。备料款的预付额度，建筑工程一般不应超过当年建筑（包括水、电、暖、卫等）工作量的 30%，大量采用预制构件以及工期在 6 个月以内的工程，可适当增加；安装工程一般不应超过当年安装工程量的 10%，安装材料用量较大的工程，可适当增加。

预付的备料款，可从竣工前未完工程所需材料价值相当于预付备料款额度时起，在工程价款结算时按材料款占结算价款的比重陆续抵扣，也可按照有关文件规定办理。

（2）“甲供材料”，简单来说就是由甲方提供的材料。这是在甲方与承包方签订合同时事先约定的。凡是“甲供材料”，进场时由施工方和甲方代表共同取样验收，合格后方能用于工程上。甲供材料一般为大宗材料，比如钢筋、钢板、管材以及水泥等，施工合同里对于甲供材料有详细的清单。

对于施工方而言，甲供材料的优点就是可以减少材料的资金投入和资金垫付压力，避免材料价格上涨带来的风险。对于甲方而言，甲供材料可以更好地控制主要材料的进货来

源，保证工程质量。

从材料质量上讲，其质量与施工单位无太大的关系，但施工单位有对其进行检查的义务，如果因施工单位未检查而致材料不合格就应用到工程上，施工单位要承担相应的责任。

从工程计价角度来讲，预算时甲供材料必须进入综合单价；工程结算时，一般是扣甲供材料费的 99%，有 1% 作为甲供材料保管费。

从字面意思上看，甲供材料没有什么难以理解的含义，但甲供材料在实际工程结算中却频繁出现：

1）甲供材料不同于暂估价材料：一般来说，甲供材料建设方已明确了材料的品牌、规格、型号、单价，而暂估价材料从招标文件中看不出建设方已有明确的意向。

2）甲供材料很容易转化成暂估价材料：在工程实施过程中，因各种原因，导致建设方放弃原甲供材料的品牌、规格、型号，这时，甲供材料的操作可能就会转化成暂估价材料的操作模式。

3）甲供材料很容易转化成甲指乙供材料：建设方在工程实施过程中，因管理能力不足，有可能将甲供材料变成甲指乙供材料，这时的操作同暂估价材料的操作模式。

甲供材料在投标和施工过程中的问题可能不是很多，但在结算或阶段性结算（报量）时出现的问题很多，需要从下面几点来解决这些问题：

程序上：很多问题如甲供材料计不计税费，如何在结算中扣除等，这些都是程序上的模糊认识，可采用下列公式计算：

最终应支付金额 = 工程最终结算金额 − 应扣甲供材料金额 ×0.99（或协商费率）

式中“工程最终结算金额”，是指甲、乙双方确认的工程税前的应收款金额（包括甲供材料款）。

“×0.99”应理解为“工程结算时，一般是扣甲供材料费的 99%，有 1% 作为甲供材料保管费”。施工方给自己留下了 1% 的材料保管费。

甲供材料真正的难点是围绕“应扣甲供材料金额”这一名词展开的。想弄清这个问题就要从招标阶段开始说起。

第一种形式：“甲供材料执行 ×× 定额含量”，这种模式在国企和政府招标中常用，这一项操作不好会导致施工方亏损。现行的定额含量大都是经验积累，工艺并不适用，但投标时必须被迫执行定额，材料含量与实际相差很多，如墙、地面铺砖，安装费不过 100 元左右，砖材料单价为 100 元 /m^2 左右，定额含量一般为 2% ～ 4%。现在铺砖的实际损耗超过 20%，铺砖利润即使有 20%，与砖损耗相抵，铺砖这项工作实际没有利润。甲供材料不同于暂估价材料和甲指乙供材料，后者都是施工方可以在施工中化解损耗的成本，而甲供材料损耗的矛盾在施工中化解不了。针对这一项操作，只有在投标阶段通过计取风险费来化解将来的损失。

第二种形式：招标文件中确定甲供材料的数量和单价后，由投标方确定损耗率（这种方式开发商运用得比较多）。投标方计取损耗率后，只加权汇总成一个损耗金额，这一金额计入投标总价，有经验的预算员可能有体会，房地产工程 0.1% 的总价可能决定“生死”，这一损耗金额可能就占总价的 0.1%。有人认为：反正这一金额不计入合同金额，多少与合同价无关。这一金额确实不计入合同总价，但到了结算时，有关、无关立竿见影。例如洁具安装，安装一套洁具几十元，一套洁具上千元，一栋楼丢几个龙头、损坏一个马桶可能会赔 5 000 元，回头再看一栋楼的洁具安装又没利润。

第三种形式：甲方向施工方付款，施工方统一向甲方开具工程发票，供应方向施工方提供发票后从施工方拿钱，这样做可能会把最终的施工方推上绝路。有些工程中甲方付的甲供材料款除了税金就是 1% ～ 2% 的保管费了，还不够上交分包管理费；有些工程甲供材料占造价的 40% 以上，分包方不事先向总包单位打好招呼，恐怕只能是成本价施工。

前面阐述了招标形式，再回来说结算形式：甲供材料扣款金额 = 施工方领用数量 × 甲供材料单价，这个公式很简单，那么税金退不退也是一个需要考虑的因素。在报量时施工方开具的发票里包含甲供材料金额，也就是说施工方已经交税了，退甲供材料时当然不退还税金。这时引申出一个问题：甲供材料单价。甲供材料单价在招标文件或合同文件中一定会体现出来，问题就出现在甲供材料单价调整上。有一种说法为结算时甲供材料单价调高好，持这种见解的人如果能理解甲供材料的三种形式就不会有这种说法了。甲供材料单价调整和普通材料单价调整的程序是一样的，多一个程序就是结算时要将扣回的材料金额要加权汇总算一遍差额，只不过差额不再乘以 0.99。

最后衍生出两个问题：

一是甲供材料复试费。只要合同中没明确约定，这项费用一定向甲方索取，甲供材料操作中施工方唯一获得的利益就是不用垫资就可以取得材料和不需要对甲供材料质量负责，其他的全是风险，所以，不能让甲方再剥夺施工方的这两点利益了。

二是定额含量。涉及甲供材料的定额子目，预算人员千万不能掉以轻心，一定要把所有项目的定额计算规则研究透彻。因为甲供材料在单价、定额含量上都没有操作的空间，唯一能做的就是将该算的工程量算回来，洽商变更部分的甲供材料不要忘记计算，否则结算后要倒赔甲方 N% 的材料费，项目经理、预算员都会背上项目亏损的“包袱”。

（3）工程承包合同规定，由承包方包工包料的，承包方负责购货付款，并按照规定向发包方收取备料款。

（4）工程承包合同规定，由发包方供应材料的，其材料可按照材料预算价格转给承包方。材料价款在结算工程款时陆续抵扣，这部分材料，承包方不应收取备料款。

4.2.6 进口设备、工器具和材料价款的支付与结算

进口设备分为标准机械设备和专制设备两类。标准机械设备是指通用性广泛、供应商（厂）有现货，可以立即提交的设备。专制设备是指根据业主提交的定制设备图纸专门为该业主制造的设备。

1. 标准机械设备的结算

标准机械设备的结算大都使用国际贸易广泛使用的不可撤销的信用证。这种信用证在合同生效之后一定日期由买方委托银行开出，经买方认可的卖方所在地银行为议付银行。以卖方为收款人的不可撤销的信用证，其金额与合同总额相等。

（1）标准机械设备首次合同付款。当采购货物已装船，卖方提交下列文件和单证后，买方即可支付合同总价的 90%：

1）由卖方所在国的有关部门颁发的允许卖方出口合同货物的出口许可证，或不需要出口许可证的证明文件。

2）由卖方委托买方认可的银行出具的以买方为受益人的不可撤销保函。担保金额与首次支付金额相等。

3）装船的海运提单。

4）商业发票副本。

5）由制造厂（商）出具的质量证书副本。

6）详细的装箱单副本。

7）向买方信用证的出证银行开出以买方为受益人的即期汇票。

8）相当于合同总价形式的发票。

（2）最终合同付款。机械设备在保证期截止时，卖方提交下列单证的，买方支付合同总价的尾款，一般为合同总价的 10%：

1）说明所有货物无损、无遗留问题、完全符合技术规范要求的证明书。

2）向出证行开出以买方为受益人的即期汇票。

3）商业发票副本。

（3）支付货币与时间。

1）合同付款货币：买方以卖方在投标书标价中说明的一种或几种货币，和卖方在投标书中说明在执行合同中所需的一种或几种货币比例进行支付。

2）付款时间：每次付款在卖方所提供的单证符合规定之后，买方须从卖方提出日期

的一定期限内（一般为 45 天内），将相应的货款付给卖方。

2. 专制机械设备的结算

专制机械设备的结算一般分为三部分，即预付款、阶段付款和最终付款。

（1）预付款。一般专制机械设备的采购，在合同签订后、开始制造前，由买方向卖方提供合同总价 10% ～ 20% 的预付款。预付款一般在提供下列文件和单证后进行支付：

1）由卖方委托银行出具以买方为受益人的不可撤销的保函，担保金额与预付款货币金额相等。

2）相当于合同总价形式的发票。

3）商业发票。

4）由卖方委托的银行向买方的指定银行开具的由买方承兑的即期汇票。

（2）阶段付款。按照合同条款，当机械制造开始加工到一定阶段，可按设备合同价一定的百分比进行付款。阶段的划分是当机械设备加工制造到关键部位时进行一次付款，到货物装船买方收货验收后再付一次款。每次付款都应在合同条款中做较详细的规定。

阶段付款的一般条件如下：

1）当制造工序达到合同规定的阶段时，制造厂应以电传或信件通知业主。

2）开具经双方确认完成工作量的证明书。

3）提交以买方为受益人的所完成部分的保险发票。

4）提交商业发票副本。

机械设备装运付款，包括成批订货分批装运的付款，应由卖方提供下列文件和单证：

1）有关运输部门的收据。

2）交运合同货物相应金额的商业发票副本。

3）详细的装箱单副本。

4）由制造厂（商）出具的质量和数量证书副本。

5）原产国证书副本。

6）货物到达买方验收合格后，当事双方签发的合同货物验收合格证书副本。

（3）最终付款。最终付款是指在保证期结束时的付款，付款时应提交：

1）商业发票副本。

2）全部设备完好无损，所有待修缺陷及待办的问题，均已按技术规范说明解决后的合格证副本。

3. 利用出口信贷方式支付进口设备、工器具和材料价款

对进口设备、工器具和材料价款的支付，我国还经常利用出口信贷的形式。出口信贷根据借款的对象分为卖方信贷和买方信贷。

（1）卖方信贷是卖方将产品赊销给买方，规定买方在一定时期内延期或分期付款。卖方通过向本国银行申请出口信贷，来填补占用的资金。

采用卖方信贷进行设备材料结算时，一般是在签订合同后先预付 10% 的定金，最后一批货物装船后再付 10% 货款，在货物运抵目的地，验收后付 7% 货款，待质量保证期届满时再付 3% 货款，剩余的 70% 货款应在全部交货后规定的若干年内一次或分期付清。

（2）买方信贷有两种形式：一种形式是由产品出口国银行把出口信贷直接贷给买方，买卖双方以即期现汇成交；另一种形式是由出口国银行把出口信贷贷给进口国银行，再由进口国银行转贷给买方，买方用现汇支付借款，进口国银行分期向出口国银行偿还借款本息。

4. 进口设备原价的构成及计算

进口设备原价是指进口设备的抵岸价，即抵达买方边境港口或边境车站，且交完关税等税费后形成的价格。其计算公式为：

进口设备抵岸价 = 货价 + 国际运费 + 运输保险费 + 银行财务费 + 外贸手续费 + 关税 + 增值税 + 消费税 + 海关监管手续费 + 车辆购置附加费

该公式中尤其要重点掌握前 8 项内容，弄清楚每一项的计算依据。

5. 进口设备的交货类别

（1）内陆交货类。内陆交货类即卖方在出口国内陆的某个地点交货，特点是买方承担的风险较大。

（2）目的地交货类。目的地交货类即卖方在进口国的港口或内地交货，包括目的港船上交货价、目的港船边交货价（FOS）、目的港码头交货价（关税已付）及完税后交货价（进口国的指定地点）等几种交货价，特点是卖方承担的风险较大。

（3）装运港交货类。装运港交货类即卖方在出口国装运港交货的交货价，包括离岸价，即装运港船上交货价（FOB）；到岸价，即包括国际运费、保险费在内的装运港船上交货价（CIF），特点是买卖双方风险基本相当。

【例 4.10】某项目进口一批工艺设备，其银行财务费为 6.25 万元，外贸手续费为 21.8 万元，关税税率为 20%，增值税税率为 13%，抵岸价为 2 285.28 万元。该批设备无消费税、海关监管手续费，计算该批进口设备的到岸价（CIF）。

解：

增值税 =（CIF + 关税 + 消费税）× 增值税税率

关税 = CIF × 进口关税税率

消费税 = 0

从上面的公式可以得出：

增值税 =（CIF + CIF× 进口关税税率）× 增值税税率

抵岸价 = CIF + 银行财务费 + 外贸手续费 + 关税 + 增值税

2 285.28 = CIF + 6.25 + 21.8 + CIF×20% +（CIF + CIF×20%）×13%

CIF = 1 664.62（万元）

【例 4.11】已知某进口工程设备 FOB 价为 100 万美元，美元与人民币汇率为 1 : 6.5，银行财务费率为 0.2%，外贸手续费率为 1.5%，关税税率为 10%，增值税税率为 13%。若该进口设备抵岸价为 725.30 万元人民币，则该进口工程设备到岸价为（　　）万元。

A. 525.13　　　　B. 575.52

C. 550.00　　　　D. 560.70

答案：B

解析：本题主要考查学生对进口设备原价中各项费用的构成和计算。

进口设备抵岸价计算公式如下：

进口设备抵岸价（原价）= 到岸价（CIF）+ 银行财务费 + 外贸手续费 + 关税 + 增值税 + 消费税 + 海关监管手续费 + 车辆购置税

其中：CIF = 货价（FOB）+ 国际运费 + 运输保险费

银行财务费 = FOB × 银行财务费率

外贸手续费 = CIF × 外贸手续费率

关税 = CIF× 关税税率

增值税 =（CIF + 关税 + 消费税）× 增值税税率

本题无消费税、海关监管手续费、车辆购置税。

进口设备抵岸价 = CIF + 100×6.5×0.2% + CIF×1.5% + CIF×10% + CIF（1 + 10%）×13%

CIF = 575.52（万元）

本题重点把握进口设备抵岸价（原价）构成中各项费用的取费基数。

【例 4.12】某进口设备到岸价为 50 万元，银行财务费为 0.5 万元，外贸手续费费率为 1.5%，关税税率为 20%，增值税税率为 13%，该设备无消费税和海关监管手续费，则该进口设备的抵岸价为（　　）万元。

A. 68.00　　　　B. 72.50

C. 69.21　　　　D. 75.25

答案：C

解析：本题考查学生对进口设备抵岸价的计算。

进口设备抵岸价 = 到岸价 + 银行财务费 + 外贸手续费 + 关税 + 增值税

外贸手续费 = 到岸价 × 外贸手续费费率

关税 = 到岸价 × 关税税率

增值税 =(到岸价 + 关税)× 增值税税率

CIF = 69.21(万元)

4.2.7 设备、工器具和材料价款的动态结算

设备、工器具和材料价款的动态结算主要是依据国际上流行的货物及设备价格调值公式来计算。

对于有多种主要材料和成分构成的成套设备合同，则可以采用更为详细的公式进行逐项计算调整。

4.2.8 合同解除的价款结算与支付

(1)发、承包双方协商一致解除合同的，按照达成的协议办理结算和支付合同价款。

(2)由于不可抗力解除合同的，发包人应向承包人支付合同解除之日前已完成工程但尚未支付的合同价款。此外，发包人还应支付下列金额:

1)按照如下规定应由发包人承担的费用:

a. 招标人应当依据相关工程的工期定额合理计算工期，压缩的工期天数不得超过定额工期的 20%，超过者，应在招标文件中明示增加赶工费用。

b. 发包人要求合同工程提前竣工，应征得承包人同意后与承包人商定采取加快工程进度的措施，并修订合同工程进度计划。发包人应承担承包人由此增加的提前竣工(赶工补偿)的费用。

c. 发、承包双方应在合同中约定提前竣工每日历天应补偿额度，此项费用作为增加合同价款，列入竣工结算文件中，与结算款一并支付。

2)已实施或部分实施的措施项目应付价款。

3)承包人为合同工程合理订购且已交付的材料和工程设备货款。发包人一经支付此项货款，该材料和工程设备即成为发包人的财产。

4)承包人撤离现场所需的合理费用，包括员工遣送费和临时工程拆除、施工设备运离现场的费用。

5)承包人为完成合同工程而预期开支的任何合理费用，且该项费用未包括在本款其他各项支付之内的，应由发包人承担。

发、承包双方办理结算合同价款时，应扣除合同解除之日前发包人应向承包人收回的

价款。当发包人应扣除的金额超过了应支付的金额，则承包人应在合同解除后的 56 天内将其差额退还给发包人。

（3）因承包人违约解除合同的，发包人应暂停向承包人支付任何价款。发包人应在合同解除后 28 天内核实合同解除时承包人已完成的全部合同价款，按施工进度计划已运至现场的材料和工程设备货款，按合同约定核算承包人应支付的违约金，以及造成损失的索赔金额，并将结果通知承包人。发、承包双方应在 28 天内予以确认或提出意见，并办理结算合同价款。如果发包人应扣除的金额超过了应支付的金额，则承包人应在合同解除后的 56 天内将其差额退还给发包人。发、承包双方不能就解除合同后的结算达成一致的，按照合同约定的争议解决方式处理。

（4）因发包人违约解除合同的，发包人除应按照上述（2）的规定向承包人支付各项价款外，按合同约定核算发包人应支付的违约金以及给承包人造成损失或损害的索赔金额费用。该笔费用由承包人提出，发包人核实后与承包人协商确定后的 7 天内向承包人签发支付证书。协商不能达成一致的，按照合同约定的争议解决方式处理。

任务 3 工程结算书

任务目标

- 了解工程结算书的基本内容。

4.3.1 编制的成果文件形式

（1）工程结算编制成果文件一般包括工程结算书封面、签署页、目录、编制说明、相关表式、必要的附件等内容。

（2）工程量清单计价的工程结算编制成果文件的相关表格主要包括工程结算汇总表、单项工程结算汇总表、单位工程结算汇总表、分部分项工程量清单与计价表、措施项目清单与计价表、其他项目清单与计价汇总表、规费和税金项目清单与计价表、必要的其他表格。具体表式可以参照相关规范中的表式使用，也可以根据不同需求做相应调整后使用。

4.3.2 工程结算书的基本内容

工程结算书的
基本内容

工程结算书的基本内容应包括：

（1）封面内容：工程名称、建设单位、建筑面积、结构类型、结算造价、编制日期等，并设有施工单位、审查单位以及编制人、复核人、审核人签字盖章的位置。

（2）编制说明内容：编制依据、结算范围、变更内容、双方协商处理的事项及其他必须说明的问题。

（3）工程结算直接费计算表内容：清单编号、分项工程名称、单位、工程量、综合单价、合价、人工费、机械费等。

（4）工程结算费用计算表内容：费用名称、费用计算基础、费率、计算式、费用金额等。

（5）附表内容：工程量增减计算表、材料价差计算表、补充价格计算表等。

具体如下：

1）竣工结算扉页；

2）发包人委托工程造价咨询人核对竣工结算封面；

3）竣工结算总说明；

4）建设项目竣工结算汇总表；

5）单位工程竣工结算汇总表；

6）单项工程竣工结算汇总表；

7）分部分项工程和单价措施项目清单与计价表；

8）综合单价分析表；

9）综合单价调整表；

10）总价措施项目清单与计价表；

11）其他项目清单与计价汇总表；

12）暂列金额明细表；

13）材料（工程设备）暂估单价及调整表；

14）专业工程暂估价及结算价表；

15）计日工表；

16）总承包服务费计价表；

17）索赔与现场签证计价汇总表；

18）费用索赔申请（核准）表；

19）规费、税金项目计价表等。

任务 4 工程进度款的计算实例

任务目标

- 能够准确计算工程预付款。
- 能够准确计算工程进度款及保修金。

某建筑工程承包合同总价为 2 100 万元，工期为 5 个月，计划在 202× 年上半年完成。主要材料及结构件金额占总造价的 60%，合同中有如下规定：

（1）工程预付款额度为合同价的 15%，从未施工工程尚需的主要材料及构件的价值相当于预付的工程款数额时起扣。

（2）保修金的扣留比例为 3%，从承包商价款结算开始的第 1 个月起扣留。

（3）承包商 202× 年前 4 个月实际完成产值经工程师确认后如表 4-6 所示。

表 4-6 实际完成产值 单位：万元

月份	1	2	3	4	5
产值	240	500	900	300	160

问题： 每月的工程进度款为多少？

分析：

（1）计算工程预付款。

工程预付款额度 = 2 100 × 15% = 315（万元）。

（2）计算工程预付款起扣点。

工程预付款的起扣点，即开始扣回工程预付款时的工程产值，为 1 575（2 100 − 315 ÷ 60%）万元。因此，当累计结算工程价值为 1 575 万元时，开始扣回预付的工程款。

（3）计算每月工程结算价款。

1）1 月完成产值 240 万元，小于工程预付款扣回的起扣点 1 575 万元，扣留 3% 的保修金，工程结算的价款为 232.8［240 ×（1 − 3%）］万元。

2）2 月完成产值 500 万元，累计工程产值为 740（240 + 500）万元，小于工程预付款扣回的起扣点 1 575 万元，扣除保修金后工程结算的价款为 485［500 ×（1 – 3%）］万元。

3）3 月完成产值 900 万元，累计工程产值为 1 640 万元，大于工程预付款扣回的起扣点 1 575 万元，需扣回预付的工程款。

3 月应扣回的工程预付款 =（1 640 – 1 575）× 60% = 39（万元）。

3 月应扣除的保修金 = 900 × 3% = 27（万元）。

3 月应结算的工程价款 = 900 – 39 – 27 = 834（万元）。

4）4 月完成产值 300 万元。

3 月应扣回的工程预付款 = 300 × 60% = 180（万元）。

4 月应扣除的保修金 = 300 × 3% = 9（万元）。

4 月应结算的工程价款 = 300 – 180 – 9 = 111（万元）。

5）5 月完成产值 160 万元。

5 月应扣回的工程预付款 = 160 × 60% = 96（万元）。

5 月应扣除的质量保修金 = 160 × 3% = 4.8（万元）。

5 月应结算的工程价款 = 160 – 96 – 4.8 = 59.2（万元）。

项目实训

实训主题

了解工程结算文件效力的确认规则

工程结算文件的表现形式多样，包括建筑工程合同结算条款、承包方和发包方共同签字确认的结算书、承包方或发包方单方发出但对方接受的结算承诺函等。最易引发纠纷的是由承包方在工程竣工后发出，但发包方逾期不予审价或不予答复的结算文件的法律约束力问题。

应当说，上述前三类情形中的结算文件效力比较稳定且不易受到司法裁判的否定。因为只要不涉及合同无效或者欺诈、重大误解情形的，此类结算文件的法律约束力应当受到尊重。

上述问题的解决机制在建设部发布并施行的《建筑工程施工发包与承包计价管理办法》(以下简称《办法》) 中已有规定。《办法》调整的工程范围包括房屋建筑和市政基础设施工程。其中，房屋建筑工程是指各类房屋建筑及其附属设施和与其配套的线路、管道、设备安装工程及室内外装饰装修工程；市政基础设施工程，是指城市道路、公共交通、供水、排水、燃气、热力、园林、环卫、污水处理、垃圾处理、防洪、地下公共设施及附属设施的土建、管道、设备安装工程。其他建筑工程包括土建工程、路政工程等均可以参照《办法》来解决计价管理问题。

第四种情形的结算文件效力最易引发纠纷且争议颇多。最高人民法院的相关司法解释设定了一种解决机制，即当事人约定，发包人收到竣工结算文件后，在约定期限内不予答复的，视为认可竣工结算文件，按照约定处理。承包人请求按照竣工结算文件结算工程价款的，应予支持。

也就是说，发包人收到结算报告后逾期不答复的视为认可。这种纠纷裁决机制显然是对发包方怠于履行结算义务的一种惩戒，是合同法中形成权制度在建筑工程领域中的直接应用。

上述纠纷裁决制度的适用首先要解决的是如何界别合法有效的“竣工日期”。

根据相关司法解释的规定，当事人对建设工程实际竣工日期有争议的，按照以下情形分别处理：一是建设工程经竣工验收合格的，以竣工验收合格之日为竣工日期；二是承包人已经提交竣工验收报告，发包人拖延验收的，以承包人提交验收报告之日为竣工日期；三是建设工程未经竣工验收，发包人擅自使用的，以转移占有建设工程之日为竣工日期。前述情形中的后两项均是对发包方的制约性规定，包括“拖延验收”和“擅自使用”两种情形。这主要是针对工程实务中发包方的强势地位等现实因素而做出的对应性规定。

对于发包方怠于履行结算义务或对承包方提交的结算文件拒不答复的，住房和城乡建设部规定的适用前提条件是“工程竣工验收合格”，在此基础上应当首先由承包方在工程竣工验收合格后的约定期限内提交竣工结算文件。此后由发包方在收到竣工结算文件后的约定期限内予以答复；如果逾期未答复的，竣工结算文件视为已被认可。住房和城乡建设部的这一规定直接被最高人民法院相关司法解释所吸收。应该说，工程价款的结算是当事人双方的行为，但结算报告是承包人单方做出的，未经发包人认可即被作为结算依据。那么，应如何理解相关司法解释中按照单方结算报告结算工程价款的基本原理与依据呢？

实训分析

按照合同的约定结算工程价款是一个基本原则。从正常的结算程序来讲，工程经竣工验收合格后双方就应当结算。首先应由承包人提交竣工结算报告，由发包人复核、审价、确认。如果有争议，再通过与承包人的复核、议价、确认等程序进行最终的确认。但实践中，有的发包人收到承包人提交的工程结算文件后迟迟不予答复或者根本不予答复，以达到拖欠工程价款的目的，此种行为严重侵害了承包人的合法权益。正因如此，才有《办法》中的制度性设定，即发包人应在收到竣工结算文件后的约定期限内予以答复。逾期未答复的，竣工结算文件视为已被认可。由于行政规章没有直接强制适用的法律效力，故司法解释吸收这一制度性规定并赋予其司法强制效力是十分必要的。

由于对单方结算文件的“认可”制度是建立在约定的基础之上的，故合同是否有答复期的约定十分重要。如果没有约定答复期的，则一律适用 28 天的期限，即承包方提交结算报告后，发包方最迟应在该法定期限内履行答复义务。这条规定对制止发包人无正当理由拖欠工程款的不法行为，保护承包人的合法权益发挥了很大作用，从而更好地约束双方当事人，使这条规定更具有可操作性，体现了充分尊重合同当事人约定的原则。

但是，如果发包方在合同约定的答复期或 28 天内对承包方的结算文件提出异议的，则不能适用直接“认可”制度，而是应当适用《办法》的规定，即发包方对竣工结算文件有异议的，应当在答复期内向承包方提出，并可以在提出之日起的约定期限内与承包方协商；如果无法协商的，则适用“发包方在协商期内未与承包方协商或者经协商未能与承包方达成协议的，应当委托工程造价咨询单位进行竣工结算审核”的解决机制。但发包方必须在协商期满后的约定期限内向承包方提出工程造价咨询单位出具的竣工结算审核意见。

工程造价鉴定是结算纠纷的一个最终解决机制，包括行政程序中的造价鉴定和司法程序中的造价鉴定。在行政程序中，如发包方和承包方任何一方对工程造价咨询单位出具的竣工结算审核意见仍有异议的，在接到该审核意见后一个月内可以向县级以上地方人民政府建设行政主管部门申请调解，调解不成的，可以依法申请仲裁或者向人民法院提起诉讼。

司法程序中的工程造价鉴定主要适用于建设工程合同无效的情形下，为有效制止工程实务中的“层层转包”现象和保护实际施工人的合法权益，可以适用工程造价鉴定的方式进行据实结算。

实训内容

×××× 年 × 月 × 日，×× 建设有限公司（以下简称“建筑商”）通过直接发包与 ×× 有限公司（以下简称“发包人”）签订建筑商承建发包人新建厂房工程的施工合同。合同明确约定由建筑商承包发包人新建厂房工程。

合同签订后，建筑商于 ×××× 年 × 月 × 日经发包人审批同意后，即进场施工。至 ×××× 年 × 月 × 日工程大部分已完成，但发包人中途却对钢结构部分进行直接发包，另请其他建筑商施工。为此，双方发生纠纷，发包人要求终止合同。针对上述情况，建筑商起草了一份《建设工程合同终止协议书》（以下简称《终止协议书》）。《终止协议书》规定：“双方同意原合同及合同附件终止，工程量计算至 ×××× 年 × 月 × 日，工程量经双方核实确认，实际完成工程量委托有资质的单位及时审价，发包人须在 ×××× 年 × 月 × 日前完成审价，如届时审价未结束，则按市建委和计委的通知中关于审价时效的规定执行。”《终止协议书》同时约定，如果发包人不按时支付工程款或违约，应承担全额支付工程款责任。

《终止协议书》签订后，建筑商依约撤场，但发包人并未依约及时完成审价，也未按时支付工程款，已明显构成违约。建筑商的代理人向人民法院起诉，诉讼请求为确认原告的工程造价以其送审价为准。

法院审理后认为：原、被告双方于××××年×月×签订的《终止协议书》是双方当事人的真实意向的表示，且合法有效，对双方当事人均具有法律约束力，双方当事人均应按《终止协议书》约定的事项全面履行各自的义务。原告已经及时将工程决算书及相关资料送交被告，而被告却未按《终止协议书》的约定及时完成审价，则工程造价应当以原告提交的结算价为准。被告未按《终止协议书》的约定及时向原告支付工程款，已构成违约，对此应当承担违约责任。

解析：

这是一起有关以送审价为准结算工程价款的典型案例。根据双方合同中约定的以送审价为准的条款，法院判决本案工程款结算应当以建筑商的送审价为准。这充分说明建筑商应该充分利用这一法律武器，更好地维护自己的利益。值得一提的是，此案例的亮点体现为在终止协议中设置以送审价为准的条款，可见，在工程结算中一定要加强法务的作用。

技能检测

案例题

1. 某建筑工程承包合同额为 1 100 万元，工期为 10 个月。承包合同规定：

（1）主要材料及构配件金额占合同总额的 65%。

（2）预付备料款额度为 20%，工程预付款应从未施工工程尚需的主要材料及构配件的价值相当于预付备料款时起扣，每月以抵充工程款的方式陆续收回。

（3）工程保修金为承包合同总价的 3%，业主从每月承包商的工程款中按 3% 的比例扣留。

（4）除设计变更和其他不可抗力因素外，合同总价不做调整。

由业主的工程师代表签认的承包商各月计划和实际完成的建安工程量如表 4–7 所示。

表 4–7 工程结算数据 单位：万元

月份	1—6	7	8	9	10
计划完成的建安工程量	450	180	200	170	100
实际完成的建安工程量	460	160	220	160	100

问题：

（1）预付备料款的计算有哪些方法？简述其特点。

（2）预付备料款是多少？

（3）工程预付备料款从几月份开始起扣？

（4）1—6月及其他各月工程师代表应签证的工程款是多少？应签发付款凭证金额是多少？

（5）《建设工程施工合同（示范文本）》对工程预付款有哪些规定？

2. 某建筑工程承包合同额为1 200万元，工期为12个月。承包合同规定：

（1）主要材料及构配件金额占合同总额的62.5%。

（2）预付备料款额度为15%，工程预付款应从未施工工程尚需的主要材料及构配件的价值相当于预付备料款时起扣，每月以抵充工程款的方式陆续收回。

（3）工程保修金为承包合同总价的3%，业主在最后一个月扣除。

（4）除设计变更和其他不可抗力因素外，合同总价不做调整。

由业主的工程师代表签认的承包商各月计划和实际完成的建安工程量如表4-8所示。

表4-8　工程结算数据　　单位：万元

月份	1—8	9	10	11	12
计划完成的建安工程量	600	300	260	220	120
实际完成的建安工程量	620	260	280	220	120

问题：

（1）承包人在基础分部工程完工并经确认质量合格后第10天，按合同约定向承包人发出要求付款的通知，一周后仍然没有收到工程款，应如何处理？

（2）有关工程进度款支付的总额应如何控制？

（3）工程预付款和起扣点是多少？

（4）工程进度款支付过程中，付款的方式有哪些？

3. 某建筑工程承包合同额为1 500万元，工期为12个月。承包合同规定：

（1）主要材料及构配件金额占合同总额的60%。

（2）预付备料款额度为20%，工程预付款应从未施工工程尚需的主要材料及构配件的价值相当于预付备料款时起扣，每月以抵充工程款的方式陆续收回。

（3）工程保修金为承包合同总价的3%，业主在最后一个月扣除。

（4）除设计变更和其他不可抗力因素外，合同总价不做调整。

由业主的工程师代表签认的承包商各月计划和实际完成的建安工程量如表4-9所示。

表 4-9　工程结算数据　　单位：万元

月份	2	3	4	5	6
完成产值	145	130	185	240	100

问题：

（1）承包人在基础分部工程完工经质量检查人员自检认为质量符合现行规范后，向业主提出工程量确认的书面报告，一周后，业主的工程师代表仍然没有到现场进行计量。承包人应如何处理？

（2）有关工程进度款计算方法有哪些？简述其特点。

（3）简述用可调工料单价法计算工程进度款时的计算步骤。

（4）工程进度款支付过程中，关于总包和分包付款的做法有哪些？

（5）工程预付款和起扣点是多少？

4. 某承包商承包某工程项目施工，与业主签订的承包合同的部分内容有：

（1）工程合同总价 1 600 万元，工程价款采用调值公式动态结算，该工程的人工费占工程价款的 35%，材料费占工程价款的 50%，不调值费用占工程价款的 15%。

（2）开工前业主向承包商支付合同价 15% 的预付备料款，主要材料及构配件金额占合同总额的 65%。工程进行到合同价的 65% 时，开始抵扣预付款。竣工前全部结清。

（3）工程进度款逐月结算，每月月中预支半月工程款。

问题：

（1）竣工结算按什么程序进行？

（2）列出动态结算公式。

（3）该工程预付备料款和起扣点是多少？

（4）工程结算的方法有哪些？

5. 某施工单位承包某工程项目，甲、乙双方签订关于工程价款的合同内容有：

（1）建筑安装工程造价为 800 万元，主要材料费占施工产值的比重为 60%。

（2）预付备料款为建筑安装工程造价的 15%。

（3）工程进度款逐月结算。

（4）工程保修金为建筑安装工程造价的 3%，保修期为半年。

（5）材料价差调整按规定进行（规定：上半年材料价差上调 10%，在 6 月份一次调增）。

工程各月实际完成产值如表 4-10 所示。

表 4-10 工程结算数据 单位：万元

时间（月）	1	2	3	4	5	6
计划完成产值	90	110	150	160	120	70
实际完成产值	90	96	140	160		
业主供料价款	10	12	20	5		

问题：

（1）工程竣工结算的前提是什么？工程结算如何进行？

（2）该工程的预付备款、起扣点为多少？

（3）该工程 1—5 月，每月拨付工程款为多少？累计工程款为多少？

（4）6 月办理工程竣工结算，该工程结算总造价为多少？甲方应付工程尾款为多少？

（5）该工程在保修期间发生屋面漏水，甲方多次催促乙方修理，乙方一再拖延，随后甲方另请其他施工单位修理，修理费为 2.5 万元，该项费用如何处理？

6. 某工程项目施工合同价为 700 万元，合同工期为 6 个月，施工合同中规定：

（1）开工前业主向施工单位支付合同价 20% 的预付款。

（2）业主自第一个月起，从施工单位的应得工程款中按 10% 的比例扣留保留金，保留金限额暂定为合同价的 3%。

（3）预付款在最后两个月平均扣除。

（4）工程进度款按月结算，不考虑调价。

（5）业主供料价款在发生当月的工程款中扣回。

（6）若施工单位每月实际完成产值不足计划产值的 90% 时，业主可按实际完成产值的 8% 的比例扣留工程进度款，在工程竣工结算时将扣留的工程进度款退还施工单位。

该工程施工进入第 5 个月时，由于业主资金出现困难，合同被迫终止。为此，施工单位提出以下费用补偿要求：

（1）施工现场存有为本工程购买的特殊工程材料，计 40 万元。

（2）因设备撤回基地发生的费用 15 万元。

（3）人员遣返费用 10 万元。

问题：

（1）该工程的工程预付款是多少？应扣留的保留金为多少？

（2）第 1 个月到第 4 个月造价工程师各月签证的工程款是多少？应签发的付款凭证金额是多少？

（3）合同终止时业主已支付施工单位的各类工程款是多少？

（4）合同终止后施工单位提出的补偿要求是否合理？业主应补偿多少？

（5）合同终止后业主向施工单位支付多少工程款？

7. 某建筑工程承包合同额为 1 200 万元，工期为 10 个月。承包合同规定：

（1）主要材料及构配件金额占合同金额的 62.5%。

（2）预付备料款额度为 20%，工程预付款应从未施工工程尚需的主要材料及构配件的价值相当于预付备料款时起扣，每月以抵充工程款的方式陆续收回。

（3）工程保修金为承包合同总价的 3%，业主在最后一个月扣除。

（4）除设计变更和其他不可抗力因素外，合同总价不做调整。

由业主的工程师代表签认的承包商各月计划和实际完成的建安工程量如表 4–11 所示。

表 4–11　工程结算数据　　单位：万元

月份	1—6	7	8	9	10
计划完成的建安工程量	500	200	220	180	100
实际完成的建安工程量	520	160	220	200	100

问题：

（1）本工程的预付备料款是多少？

（2）工程预付备料款从几月份开始起扣？

（3）1—6 月及其他各月工程师代表应签证的工程款是多少？应签发付款凭证金额是多少？

（4）基础工程完工后，业主工程师代表于 7 月 1 日进行计量确认，签署了付款凭证，到 7 月 18 日，承包商没有得到基础工程的工程款，应如何处理？

项目5 工程索赔

项目导读

工程索赔是指在合同履行过程中，对于并非自己的过错，而是应由对方承担责任的情况造成的实际损失向对方提出经济补偿和（或）时间补偿的要求。

索赔是工程承包中经常发生的现象。由于施工现场条件、气候条件的变化，施工进度、物价的变化，以及合同条款、规范、标准文件和施工图纸的变更、差异、延误等因素的影响，工程承包中不可避免地出现索赔。

索赔是一种正当的权利要求，它是业主、监理工程师和承包商之间一项正常的、大量发生、普遍存在的合同管理业务，是一种以法律和合同为依据、合情合理的行为。索赔是合同执行阶段一种避免风险的方法，也是避免风险的最后手段。

项目重点

1. 了解索赔产生的原因。
2. 熟悉索赔程序的步骤。
3. 掌握费用索赔和工期索赔的计算规则和反索赔工作的概念及步骤。

素养目标

通过对本项目的学习，学生应树立马克思主义矛盾观，明确马克思主义哲学科学思维方法在工作中的指导作用，培养逻辑思维能力。同时，在工程项目结算过程中学生应遵守合同和法律法规，恪守道德原则和行为规范，做到公平公正、透明诚信。

任务 1 索赔产生的原因及处理原则

任务目标

- 了解索赔产生的原因。
- 掌握索赔处理的原则。

合同变更
与合同缺陷

5.1.1 合同变更与合同缺陷

1. 合同变更

合同变更，是指施工合同履行过程中，对合同范围内的工作内容进行修改或补充。合同变更的实质是对必须变更的内容进行新的要约和承诺。一个较复杂的建设工程，合同变更会有几十项、上百项乃至更多。大量的合同变更是承包人的索赔机会，每一变更事项都有可能成为索赔依据。合同变更，一般体现在由合同双方经过会谈、协商对需要变更的内容达成一致意见后签署的会议纪要、会谈备忘录、变更记录、补充协议等合同文件中。

合同变更的具体内容可划分为工程设计变更、施工方法变更、工程师的指令等。

（1）工程设计变更。

工程设计变更一般存在两种情况，即完善性设计变更和修改性设计变更。

完善性设计变更，是指在实施原设计的施工中不进行技术上的改动将无法进行施工的变更。通常表现为对设计遗漏、图纸互相矛盾、局部内容缺陷方面的修改和补充。完善性设计变更，通过承、发包双方协调一致后即可办理变更记录。

完善性设计变更是有经验的承包人意料之中的变更，常常由承包人发现并提交工程师进行解决，办理设计变更手续。该类变更一般情况下对工程量的影响不大，对施工中的各种计划安排、材料供应、人力及机械的调配影响不大，相对应的索赔机会也较少。

修改性设计变更，是指并非设计原因而对原设计的工程内容进行的设计修改。此类设计变更的原因主要来自发包人的要求和社会条件的变化。对于修改性设计变更，即使有经验的承包人也是难以预料的。尽管这种修改性设计变更并非完全是发包人自身的原因所致，但其往往影响承包人的局部甚至整个施工计划的安排，带来许多对施工方面的不利因素，造成承包人重复采购、调整人力或机械调配、等待修改设计图纸、对已完工程进行拆改等，成本比原计划增加，工期比原计划延长。承包人应抓住这一机会，向发包人提出因设计变更所引起的索赔要求。

（2）施工方法变更。

施工方法变更，是指在执行经工程师批准的施工组织设计时，因实际情况发生变化要对某些具体的施工方法进行修改。这种对施工方法的修改必须报工程师批准方可执行。

施工方法变更必然会对预定的施工方案、材料设备、人力及机械调配产生影响，会使施工成本加大、其他费用增加，从而引起承包人索赔。

（3）工程师的指令。

如果工程师指令承包人加速施工、改换某些材料、采取某项措施进行某种工作或暂停施工等，则带有较大成分的人为合同变更，承包人可以就此提出索赔要求。

2. 合同缺陷

合同缺陷是指承、发包当事人所签订的施工合同进入实施阶段才发现的，合同本身存在的、现时已很难再做修改或补充的事项。

大量的工程合同管理经验证明，施工合同在实施过程中，常出现如下情况：

（1）合同条款用语含糊、不够准确，难以分清双方的责任和权利。

（2）合同条款中存在漏洞，对实际可能发生的情况未做预料和规定，缺少某些必不可少的条款。

（3）合同条款之间存在矛盾，即在不同的条款中，对同一问题的规定或要求不一致。

（4）由于合同签订前没有把各方对合同条款的理解进行沟通，导致双方对某些条款理解不一致而发生争执。

（5）对合同一方要求过于苛刻、约束不平衡，甚至发现某些条款是一种圈套，隐含着较大风险。

按照我国签订施工合同所应遵守的合法公正、诚实信用、平等互利、等价有偿的原则，以法律推定，合同当事人在签订合同之前都已认真地阅读和理解了合同条件，明白了合同每一具体内容都是自己愿意接受的意愿表达，是为日后进行善意的合作有意写进去的，不存在一方对另一方的强制、欺骗等不公平行为，因此，签订合同后所发现的合同本身存在的问题，应按照合同缺陷进行处理。

无论合同缺陷表现为哪种情况，其最终可能导致以下两种结果：

（1）双方当事人对有缺陷的合同条款重新解释、定义，协商、划分双方的责任和权利。

（2）双方各自按照本方的理解，把不利责任推给对方，发生合同争议，提交仲裁机构裁决。

总之，施工合同缺陷的解决往往是与施工索赔及解决合同争议联系在一起的。

5.1.2 发包人或工程师违约

1. 发包人没有按合同规定的时间和要求提供施工场地、创造施工条件造成违约

发包人应按合同规定的时间和要求完成土地征用，房屋拆迁，清除地上、地下障碍，保证施工用水、用电，材料运输，机械进场，办理施工所需各种证件、批件及有关申报批准手续，提供地下管网线路资料等工作。开工日期经施工合同协议书确定后，承包人要按照既定的开工时间做好各种准备，并需提前进场做好办公、库房及其他临时设施的搭建等工作。如果发包人不能在合同规定的时间内给承包人的施工队伍进场创造条件，使准备进场的人员、机械、材料不能进场，其他的开工准备工作不能按期进行，导致工期延误或给承包人造成损失的，承包人可提出索赔。

2. 发包人没有按施工合同规定的条件提供材料、设备造成违约

发包人所供应的材料、设备到货时间、地点、单价、种类、规格、数量、质量等级与合同规定的不符，导致工期延误或给承包人造成损失的，承包人可提出索赔。

3. 发包人没有能力或没有在规定的时间内支付工程款造成违约

发包人应按照合同规定的时间和数额，向承包人支付预付款和工程款。当发包人没有支付能力或拖期支付以及由此引发停工，导致工期延误或给承包人造成损失的，承包人可提出索赔。

4. 工程师对承包人在施工过程中提出的有关问题久拖不定造成违约

工程师应按照合同文件的要求行使自己的权利，履行合同约定的职责，及时向承包人提供所需指令、图纸等。在施工过程中，承包人为了提高生产效率、增加经济效益，较早发现工程进展中的问题，并向工程师寻求解决的办法，或提出解决方案报工程师批准，如果工程师不及时给予解决或批准，将会直接影响工程的进度，形成干扰事件，承包人可提出索赔。

5. 工程师工作失误，对承包人进行不正确纠正、苛刻检查等造成违约

合同中对工程质量的检查、验收等工作程序及争议解决应做明确规定。但是，实际工作中，由于工作人员的工作经历、业务水平、思想素质及工作方式、方法等原因，往往会造成承、发包双方工作的不协调，其中因工程师造成的影响会成为索赔的起因。

（1）工程师的不正确纠正。

施工过程中，可能发生工程师认为承包人某施工部位或项目所采用的材料不符合技术规范或产品质量的要求，从而要求承包人改变施工方法或停止使用某种材料，但事后又证明承包人没有上述过错，因此，工程师的纠正是不正确的。在此情况下，承包人对不正确纠正所发生的经济损失及工期延误可以提出相应补偿，以维护自身利益。

（2）工程师对正常施工工序造成干扰。

一般情况下，工程师应根据施工合同发出施工指令，并可以随时对任何部位进行质量检查。但是，工程师对承包人在施工中所采用的方法及施工工序不必过多干涉，只要不违反施工合同要求和不影响工程质量就可以进行。如果工程师强制要求承包人按照某种施工工序或方法进行施工，就可能打乱承包人的正常工作顺序，造成工程不能按期完成或增加成本开支。

不论工程师的意图如何，只要造成事实上对正常施工工序的干扰，其结果都可能导致不应有的工程停工或开工、人员闲置、设备闲置、材料供应混乱等局面，对于由此而产生的实际损失，承包人可以提出索赔。

（3）工程师对工程进行苛刻检查。

工程师及其委派人员有权在施工过程中的任何时候对任何工程进行现场检查。承包人应为其提供便利条件，并按照工程师及委派人员的要求返工、修改，承担由自身原因导致的返工、修改的费用。工程师的各种检查都会给检查现场带来某种干扰，但这种干扰应理解为是合理的。工程师所提出的修改或返工的要求应依据施工合同所规定的技术规范，一旦工程师的检查超出了施工合同范围的要求或超出了一般正常的技术规范要求，即认为是苛刻检查。

常见的苛刻检查的种类有：对同一部分工程内容的反复检查；使用与合同规定不符的检查标准进行检查；过分频繁的检查；故意不及时检查。

工程师对自己权利的行使应掌握好合同界限，过分地、不恰当地行使自己的权利，对工程进行苛刻的检查，将会对承包人的施工活动产生影响，导致承包人的索赔。

5.1.3 不可预见性因素

不可预见性因素

1. 不可预见性障碍

不可预见性障碍，是指承包人在开工前，根据发包人所提供的工程地质勘查报告及现场资料，并经过现场调查，都无法发现的地下自然或人工障碍。如古井、基坑、断层、溶洞及其他人工构筑物类障碍等。

不可预见性障碍在实际工程中表现为不确定性障碍的情况更常见。所谓不确定性障碍，是指承包人根据发包人所提供的工程地质勘查报告及现场资料，或经现场调查可以发现地下存在自然的或人工的障碍，但因资料描述与实际情况存在较大差异，而这些差异导致承包人不能预先准确地制订处理方案，估计处理费用。

不确定性障碍属不可预见性障碍范围，但从施工索赔的角度看，不可预见性障碍的索赔比较容易被批准，而不确定性障碍的索赔则需要根据施工合同条款论证。区分不确定性障碍与不可预见性障碍并获得发包人的确认，采取不同的索赔方法，是施工索赔管理人员应注意的。

2. 第三方原因

第三方原因，是指与工程有关的第三方所发生的问题对工程施工的影响。其表现的情况是复杂多样的，往往难以划分类型。如下述情况：

（1）正在按合同供应材料的单位因各种原因导致材料供应中断。

（2）因铁路、运输等方面的原因，物资运输拖延，使工程材料、设备迟于安装日期到场，或不能配套到场。

诸如上述及类似问题的发生，客观上给承包人造成施工停顿、等候、多支出费用等情况。

如果上述情况中的材料供应合同、设备订货合同是发包人与第三方签订或约定的，承包人可以向发包人提出索赔。

5.1.4 国家政策、法规的变化

国家政策、法规的变化，通常是指直接影响工程造价的国家政策、法规的变化。我国建筑行业经过几十年的高速发展已发生了巨大变化，建筑业从增量向存量转变，随着智能建造等新技术的应用，工程管理体系应尽快适应新形势，提高生产效率和建筑产品质量，通过改革创新寻求新的发展动能，促进转型升级和高质量发展。国家发展改革委、住房和城乡建设部等多部门联合发布政策、标准，行业主管部门也不定期有文件出台，这对工程施工必然产生影响，对于这类因素，承、发包双方在签订合同时必须重视。在现阶段，因国家政策、法规变更所增加的工程费用占有相当大的比重，是一项不能忽视的索赔因素。常见的国家政策、法规的变更有：

（1）由工程造价管理部门发布的建筑工程材料价格调整。

（2）建筑材料的市场价与概预算定额文件价差的有关处理规定。

（3）国家调整关于银行贷款利率的规定。

（4）国家有关部门在工程中停止使用某种设备、某种材料的通知。

（5）国家有关部门在工程中推广某些新设备、新施工技术的规定。

（6）国家对某种设备、建筑材料限制进口、提高关税的规定等。

（7）国际合作项目受国际形势影响，以及汇率变化影响等。

上述有关政策、法规对建筑工程的造价必然产生影响，承包人可依据这些政策、法规的规定向发包人提出索赔要求。

5.1.5 合同中止与解除

施工合同签订后，对合同双方都有约束力，任何一方如违反合同规定都应承担经济责任。但是在实际工作中，由于国家政策的变化，不可抗力以及承、发包双方之外的原因导致工程停建或缓建的情况时有发生，必然造成合同中止。另外，由于合同履行中承、发包双方在合作中不协调、不配合甚至矛盾激化，导致合同履行不能继续维持下去；或发包人严重违约，承包人行使合同解除权；或承包人严重违约，发包人行使合同解除权等，都会产生合同的解除。

由于合同的中止或解除是在施工合同还没有履行完毕时发生的，必然导致承、发包双方经济损失，因此，发生索赔是难免的。但引起合同中止与解除的原因不同，索赔方的要求及解决过程需要具体情况具体分析。

5.1.6 索赔处理的原则

工程索赔是建设工程合同管理中的一个重要环节，发包方和承包方应当依据合同约定和法律法规妥善处理索赔事项，以维护各自的合法权益。根据《民法典》及相关法律法规，工程索赔的处理通常遵循以下原则：

（1）合同约定优先原则。首先应当根据建设工程合同的具体约定处理索赔事项。

（2）公平合理原则。索赔金额和工期应合理、公平，不得滥用索赔权。

（3）及时通知原则。索赔方应当及时将索赔事项书面通知对方，以便对方有机会采取补救措施或协商解决。

（4）举证责任原则。索赔方应提供证据证明索赔事项的存在及其合理性。

任务2 索赔的程序

任务目标

- 熟悉索赔的程序。

索赔的工作程序是指从干扰事件发生到最终处理全过程所包括的工作内容和工作步骤。由于索赔工作实质上是承包商和发包人在分担工程风险方面的重新分配过程，涉及双方的经济利益，是一项烦琐、细致、耗费精力和时间的工作。因此，合同双方必须严格按照合同规定的索赔程序组织进行，才能获得成功的索赔。承包人的索赔程序通常可分为以下几个步骤。

5.2.1 发出索赔意向通知

干扰事件发生后，承包商应在合同规定的时间内，及时向发包人或工程师书面提出索赔意向通知，即向发包人或工程师就某一个或若干个干扰事件表达索赔愿望、要求或声明保留索赔的权利。索赔意向的提出是索赔工作程序中的第一步，其关键是抓住索赔机会，及时提出索赔意向。

《建设工程施工合同（示范文本）》通用条款规定，承包商应在干扰事件发生后的28天内，将其索赔意向通知工程师。如果承包商没有在合同规定的期限内提出索赔意向或通知，则会丧失在索赔中的主动和有利地位，发包人或工程师也有权拒绝承包商的索赔要求，这是索赔成立的有效和必备条件之一。因此在实际工作中，承包商应避免合理的索赔要求由于未能遵守索赔时限的规定而导致无效。

施工合同要求承包商在规定期限内首先提出索赔意向，是基于以下考虑：

（1）干扰事件发生的时间、地点或工程部位。

（2）干扰事件发生的双方当事人或其他有关人员。

（3）干扰事件发生的原因及性质，应特别说明并非承包人的责任。

（4）承包人对干扰事件发生后的态度，应特别说明承包人为控制事件的发展、减少损失所采取的行动。

（5）干扰事件的发生将会使承包人产生额外经济支出或其他不利影响。

（6）提出索赔意向，注明合同条款依据。

在实际的工程承包合同中，对索赔意向提出的时间限制不尽相同，只要双方经过协商达成一致并写入合同条款即可。

一般索赔意向通知仅仅是表明意向，应写得简明扼要，涉及索赔内容但不涉及索赔数额。通常包括以下几个方面的内容：

（1）事件发生的时间和情况的简单描述。

（2）合同依据的条款和理由。

（3）有关后续资料的提供，包括及时记录和提供事件发展的动态。

（4）对工程成本和工期产生的不利影响及严重程度，以期引起发包人或工程师的注意。

5.2.2 证据准备

发包人或工程师一般都会对承包商的索赔提出一些质疑，要求承包商做出解释或出具有力的证明材料。因此，承包商在提交正式的索赔报告之前，必须尽力准备好与索赔有关的一切详细资料，以便在索赔报告中使用，或在发包人和工程师要求时出示。根据工程项目的性质和内容不同，索赔时应准备的证据资料也是多种多样的。从工程索赔的实践来看，承包商应该准备和提交的索赔清单和证据资料主要如下：

（1）施工日志。应指定有关人员现场记录施工中发生的各种情况，包括天气、出工人数、设备数量及使用情况、进度情况、质量情况、安全情况、工程师在现场的指示、进行了何种试验、有无特殊干扰施工的情况、是否遇到不利的现场条件、多少人员参观了现场等。这种现场记录和通知有利于及时发现和正确分析索赔，可能成为索赔的重要证明。

（2）来往信件。对与工程师、发包人、业主指定分包商和供货商、有关政府部门、银行、保险公司的来往信函，必须认真保存，并注明发送和收到的详细时间。

（3）气象资料。在分析进度安排和施工条件时，天气是应考虑的重要因素之一。要保留一份真实、完整、详细的天气情况记录，包括气温、风力、湿度、降雨量、暴风雪情况、冰雹情况等。

（4）备忘录。承包商对工程师和发包人的口头指示和电话应随时用书面记录，并请其签字给予书面确认。事件发生和持续过程中的重要情况都应有记录。

（5）会议纪要。承包商、发包人和工程师举行会议时要做好详细记录，对其主要问题形成会议纪要，并由会议各方签字确认。

（6）工程照片和工程声像资料。这些资料都是反映工程客观情况的真实写照，也是法律承认的有效证据，对重要工程部位应拍摄有关资料并妥善保存。

（7）工程进度计划。承包商编制的经工程师或发包人批准同意的所有工程总进度、年进度、季进度、月进度计划都必须妥善保管，任何有关工期延误的索赔中，进度计划都是非常重要的证据。

（8）工程核算资料。所有人工、材料、机械设备使用台账，工程成本分析资料，会计报表，财务报表，货币汇率，现金流量，物价指数，收付款票据等，都应分类装订成册，这些都是进行索赔费用计算的基础资料。

（9）工程报告。包括工程试验报告、检查报告、施工报告、进度报告、特别事件报告等。

（10）工程图纸。工程师和发包人签发的各种图纸，包括设计图、施工图、竣工图及其相应的修改图，承包商应注意对照检查和妥善保存。对于设计变更索赔，原设计图和修改图的差异是索赔最有力的证据。

（11）招投标阶段有关现场考察和招标文件、招标澄清文件、答疑及补充、投标文件等资料，各种原始单据（工资单、材料设备采购单）、法规文件、证书证明等，都应分类归档保存，它们都有可能是某项索赔的有力证据。

由此可见，高水平的文档管理信息系统，对索赔的资料准备和证据提供是极为重要的。

5.2.3 索赔报告的编写

索赔报告是承包商在合同规定的时间内向工程师提交的要求发包人给予一定经济补偿和延长工期的正式书面报告。索赔报告的水平与质量如何，直接关系到索赔的成败与否。大型工程项目的重大索赔报告，承包商会非常慎重、认真而全面地论证和阐述，充分地提供证据资料，甚至专门聘请合同及索赔管理方面的专家，帮助编写索赔报告，以尽全力争取索赔成功。承包商的索赔报告必须有力地证明：正当合理的索赔缘由，受损失的时间和金额，以及有关事项与损失之间的因果关系。

1. 索赔报告的基本要求

第一，必须说明索赔的合同依据，即基于何种理由提出索赔要求，一种是根据合同某条款规定，承包商有资格因合同变更或追加额外工作而取得费用补偿和（或）延长工期；另一种是发包人或其代理人违反合同规定给承包商造成损失，承包商有权索取补偿。

第二，索赔报告中必须有详细准确的损失金额及时间的计算。

第三，要证明客观事实与损失之间的因果关系，说明干扰事件前因后果的关联性，要以合同为依据，说明发包人违约或合同变更与引起索赔的必然性联系。如果不能有理有据地说明因果关系，而仅在事件的严重性和损失的巨细上花费过多的笔墨，对索赔的成功是无济于事的。

2. 索赔报告必须准确

编写索赔报告是一项比较复杂的工作，须有一个专门的小组和各方的大力协助才能完成。索赔小组的人员应掌握合同、法律、工程技术、施工组织计划、成本核算、财务管理、写作等各方面的知识，进行深入的调查研究，对较大的、复杂的索赔需要请有关专家咨询，对索赔报告进行反复讨论和修改。写出的报告不仅要有理有据，而且必须准确可靠。应特别强调以下几点：

（1）责任分析应清楚、准确。

在报告中所提出干扰事件的责任是对方引起的，应把全部或主要责任归于对方，不能有责任含糊不清和自我批评式的语言。要做到这一点，就必须强调干扰事件的不可预见性，承包商不能提前有所准备，事发后尽管采取能够采取的措施也无法制止；指出干扰事件使承包商工期拖延、费用增加的严重性和索赔值之间的直接因果关系。

（2）索赔值的计算依据要正确、计算结果要准确。

计算时使用合同文件规定的和公认合理的计算方法，并加以适当的分析。数字计算上不要有差错，一个小的计算错误可能影响到整个计算结果，容易让人对索赔的可信度产生怀疑。

（3）用词要婉转和恰当。

在索赔报告中要避免使用强硬的、不友好的、抗议式的语言。不能因措辞不当而伤害了双方的合作。切勿断章取义，牵强附会，夸大其词。

3. 索赔报告的内容

在实际承包工程中，索赔报告通常包括三个部分。

（1）承包商或其授权人致发包人或工程师的信。信中简要介绍索赔的事项、理由和要求，说明随函所附的索赔报告正文及证明材料情况等。

（2）索赔报告正文。索赔报告的格式可能不同，但实质性的内容相似，正文中一般主要包括：

1）题目。简要地说明提出索赔的事项。

2）干扰事件陈述。叙述事件的起因、经过，事件过程中双方的活动，事件的结果，重点叙述我方按合同所采取的行为及对方不符合合同的行为。

3）理由。总结上述事件，同时引用合同条文、合同变更、补充协议条文，证明对方的行为违反合同或对方的要求超过合同规定从而造成了该项事件的发生，因此有责任对造成的损失做出赔偿。

4）影响。简要说明事件对承包商施工过程的影响，而这些影响与上述事件有直接的因果关系。重点围绕由于上述事件原因造成的成本增加和工期延长。

5）结论。对上述事件的索赔问题做出最后总结，提出具体索赔要求，包括工期索赔和费用索赔。

（3）附件。该报告中所列举的事实、理由、影响的证明文件和各种计算基础、计算依据的证明文件。

索赔报告正文编写至何种程度、需附多少证明材料、计算书详细和准确到何种程度，这都要依据工程师或发包人评审索赔报告的需要而定。对承包商来说，可以用过去的索赔经验或直接询问工程师或发包人的意图，以便配合协调，这有利于施工和索赔工作的开展。

5.2.4 递交索赔报告

索赔意向通知提交后的28天内，或工程师可能同意的其他合理时间，承包人应递交正式的索赔报告。

如果干扰事件的影响持续存在，28天内还不能算出索赔额和工期顺延天数时，承包人应按工程师合理要求的时间间隔（一般为28天），定期陆续报出每一个时间段内的索赔证据资料和索赔要求。在该项干扰事件的影响结束后的28天内，报出最终详细报告，提出索赔论证资料和累计索赔额。

承包人发出索赔意向通知后，可以在工程师指示的其他合理时间内报送正式索赔报告，也就是说，工程师在干扰事件发生后有权不立即处理该项索赔。如果事件发生时现场施工非常紧张，工程师不希望立即处理索赔而分散各方对于施工管理的精力，可通知承包人将索赔的处理留待施工不太紧张时再去解决。但承包人的索赔意向通知必须在事件发生后的28天内提出，包括因对变更估价双方不能取得一致意见，而先按工程师单方面决定的单价或价格执行时，承包人提出的保留索赔权利的意向通知。如果承包人未能按时间规定提出索赔意向和索赔报告，那么它就失去了就该事件请求补偿的索赔权利。此时承包人所受到损害的补偿，将不超过工程师认为应主动给予的补偿额。

5.2.5 索赔报告的审查

施工索赔的提出与审查过程，是当事双方在承包合同基础上，逐步分清各自在某些干扰事件中的权利和责任以使其数量化的过程。作为发包人或工程师，应明确审查的目的和作用，掌握审查的内容和方法，处理好索赔审查中的特殊问题，促进工程的顺利进行。

当承包人将索赔报告呈交工程师后，工程师首先应予以审查和评价，然后与发包人和承包人一起协商处理。

在具体索赔审查操作中，应首先进行索赔资格条件的审查，然后进行具体数据的审查。

1. 工程师审核承包人的索赔申请

接到承包人的索赔意向通知后，工程师应建立自己的索赔档案，密切关注事件的影响，检查承包人的同期记录时，随时就记录内容提出不同意见或希望予以增加的记录项目。

在接到正式索赔报告以后，工程师应认真研究承包人报送的索赔资料。首先在不确认责任归属的情况下，客观分析事件发生的原因，重温合同的有关条款，研究承包人的索赔证据，并检查它的同期记录；其次通过对事件的分析，再依据合同条款划清责任界限，必要时还可以要求承包人进一步提供补充资料，尤其是对承包人与发包人或工程师都负有一定责任的事件，更应划出各方应该承担合同责任的比例；最后审查承包人提出的索赔补偿要求，剔除其中的不合理部分，拟定计算的合理索赔数额和工期顺延天数。

2. 判定索赔成立的条件

工程师判定承包人索赔成立的条件为：

（1）与合同相对照，事件已造成了承包人施工成本的额外支出，或总工期延误。

（2）造成费用增加或工期延误的原因，按合同规定不属于承包人应承担的责任，包括行为责任或风险责任。

（3）承包人按合同规定的程序提交了索赔意向通知和索赔报告。

上述三个条件没有先后主次之分，应当同时具备。

3. 对索赔报告的审查

（1）事态调查。通过对合同实施的跟踪、分析，了解事件经过、前因后果，掌握事件的详细情况。

（2）损害事件原因分析。分析干扰事件是由何种原因引起，责任应由谁来承担。在实际工作中，损害事件的责任有时是多方面原因造成的，故必须进行责任分解，划分责任范围，按责任大小承担损失。

（3）分析索赔理由。主要依据合同文件判明干扰事件是否属于未履行合同规定义务或未正确履行合同义务导致，是否在合同规定的赔偿范围之内。只有符合合同规定的索赔要求才有合法性，才能成立。

（4）实际损失分析。分析干扰事件的影响，主要表现为工期的延长和费用的增加。如果干扰事件不造成损失，则无索赔可言。损失调查的重点是分析、对比实际和计划的施工进度、工程成本和费用方面的资料，在此基础上核算索赔值。

（5）证据资料分析。主要分析证据资料的有效性、合理性、正确性，这也是索赔要求有效的前提条件。如果在索赔报告中提不出证明其索赔理由、干扰事件的影响、索赔值的计算等方面的详细资料，索赔要求是不能成立的。如果工程师认为承包人提出的证据不足以说明其要求的合理性时，可以要求承包人进一步提交索赔的证据资料。

4. 提出质疑

工程师可根据自己掌握的资料和处理索赔的工作经验就以下问题提出质疑：

（1）干扰事件不属于发包人或工程师的责任，而是第三方的责任。

（2）事实和合同依据不足。

（3）承包商未能遵守意向通知的要求。

（4）合同中的开脱责任条款已经免除了发包人补偿的责任。

（5）索赔是由不可抗力引起的，承包商没有划分和证明双方责任的大小。

（6）承包商没有采取适当措施避免或减少损失。

（7）承包商必须提供进一步的证据。

（8）损失计算夸大。

（9）承包商以前已明示或暗示放弃了此次索赔的要求等。

在评审过程中，承包商应对工程师提出的各种质疑做出圆满的答复。

5.2.6 索赔的协商与解决

从递交索赔文件到索赔结束是索赔的协商与解决过程。经过工程师对索赔文件的评审，与承包人进行了较充分的讨论后，工程师应提出对索赔处理决定的初步意见，并参加发包人和承包人之间的索赔谈判，根据谈判达成索赔最后处理的一致意见。

如果索赔在发包人和承包人之间未能通过谈判得以解决，可将有争议的问题进一步提交工程师决定，如果一方对工程师的决定不满意，双方可寻求其他友好解决方式，如中间人调解、争议评审团评议等。如果友好协商无效，一方可将争端提交仲裁或诉讼。

一般合同条件规定争端的解决程序如下：

（1）合同的一方就其争端的问题书面通知工程师，并将一份副本提交对方。

（2）工程师应在收到有关争端的通知后在合同规定的时间内做出决定，并通知发包人和承包人。

（3）发包人和承包人在收到工程师决定的通知后均未在合同规定的时间内发出要将该争端提交仲裁的通知，则该决定视为最后决定，对发包人和承包人均有约束力。若一方不执行此决定，另一方可按对方违约提出仲裁通知，并开始仲裁。

（4）如果发包人或承包人不同意工程师的决定，或在要求工程师做决定的书面通知发出后，未在合同规定的时间内得到工程师决定的通知，任何一方可在其后按合同规定的时间内就所争端的问题向对方提出仲裁意向通知，将一份副本送交工程师。在仲裁开始前应设法友好协商解决双方的争端。

工程项目实施中会发生各种各样、大大小小的索赔、争议等问题，应该强调，合同各方应该争取尽量在最早的时间、最低的层次，尽最大可能以友好协商的方式解决索赔问题，不要轻易提交仲裁。因为对工程争议的仲裁往往是非常复杂的，要花费大量的人力、物力、财力和精力，对工程建设也会带来不利影响，有时甚至是严重的影响。

任务3 费用索赔的计算

任务目标

- 掌握费用索赔的计算原则。

5.3.1 费用索赔概述

索赔费用不应被视为承包商的意外收入，也不应被视为发包人的不必要开支。实际上，费用索赔的存在是基于建立合同时还无法确定的某些应由发包人承担的风险因素导致的结果。承包人的投标报价中一般不考虑应由发包人承担的风险对报价的影响，一旦这类风险发生并影响承包人的工程成本时，承包人提出费用索赔是一种正常现象和合情合理的行为。

1. 费用索赔的原则

费用索赔是整个施工阶段索赔的重点和最终目标，工期索赔在很大程度上也是为了费用索赔，因而费用索赔的计算就显得十分重要，必须按照如下原则进行：

（1）赔偿实际损失的原则。

实际损失包括直接损失（成本的增加和实际费用的超支等）和间接损失（可能获得的利益的减少，比如发包人拖欠预付款，使得承包商失去了利息收入等）。

（2）合同原则。

通常是指要符合合同规定的索赔条件和范围，符合合同规定的计算方法，以合同报价为计算基础等。

（3）符合通常的会计核算原则。

通过计划成本或报价与实际工程成本或花费的对比得到索赔费用值。

（4）符合工程惯例。

费用索赔的计算必须采用符合人们习惯的、科学合理的计算方法，能够让发包人、工程师、调解人、仲裁人接受。

2. 费用索赔的特点

费用索赔是工程索赔的重要组成部分，是承包商进行索赔的主要目标。与工期索赔相比，费用索赔有以下特点：

（1）费用索赔的成功与否及其大小事关承包商的盈亏，也影响发包人工程项目的建设成本，因而费用索赔常常是最困难也是双方分歧最大的索赔。特别是对于发生亏损或接近亏损的承包人和财务状况不佳的发包人，情况更是如此。

（2）费用索赔的计算比索赔资格或权利的确认更为复杂。费用索赔的计算不仅要依据合同条款与合同规定的计算原则和方法，而且要依据承包商投标时采用的计算基础和方法，以及承包商的历史资料等。费用索赔的计算没有统一的、合同双方共同认可的计算方法，因此费用索赔的确定及认可是费用索赔中一项困难的工作。

（3）在工程实践中，常常是许多干扰事件交织在一起，承包人成本的增加或工期延长的发生时间及原因也常常相互交织在一起，很难清楚、准确地划分开，尤其是对于一揽子索赔（又称综合索赔），对于像生产率降低损失及工程延误引起的承包人利润和总部管理费损失等费用的确定，很难准确计算出来，双方往往有很大的分歧。

3. 费用索赔的种类及费用构成

在工程施工阶段，引起施工索赔的因素是多种多样的，每一个具体的索赔事件所发生的费用构成也不尽相同，但是，按照索赔起因及费用构成特点可分为工程量增加费，施工延误损失费，加速施工费，发包人或工程师违约损失费，国家政策、法规变化影响的费用，中止与解除合同损失费。

（1）工程量增加费。

工程量增加费，是指由于某些因素的影响，施工中实际发生的工程量超过了原合同或图纸规定的工程量而发生的施工索赔费用。

1）设计变更引起的工程量增加。

施工过程中发生的设计变更，无论是完善性设计变更还是修改性设计变更，都有可能引起工程量的增加。

2）工程师指令引起的工程量增加。

工程施工中，工程师在施工合同规定的限度内可以实现发包人增加工程量的愿望。如某项工程中，工程师指令在接待室增加装饰吊顶、窗帘杆和空调等。

3）不可预见性障碍的处理引起的工程量增加。

施工过程中发生的不可预见性障碍的处理往往会导致工程量增加，如增加土方挖填量、增加混凝土量等。

工程量增加费的数量由所确认的工程增加量的直接费（人工费、材料费、机械使用费）、间接费和其他费用构成，按照施工合同工程价款确定的原则，或按照合同条款中规定的计算办法进行计算。

（2）施工延误损失费。

施工延误损失费，是指由于非承包人的原因所导致的施工延误事件给承包人造成实际损失而发生的施工索赔费用。引起这种索赔费用的常见因素是：

1）发包人、工程师或与发包人有直接关系的第三方所引起的延误。

2）不可预见性障碍处理引起的延误。

3）异常恶劣的气候条件引起的延误。

4）特殊社会条件引起的延误。

由上述原因造成承包人的实际损失，与工程量增加费是完全不同的情况，其费用构成是下列几种情况的组合：

1）工人停工损失费或需暂调其他工程时的调离现场及再次调回费。

2）施工机械闲置费。当承包人使用租赁机械时是指机械租赁费；当承包人使用自有机械时是指机械闲置费或暂调其他工程时的调离及二次进场费。

3）材料损失费。包括易损耗材料因施工延误而加大的损耗；水泥、涂料、油漆等材料因延误造成过期失效或材料调运其他工地的运输、装卸费，新材料的二次进场费等。

4）材料价格调整。受市场价格变化的影响，因施工延误迫使承包人的材料采购推迟，当延误前后材料明显涨价时，承包人不得不付出比计划进度情况下增加的费用。

5）异常恶劣气候条件、特殊社会条件造成已完工程损坏或质量达不到合格标准时的处置费、重新施工费等。

（3）加速施工费。

加速施工费，是指由于非承包人的原因导致工期延误，承包人根据工程师的指令加速施工，从而比正常进度状态下完成同等工程量施工成本提高而发生的施工索赔费用。通常情况下，加速施工费由以下几种情况构成：

1）实行比定额标准工资高的工资制度，如多发奖金、加班费等。

2）配备比正常进度所需劳动力多的劳动力，如为加速施工多雇用工人；多安排技术熟练工；由一班制改为两班甚至三班制；为增加的工人多购置工具、用具；增加服务人员；增建临时设施；等等。

3）施工机械设备的配置增加，周转性材料大量增多。如增加粉刷机器人、增加垂直提升设备；由于施工进度快，现浇钢筋混凝土结构的支撑和模板将减少周转次数，增加投入量。

4）采用先进、价高的施工方法。如现浇钢筋混凝土工程中使用自密实混凝土；高空作业使用泵送混凝土机械；等等。

5）材料供应不能满足加速施工要求时，发生工人怠工或高价采购材料。

6）加速施工中的各工种交叉干扰加大了施工成本等。

上述加速施工费用的产生，不同的工程其情况会千差万别，甚至会发生加速效果不明显而加速施工费用却大幅度增加的情况。

（4）发包人或工程师违约损失费。

发包人或工程师违约损失费，是指在施工合同履行过程中，由于发包人或工程师违背合同规定，给承包人造成实际损失而发生的施工索赔费用。发包人或工程师违约损失费在工程实践中经常发生，但其费用构成却较为复杂，应具体情况具体分析。

1）发包人延迟付款。

发包人因某种原因不能按合同条款规定的时间支付承包人工程款项的违约行为，会造成承包人该部分款项的利息损失，导致承包人该部分款项不能用于施工准备而造成其他损失。

2）发包人或工程师工作失误。

发包人或工程师在行使合同所赋予的权利时，由于业务能力、工作经验等原因，往往发生无法正确纠正工程的问题，提出不能实现的工程要求，进行了不自觉的苛刻检查等工作。这类工作无意但确实对承包人的正常施工造成了干扰，会给承包人造成某些损失。如承包人进行了不必要的返工、不必要的多次暂停，干扰造成生产效率明显减低，增加不必要的工序和工器具，更新某种材料或施工设备，等等。

3）发包人对已完工程修改。

承包人按照发包人提供的施工图纸进行施工后，发包人对已完成部位又提出修改要求，这在工程装修阶段是时常发生的，这种修改一般都会增加施工费用。

（5）国家政策、法规变化影响的费用。

国家在建设管理方面的政策、法规变化，或新的政策、法规颁布实施后，对工程施工活动往往会产生费用影响，施工费用会发生相应变化。对于这方面的影响，承、发包双方必须无条件地执行，建设工程费用必须进行相应调整，而施工索赔正是在国家政策、法规变化情况下调整相关费用的常用方法。

（6）中止与解除合同损失费。

中止与解除合同损失费，是指由于施工合同的中止与解除给合同当事人造成实际损失而发生的施工索赔费用。合同的中止与解除不影响当事人要求赔偿损失的权利，原施工合同中的条款对合同中止与解除后当事人之间有关结算、未尽义务、争议等仍然有效。所以，承、发包双方在合同中止与解除后，都可以对所产生的损失向对方提出索赔要求。

按照《建设工程施工合同（示范文本）》通用条款的规定，合同解除后，承包人应妥善做好已完工程和已购材料、设备的保护和移交工作，按发包人要求将自有机械设备和人员撤出施工场地。发包人应为承包人撤出提供必要条件，支付以上所发生的费用，并按合同约定支付已完工程价款。已经订货的材料、设备由订货方负责退货或解除订货合同；不能退还的货款和因退货、解除订货合同发生的费用，由发包人承担；因未及时退货造成的损失由责任方承担。除此之外，有过错的一方应当赔偿因合同解除给对方造成的损失。

5.3.2 费用索赔的计算方法

费用索赔的计算方法一般为总费用法、修正总费用法和分项法。

1. 总费用法

总费用法的基本思路是把固定总价合同转化为成本加酬金合同，以承包商的额外成本为基点加上管理费和利润等附加费作为索赔值。

这虽然是一种最简单的计算方法，但却不容易被对方、调解人和仲裁人认可，所以通常用得较少。它的使用有以下几个条件：

（1）合同实施过程中的总费用核算是准确的；工程成本核算符合普遍认可的会计原则；成本分摊方法、分摊基础选择合理；实际总成本与报价总成本所包括的内容一致。

（2）承包人的报价是合理的，反映实际情况。如果报价计算不合理，则按这种方法计算的索赔值也不合理。

（3）费用损失的责任，或干扰事件的责任完全在于发包人或其他人，承包人在工程中无任何过失，而且没有发生承包人风险范围之内的损失。

（4）合同争执的性质不适用其他计算方法。例如，由于发包人原因造成工程性质发生根本变化，原合同报价已完全不适用。

（5）发包人和承包人签订协议，或在合同中规定，对于一些特殊的干扰事件，例如特殊的附加工程、发包人要求加速施工、承包人向发包人提供特殊服务等，可采用成本加酬金的方法计算赔（补）偿值。

一般情况下，这种计算方法常用于对索赔值的估算。

在计算过程中要注意以下几个问题：

（1）索赔值计算中的管理费率一般采用承包人实际的管理费分摊率。这符合赔偿实际损失的原则。但实际管理费率的计算和核实是很困难的，所以通常都用合同报价中的管理费率，或双方商定的费率。这需要双方协商达成共识。

（2）在费用索赔计算中，利润是一个复杂的问题，故一般不计算利润，以保本为原则。

（3）工程成本增加使承包人支出增加，这会引起工程的现金流量的增加。为此，在索赔中可以计算利息的支出（作为资金成本）。利息支出可按实际索赔数额、拖延时间和承包商向银行贷款的利率（或合同中规定的利率）计算。

2. 修正总费用法

修正总费用法是对总费用法的改进，即在总费用法计算的原则上，去掉一些不合理的因素，使其更为合理。修正的内容如下：

（1）将计算索赔款的时段局限于受到索赔事件影响的时间，而不是整个施工期。

（2）只计算受到索赔事件影响时段内的某项工作所受影响的损失，而不是计算该时段内所有施工工作所受的损失。

（3）与该项工作无关的费用不列入总费用。

（4）对投标报价费用重新进行核算，即按受影响时段内该项工作的实际单价进行核算，乘以实际完成的该项工作的工程量，得出调整后的报价费用。

3. 分项法

分项法是按每个（或每类）干扰事件，以及这事件所影响的各个费用项目分别计算索赔值的方法。

分项法的特点：

（1）它比总费用法复杂，处理起来困难。

（2）它反映实际情况，比较合理、科学。

（3）它为索赔报告的进一步分析评价、审核，双方责任的划分，双方谈判和最终解决提供方便。

（4）应用面广，人们在逻辑上容易接受。

所以，通常在实际工程中费用索赔计算都采用分项法。但对于具体的干扰事件和具体的费用项目，分项法的计算方法又是千差万别的。

分项法计算索赔值的三个步骤：

（1）分析每个或每类干扰事件所影响的费用项目。

（2）确定各费用项目索赔值的计算基础和计算方法，计算每个费用项目受干扰事件影响后的实际成本或费用值，并与合同报价中的费用值对比，即可得到该项费用的索赔值。

（3）将各费用项目的计算值列表汇总，得到总费用索赔值。

用分项法计算索赔值时，注意不要遗漏项目。在实际工程中，许多现场管理者提交索赔报告时常常因为自身所处的位置及直接感受，仅考虑直接成本，即现场材料、人员、设备的损耗，而忽略计算一些附加的成本，如工地管理费分摊；人员在现场延长停滞时间所产生的附加费，如差旅费、工地住宿补贴、平均工资的上涨；由于推迟支付而导致的财务损失；保险费和保函费用增加；等等。

5.3.3 费用索赔的项目及其计算

1. 人工费

人工费属工程直接费，指直接从事施工的工人、辅助工长、工长的工资及其有关的费用。施工索赔中的人工费是指额外劳务人员的雇用、加班工作、人员闲置和劳动生产率降低的工时所花费的费用。

一般用投入工时与投标人工单价或折算单价相乘可得。

在干扰事件发生后，为了方便起见，工程师有时会实施计日工作。此时索赔费用计算可采用计日工作表中的人工单价。

发包人通常会认为不应计算闲置人员的奖金、福利等报酬，常常将闲置人员的人工单价折算成人工单价计算，一般为 0.750。除此之外，人工单价还可参考其他有关标准定额。

如何确定因劳动生产率降低而额外支出的人工费是一个很重要的问题。其计算方法一般有以下三种：

（1）实际成本和预算成本比较法。

这种方法是用受干扰后的实际成本与合同中的预算成本相比较，计算出由于劳动生产率降低造成的损失金额。计算时需要详细的施工记录和合理的估价体系，当两种成本的计算准确，而且成本增加确系发包人原因时，索赔成功的可能性很大。

（2）正常施工期与受影响施工期比较法。

这种方法是分别计算出正常施工期内和受干扰时施工期内的平均劳动生产率，求出劳动生产率降低值，然后再求出索赔额。其计算公式为：

人工费索赔额 = 计划工时 × 劳动生产率降低值 × 相应人工单价

（3）用科学模型计量的方法。

利用科学模型来计量劳动生产率损失是一种较为可信的科学方法，它是根据对生产率损失的观察和分析，建立一定的数学模型，然后运用这种模型来进行生产率损失的计算。在运用这种计量模型时，要求承包商能在确认干扰事件发生后立即意识到为选用的计量模型记录和收集资料。有关生产率损失计量模型请参阅有关资料。

2. 材料费

材料费的索赔主要包括材料涨价费、额外工程材料使用费、额外新增材料使用费、已购材料处置损失费、材料破损消耗费等。

（1）材料涨价费。

由于建设工程项目的施工周期通常较长，在合同工期内，材料涨价、降价会经常发生。为了进行材料涨价的索赔，承包商必须出示原投标报价时的采购计划和材料单价分析表，并与实际采购计划、工期延期、变更等结合起来，以证明实际的材料购买确实滞后于计划时间，再加上出具有关订货单或涨价的价格指数、运费票据等，以证明材料价和运费确实已上涨。

（2）额外工程材料使用费。

主要表现为追加额外工作、工程变更、改变施工方法等。计算时根据增加或变更的工程量来确定材料的增加量。

（3）额外新增材料使用费。

工期的延误会造成材料采购不到位，不得不采用替代材料或进行设计变更时，由此增加的工程成本也可以列入材料费用索赔之中。另一种情况是材料的改变，新选定的材料与原设计的材料之间可能产生差价。

（4）已购材料处置损失费。

已购材料处置损失费是指由于工程变更、施工方法的改变等，按原施工计划采购的材料无法使用，处置后的费用与原采购费用之间的差额扣减处置过程中发生的必要费用。

（5）材料破损消耗费。

材料破损消耗费是指由于工期的延长，按合同计划到场的材料长时间停放造成的破损、消耗费用，计算时需要将实际的损耗率扣减正常的材料保管损耗率。如果材料的保管因为工期的延长需要采取额外的措施，需要计算措施投入的费用，这种情况下就不能再计算材料的上述损耗费用。

3. 施工机械费

机械费索赔包括增加台班量、机械闲置或工作效率降低、台班费率上涨等费用。台班费率按照相关定额和标准手册取值。对于工作效率降低，可参考劳动生产率降低的人工费索赔的计算方法。台班量的计算数据来自机械使用记录。对于租赁的机械，取费标准按租赁合同计算。

通常多采用以下方法计算施工机械的索赔费用：

（1）采用公布的行业标准的租赁费率。

承包人采用租赁费率是基于以下两种情况考虑：

1）如果承包人的自有设备不用于施工，他可将设备出租而获利；

2）虽然设备是承包人自有，但他在使用该设备时也会支出一笔费用，这笔费用应与租用某种设备所付出的代价相等。

因此在索赔计算中，施工机械的索赔费用的计算公式如下：

机械索赔费 = 设备额外增加工时（包括闲置）× 设备租赁费率

这种计算方法下，发包人往往会提出不同的意见，认为承包人不应得到使用租赁费率中所得的附加利润。因此，一般将租赁费率打特定折扣。

（2）参考定额标准进行计算。

在进行索赔计算中，采用标准定额的费率或单价是一种能为双方所接受的方法。对于工程师指令实施的计日工作，应采用计日工作表中的机械设备单价进行计算。对于租赁的设备，均采用租赁费率。在考察机械合理费用单价的组成时，可将其费用划分为两大部分，即不变费用和可变费用。其中折旧费、大修费、安拆场外运输费等，一般都是按年度分摊的，称为不变费用，是相对固定的，与设备的实际使用时间无直接关系；人工费、燃料动力费、轮胎磨损费等随设备实际使用时间的变化而变化，称为可变费用。在设备闲置时，除司机工资外，可变费用也不会发生。因此，在处理设备闲置时的单价时，一般都建议对设备标准费率中的不变费用和可变费用分别扣除25%和50%。

4. 管理费

管理费包括现场管理费（工地管理费）和总部管理费（公司管理费、上级管理费）两部分。

（1）现场管理费。

现场管理费是指具体在某项工程施工现场发生的间接费用，该项索赔费用应列入以下内容：额外新增工作雇用额外的工程管理人员费用，管理人员工作时间延长的费用，工程延长期的现场管理费，办公设施费，办公用品费，临时供热、供水及照明费，保险费，管理人员工资和有关福利待遇的提高费等。

现场管理费一般占工程直接成本的8%～15%。

现场管理费的索赔值计算公式如下：

现场管理费索赔值 = 索赔的直接成本费 × 现场管理费率

现场管理费率的确定可采用下面的方法：

1）合同百分比法：按合同中规定的现场管理费率。

2）行业平均水平法：采用公开认可的行业标准现场管理费率。

3）原始估价法：采用报价时使用的现场管理费率。

4）历史数据法：采用以往相似工程的现场管理费率。

（2）总部管理费。

总部管理费是属于承包商整个公司，而不能直接归于直接工程项目的管理费用。它包括总部办公大楼及办公用品费用、总部职工工资、投标组织管理费用、通信邮电费用、会计核算费用、广告及资助费用、差旅费等其他管理费用。总部管理费一般占工程成本的3%～10%。

总部管理费的索赔值用下列方法计算：

1）日费率分摊法（在延期索赔中采用），计算公式如下：

$$延期合同应分摊的管理费（A）=\frac{延期合同额}{同期公司所有合同额之和}\times 同期公司计划管理费总和$$

$$单位时间（日或周）管理费率（B）=\frac{A}{计划合同期（日或周）}$$

$$管理费索赔值（C）= B \times 延期时间（日或周）$$

2）总直接费分摊法（在工作范围变更索赔中采用），计算公式为：

$$被索赔合同应分摊的管理费（A_1）=\frac{被索赔合同原计划直接费}{同期公司所有合同直接费总和}\times 同期公司计划管理费总和$$

$$每元直接费包含管理费率（B_1）=\frac{A_1}{被索赔合同原计划直接费}$$

$$应索赔的总部管理费（C_1）= B_1 \times 工作范围变更索赔的直接费$$

3）分摊基础法。这种方法是将管理费支出按用途分成若干分项，并规定了相应的分摊基础，分别计算出各分项的管理费索赔额，加总后即为总部管理费总索赔额，其计算结果精确，但步骤烦琐，实践中应用较少，仅用于风险高的大型项目。表5-1列出了管理费各构成项目的分摊基础。

表5-1　管理费各构成项目的分摊基础

管理费分析	分摊基础
管理人员工资及有关费用	直接人工工时
固定资产使用费	总直接费
利息支出	总直接费
机械设备配件及各种供应	机械工作时间
材料的采购	直接材料费

按上述公式计算的管理费数额，可经发包人、工程师和承包人三方协商一致以后再具体确定，或者可以采用其他恰当的计算方法来确定。一般来说，管理费是相对固定的收入部分，若工期不延长或有所缩短，则对承包人更加有利；若工期不得不延长，就可以索赔延期管理费而作为一种补偿和收入。

5. 利润

利润是承包人的净收入，是施工的全部收入减去成本支出后的盈余。利润索赔包括额外工作应得的利润部分和由于发包人违约等造成的可能的利润损失部分。具体利润索赔主要发生在以下几个方面：

（1）合同及工程变更。此项利润索赔的计算直接与投标报价相关联。

（2）合同工期延长。延期利润损失是一种机会损失的补偿，具体数额可根据工程项目情况及机会损失多少而定。

（3）合同解除。该项索赔的计算比较灵活多变，主要取决于该工程项目的实际盈利性，以及解除合同时已完工作的付款数额。

6. 融资成本

融资成本又称资金成本，即取得和使用资金所付出的代价，其中最主要的是支付资金供应者的利息。

由于承包人只能在干扰事件处理完结以后的一段时间内才能得到其索赔费用，因此，承包人不得不从银行贷款或以自己的资金垫付，这就产生了融资成本问题，主要表现在额外贷款利息的支出和自有资金的机会损失。在以下几种情况下，可以进行利息索赔：

（1）业主推迟支付工程款和保留金，这种金额的利息通常以合同中约定的利率计算。

（2）承包人借款或动用自己的资金来弥补合法索赔事项所引起的现金流量缺口。

在这种情况下，可以参照有关金融机构的利率标准，或者假定把这些资金用于其他工程承包可得到的收益来计算索赔费用，后者实际上是机会利润损失。

从以上具体各项索赔费用的内容可以看出，引起索赔的原因和费用是多方面的和复杂的，在计算一项干扰事件的费用时，应该具体问题具体分析，并分别列出详细的费用开支和损失证明及单据，交由工程师审核和批准。

在处理干扰事件的过程中，往往由于承包人和工程师对索赔的看法、经验、计算方法等不同，双方所计算的索赔金额差距较大，这一点值得承包人注意。

一般来说，索赔得以成功的最重要依据在于合同条件的规定，如 FIDIC 合同条件（国际咨询工程师联合会编制的《土木工程施工合同条件》），对索赔的各种情况已做出了具体规定，比较好操作。

任务 4 工期索赔的计算

任务目标

- 掌握工期索赔的计算方法。
- 能够正确计算工期索赔费用。

5.4.1 工期索赔的目的

在工程施工中，常常会发生一些未能预见的干扰事件，使施工不能顺利进行，使预定的施工计划受到干扰，结果造成工期延长。

工期索赔就是取得发包人对于合理延长工期的合法性的确认。施工过程中，许多原因都可能导致工期拖延，但只有在某些情况下才能进行工期索赔（详见表 5-2）。

表 5-2 工期拖延与索赔处理

种类	责任方	处理方式
可原谅不补偿延期	责任不在任何一方，如不可抗力	工期索赔
可原谅应补偿延期	发包人违约，导致非关键线路上工期延期	费用索赔
	发包人违约，导致总工期延期	工期及费用索赔
不可原谅延期	承包人违约，导致整个工程延期	承包人承担一切损失责任

承包人进行工期索赔的目的通常有两个：

（1）免去或推卸自己对已经产生的工期延长的合同责任，使自己不支付或尽可能少支付工期延长的违约金。

（2）进行因工期延长而造成的费用损失的索赔。

对已经产生的工期延长，发包人通常采用两种解决办法：

（1）不采取加速措施，将合同工期顺延，工程施工仍按原定方案和计划实施。

（2）指令承包商采取加速措施，以全部或部分地弥补已经损失的工期。如果工期拖延责任不由承包商承担，发包人已认可承包商的工期索赔，则承包商还可以提出因采取加速措施而增加的费用的索赔。

5.4.2 工期延误的分类和识别

工程施工过程中发生的工期延误，按分类标准的不同分为以下几类。

1. 按工程延误原因分类

（1）因发包人及工程师原因引起的延误。

因发包人及工程师原因引起的延误一般可分为两种情况：第一种是发包人或工程师自身责任原因引起的延误，第二种是合同变更原因引起的延误。具体包括：

1）发包人拖延交付合格的施工现场。在工程项目前期准备阶段，由于发包人没有及时完成征地、拆迁、安置等方面的前期工作，或未能及时取得有关部门批准的开工许可或准建手续等，造成现场交付时间推迟，承包人不能及时进驻现场施工，从而导致工程拖期。

2）发包人拖延交付图纸。发包人未能按合同规定的时间和数量向承包商提供施工图纸，尤其是目前国内较多的边设计边施工的项目，从而引起工期索赔。

3）发包人或工程师拖延审批图纸、施工方案、计划等。

4）发包人拖延支付预付款或工程款。

5）发包人指定的分包商违约或延误。

6）发包人未能及时提供合同规定的材料或设备。

7）发包人拖延关键线路上工序的验收时间，造成承包人下道工序施工延误。

8）发包人或工程师发布指令延误，或发布的指令打乱了承包人的施工计划。

9）发包人提供的设计数据或工程数据延误。

10）因发包人原因暂停施工导致的延误。

11）发包人设计变更或要求修改图纸，导致工程量增加。

12）发包人对工程质量的要求超出原合同的规定。

13）发包人要求增加额外工程。

14）发包人的其他变更指令导致工期延长等。

（2）因承包人原因引起的延误。

因承包人原因引起的延误一般是指承包人内部计划不周、组织协调不力、指挥管理不当等引起的延误，具体包括：

1）施工组织不当，如出现窝工或停工待料现象。

2）质量不符合合同要求而造成的返工。

3）资源配置不足，如劳动力不足、机械设备不足或不配套、技术力量薄弱、管理水平低、缺乏流动资金等造成的延误。

4）开工延误。

5）劳动生产率低导致的延误。

6）承包人雇用的分包商或供应商引起的延误等。

显然上述延误难以得到发包人的谅解，也不可能得到发包人或工程师给予延长工期的补偿。承包人若想避免或减少工程延误的罚款及由此产生的损失，只有通过加强内部管理，或增加投入，或采取加速施工的措施来解决。

（3）不可控制因素导致的延误。

1）不可抗拒的自然灾害导致的延误。

2）特殊风险如战争、叛乱等造成的延误。

3）不利的施工条件或外界障碍引起的延误等。

2. 按工程延误的可能结果分类

（1）可索赔延误。

可索赔延误是指非承包商原因引起的工程延误，包括发包人或工程师的原因和双方不可控制的因素引起的索赔，并且该延误工序或作业一般在关键线路上。这类延误属于可索赔延误，承包人可提出补偿要求，发包人应给予相应的合理补偿。

根据补偿内容的不同，可索赔延误可进一步分为以下三种情况：

1）只可索赔工期的延误。

这类延误是由发包人、承包人双方都不可预料、无法控制的原因造成的延误，如不可抗力、异常恶劣的气候条件、特殊社会事件等原因引起的延误。对于这类延误，一般合同规定，发包人只给予承包商延长工期，不给予费用损失的补偿。

2）可索赔工期和费用的延误。

这类延误主要是由于发包人或工程师的原因而直接造成工期延误并导致经济损失。一般而言，造成这类延误的活动应在关键线路上。

在这种情况下，承包人不仅有权向发包人索赔工期补偿，而且有权要求发包人补偿因延误而发生的、与延误时间相关的费用损失。

3）只可索赔费用的延误。

这类延误是指由于发包人或工程师的原因引起的延误，但发生延误的活动对总工期没有影响，而承包人却由于该项延误负担了额外的费用损失。在这种情况下，承包人不能要求延长工期，但可要求发包人补偿费用损失，前提是承包人必须能证明其受到了损失或发生了额外费用，如因延误造成的人工费增加、材料费增加、劳动生产率降低等。

在正常情况下，对于可索赔延误，承包人首先应得到工期延长的补偿。但在工程实践中，由于发包人对工期要求的特殊性，对于即使因发包人原因造成的延误，发包人也不批准任何工期的延长，即发包人愿意承担工期延误的责任，却不希望延长总工期。发包人的这种做法实质上是要求承包人加速施工。由于加速施工所采取的各种措施而多支出的费用，也是承包人提出费用补偿的依据。

（2）不可索赔延误。

不可索赔延误是指因承包人原因引起的延误，在这种情况下，承包人不应向发包人提出任何索赔，发包人也不会给予工期或费用的补偿。

3. 按延误事件之间的时间关联性分类

（1）单一延误。

在某一延误事件从发生到终止的时间间隔内，没有其他延误事件的发生，该延误事件引起的延误称为单一延误。

（2）共同延误。

当两个或两个以上的延误事件从发生到终止的时间完全相同时，这些事件引起的延误称为共同延误。共同延误的补偿分析比单一延误要复杂些。需要特别说明的是，在发包人引起的或双方不可控制因素引起的延误与承包人原因引起的延误同时发生时，即可索赔延误与不可索赔延误同时发生时，可索赔延误就变成不可索赔延误，这是索赔的惯例之一。

（3）交叉索赔。

当两个或两个以上的延误事件从发生到终止只有部分时间重合时，称为交叉延误。由于工程项目是一个复杂的系统工程，影响因素众多，常常会出现多种原因引起的延误交织在一起，这种交叉延误的补偿分析比较复杂。比较共同延误和交叉延误，不难看出，共同延误是交叉延误的一种特殊情况。

4. 按延误发生的时间分布分类

（1）关键线路延误。

关键线路延误是指发生在工程网络计划关键线路上的延误。由于在关键线路上全部工序的总持续时间即为总工期，任何工序的延误都会造成总工期的推迟，因此，非承包人原因引起的关键线路延误，必定是可索赔延误。

（2）非关键线路延误。

非关键线路延误是指在工程网络计划中非关键线路上的延误。由于非关键线路上的工序可能存在机动时间，因而当非承包人原因发生非关键线路延误时，会出现两种可能：

1）延误时间少于该工序的机动时间。在此种情况下，所发生的延误不会导致整个工程的工期延误，因而发包人一般不会给予工期补偿。但若因延误发生额外开支时，承包人可以提出费用补偿要求。

2）延误时间多于该工序的机动时间。此时，非关键线路上的延误会全部或部分转化为关键线路延误，从而成为可索赔延误。

5.4.3 工期索赔的原则

1. 工期索赔的一般原则

工期延误的影响因素可以归纳为两大类：第一类是合同双方均无过错的原因或因素而引起的延误，主要指不可抗力和恶劣气候条件等；第二类是由于发包人或工程师原因造成的延误。

一般来讲，根据工程惯例，对于第一类原因造成的工程延误，承包人只能要求延长工期，很难或不能要求发包人赔偿损失。而对于第二类原因，假如发包人的延误已影响了关键线路上的工作，承包人既可要求延长工期，又可要求相应的费用赔偿；如果发包人的延误仅影响非关键线路上的工作，且延误后的工作仍属非关键线路，而承包人能证明因此造成如劳动窝工、机械停滞费用等引起的损失或额外开支，则承包人不能要求延长工期，但有可能要求费用赔偿。

2. 交叉延误的处理原则

交叉延误的处理可能会出现以下几种情况：

（1）在初始延误是由承包人原因造成的情况下，任何非承包人原因的延误都不会对最初的延误性质产生影响，直到承包人的延误缘由和影响已不复存在。因而在该延误时间内，发包人原因引起的延误和双方不可控制因素引起的延误均为不可索赔延误。

（2）如果在承包人的初始延误已解除后，因发包人原因的延误或双方不可控制因素造成的延误依然在起作用，那么承包人可以对超出部分的时间进行索赔。

（3）如果初始延误是由发包人或工程师的原因引起的，那么其后由承包人造成的延误将不会使发包人摆脱（有时或许可以减轻）其责任。此时承包人将有权获得从发包人的延误开始到延误结束期间的工期延长及相应的合理费用补偿。

（4）如果初始延误是由双方不可控制因素引起的，那么在该延误时间内，承包人只能索赔工期，而不能索赔费用。

5.4.4 工期索赔的依据

工期索赔的依据主要有以下几点：

（1）合同规定的总工期计划。

（2）合同签订后由承包人提交并经过工程师同意的详细的进度计划。

（3）合同双方共同认可的对工期的修改文件，如会谈纪要、来往信件等。

（4）发包人或工程师和承包人共同商定的月进度计划及其调整计划。

（5）影响工期的干扰事件，如业主或工程师的变更指令、气象资料等。

（6）受干扰后实际工程进度，如施工日记、工程进度表、进度报告等。

承包商在每个月月底以及在干扰事件发生时都应对比分析上述资料，以发现工期拖延以及拖延原因，提出有说服力的索赔要求。

5.4.5 工期索赔的方法

1. 直接法

如果某干扰事件直接发生在关键线路上，造成总工期的延误，可以直接将该干扰事件的实际干扰时间（延误时间）作为工期索赔值。

2. 比例计算法

如果某干扰事件仅仅影响某单项工程、单位工程或分部分项工程的工期，要分析其对总工期的影响，可以采用比例计算法。

（1）已知受干扰部分工程的延期时间：

$$工期索赔值 = 受干扰部分工期拖延时间 \times \frac{受干扰部分工程的合同价格}{原合同总价}$$

（2）已知额外增加工程量的价格：

$$工期索赔值 = 原合同总工期 \times \frac{额外增加的工程量的价格}{原合同总价}$$

虽然比例计算法简单方便，但有时不符合实际情况，而且比例计算法不适用于变更施工顺序、加速施工、删减工程量等事件的索赔。

3. 网络图分析法

网络图分析法是利用进度计划的网络图，分析其关键线路。如果延误的工作为关键工作，则延误的时间为索赔的工期；如果延误的工作为非关键工作，当该工作由于延误超过时差限制而成为关键工作时，可以索赔延误时间与时差的差值；若该工作延误后仍为非关键工作，则不存在工期索赔问题。

该方法通过分析干扰事件发生前和发生后网络计划的工期之差来计算工期索赔值，可以用于各种干扰事件和多种干扰事件共同作用所引起的工期索赔。

任务 5 索赔的工作管理

任务目标

- 掌握承包人索赔的策略及特点。
- 遵守索赔工作中的工程伦理。

承包人施工索赔是利用经济杠杆进行施工项目管理的有效手段。随着我国建筑市场体系的建立和完善，施工索赔管理将成为施工项目管理中越来越重要的问题，对承包人来说，施工索赔管理水平的高低，将成为反映其施工项目管理水平的重要标志。

5.5.1 承包方索赔的策略

索赔工作既有科学严谨的一面，又有灵活的一面。对于一个确定的干扰事件往往没有预定的、确定的结果，它往往受制于双方签订的合同文件、各自的工程管理水平和索赔能力，以及处理问题的公正性、合理性等因素。因此，成功索赔不仅需要令人信服的法律依据、充足的理由和正确的计算方法，索赔的策略、技巧和艺术也相当重要。如何看待和对待索赔，实际上是经营战略问题，是承包人对利益、关系、信誉等方面的综合权衡。承包人应防止两种极端倾向：

（1）只讲关系、义气和情意，忽视应有的合理索赔，致使企业遭受不应有的经济损失。

（2）不顾关系，斤斤计较，过分注重索赔，缺乏长远的战略目光，以致影响合同关系、企业信誉和长远利益。

索赔成功的首要条件是建好工程。只有建好工程，才能赢得业主和监理工程师在索赔问题上的合作态度，才能使承包商在索赔争端的调解和仲裁中处于有利的位置。因此，必须把建好合同项目、认真履行合同义务放在首要的位置上。索赔的战略和策略研究，针对不同的情况，有不同的侧重点。

1. 确定索赔目标

承包人的索赔目标是指承包商对索赔的基本要求，对要达到的目标进行分解，按难易程度排序，并大致分析它们各自实现的可能性，从而确定最低、最高目标。分析实现目标的风险状况，如能否在索赔有效期内及时提出索赔；能否按期完成合同规定的工程量，按期交付工程；能否保证工程质量；等等。总之，要注意对发包人反索赔风险的防范，否则会影响索赔目标的实现。

2. 着眼于重大索赔和实际损失

着眼于重大索赔，主要是指集中精力抓住干扰事件中对工程影响程度大、索赔额高的事件提出索赔，相对于重大索赔的小项索赔，可采用灵活的方式处理。如在索赔谈判时将小项索赔作为让步，承包人这种自愿让步，往往也会引导发包人“不宜过分计较”的心态，从而获得重大索赔的成功。

着眼于实际损失，是指计算索赔额要实事求是，不宜弄虚作假。因为一个干扰事件发生后，对工程能造成多大的影响，对承、发包双方来说并非深不可测、难以掌握的事实，这也是双方友好协商处理索赔问题的条件之一。

3. 遵守诚信原则，考虑双方利益

施工合同的签订，本身就是承、发包双方互相信任的结果，施工合同的履行也要求双

方能够按照诚信原则实事求是地处理可预见或不可预见的问题。因此，承、发包双方对合同中的内容表达，不能以疏忽作为借口进行辩解。但由于事实上的施工合同文件不可能对任何情况都预先做出详细规定，也不可能没有缺陷，在工作中遇到合同对某些问题没有做出规定或规定不明确的情况时，双方应遵守诚信原则，考虑双方利益，找出双方都能接受的公平合理的解决方案，使双方继续顺利地合作下去。在友好、和谐、互相信赖的合作气氛中，不仅施工合同能够顺利履行，而且承包人提出的索赔要求，也容易被发包人认可。

4. 对被索赔方的分析

分析对方的兴趣和利益所在，要让索赔在友好、和谐的气氛中进行。处理好单项索赔和一揽子索赔的关系，对于理由充分而重要的单项索赔应力争尽早解决，对于发包人坚持后拖解决的索赔，要按发包人意见认真准备有关资料，为一揽子解决准备充分的材料。要分析对方的利益及底线，承包人在不过多损害自身利益的情况下做适当让步，打破问题的僵局。在责任分析和法律分析方面要适当，在对方愿意接受索赔的情况下，有理有节，促使双方尽快达成共识。

5. 承包商的经营战略分析

承包商的经营战略直接制约着索赔的策略和计划。在分析发包人情况和工程所在地情况后，承包商应考虑有无可能与发包人继续进行新的合作，是否在当地继续扩展业务，承包人与发包人之间的关系对在当地开展业务有何影响等。这些问题决定着承包人的整个索赔要求和解决的方法。

6. 对外关系分析

通过工程师、设计单位、发包人的上级主管部门对发包人施加影响，往往比与发包人直接谈判更有效。承包人要与这些单位搞好关系，取得它们的支持，利用它们同发包人的微妙关系从中斡旋、调停等，能使索赔达到十分理想的效果。

7. 谈判过程分析

索赔一般都在谈判桌上最终解决，索赔谈判是合同双方面对面的较量，是索赔能否取得成功的关键。一切索赔的计划和策略都要在谈判桌上体现和接受检验，因此，在谈判之前要做好充分准备，对谈判的可能过程要做好分析。因为索赔谈判是承包人要求发包人承认自己的索赔，承包人处于很不利的地位，谈判应从发包人关心的议题入手，从发包人感兴趣的问题开谈，稳扎稳打，并始终注意保持友好和谐的谈判气氛。

5.5.2 承包人索赔管理的特点

1. 索赔工作贯穿工程项目始终

合同当事人要做好索赔工作，必须从签订合同起，直至执行合同的全过程中，认真采取预防保护措施，建立健全索赔业务的各项管理制度。

2. 索赔是多学科的综合学问和艺术

索赔问题涉及的层面相当广泛，既要求索赔人员具备丰富的工程技术知识与实际施工经验，使得索赔问题的提出具有科学性和合理性，符合工程实际情况，又要求索赔人员通晓法律、合同、工程预结算等方面的知识，使得提出的索赔具有法律依据和事实证据，并且还要求在索赔文件的准备、编制和谈判等方面具有一定的艺术性，使索赔的最终解决在一定程度上具有伸缩性和灵活性。这就对索赔人员的素质提出了很高的要求，他们的个人品格和才能对索赔成功与否的影响很大。索赔人员应当是头脑冷静、思维敏捷、处事公正、性格刚毅且有耐心，并具有以上多种才能的综合人才。

5.5.3 索赔管理中的工程伦理

1. 工程伦理的原则

工程索赔中的工程伦理涉及在索赔过程中遵循的道德原则和行为规范，确保工程师和相关方在提出和处理索赔时的公正性、透明性和专业性。工程索赔中的工程伦理是确保索赔过程公正、公平、透明和专业的重要保障。工程师和相关方应严格遵守工程伦理原则，确保索赔的合理性和合法性，维护各方的合法权益。以下是工程索赔中工程伦理的具体体现和关键原则：

（1）诚实与诚信。工程师和相关方应如实报告索赔事项，提供真实的证据和数据，不能捏造或夸大索赔内容。

（2）公正与公平。索赔应基于合同条款和实际发生的情况，确保索赔金额和工期的合理性和公平性，不偏袒任何一方。

（3）专业能力和责任。工程师应具备足够的专业知识和技能，确保索赔报告的准确性和完整性，并对其结果负责。

（4）透明与沟通。索赔过程应透明公开，确保各方及时沟通和理解，避免信息不对称导致的不必要争议。

（5）遵守合同和法律法规。索赔应严格按照合同条款和相关法律法规进行，确保其合法性和合规性。

（6）避免利益冲突。工程师应避免与任何利益相关方产生利益冲突，确保索赔工作的独立性和客观性。

2. 工程伦理的实践

工程师在工程索赔过程中，应进行合理的索赔。任何隐瞒事实、虚假索赔都将影响工程师的职业声誉。通过严格的伦理实践，工程师不仅能够提升自身的专业信誉和职业道德水平，还能为工程行业树立良好的典范，推动行业健康发展。

（1）详细记录和证据收集。工程师应对索赔事项进行详细记录，并收集相关证据，如施工日志、现场照片、合同文件等，确保索赔的真实性和准确性。

（2）及时提出索赔。工程师应在索赔事件发生后尽快通知相关方，并在合理时间内提出正式索赔，避免因延误导致的问题复杂化。

（3）合理计算索赔金额。工程师应根据实际发生的费用和工期进行合理计算，不得夸大或低估索赔金额，确保索赔的公正性。

（4）协商与调解。工程师应积极参与协商和调解，尽量通过和平方式解决索赔争议，避免诉讼等极端手段。

（5）遵守合同条款。工程师在处理索赔时，应严格按照合同中的相关条款和规定进行，确保索赔工作的合法性。

5.5.4 索赔管理的工作内容

1. 基础工作的管理

（1）合同管理。

施工索赔和合同管理有直接的联系，施工合同是索赔的依据，整个施工索赔处理的过程是履行合同的过程。所以，工程实践中常称施工索赔为合同索赔。

1）合同的签订。

在工程项目的招标、投标和合同签订阶段，承包商应仔细研究工程所在地的法律、法规及合同条件，特别是关于合同范围、义务、付款、工程变更、违约及罚款、特殊风险、索赔时限和争议解决等条款，必须在合同中明确规定当事人各方的权利和义务，以便为将来可能的索赔提供合法的依据和基础。

2）合同的交底。

合同签订后，项目开始施工时，需要对项目全体员工进行合同交底。承包商合同管理人员在对合同的主要内容做出解释和说明的基础上，通过组织项目管理人员和各系统小组负责人学习合同条款和合同总体分析结果，一方面了解承包人的合同责任和工程范围、各种行为的法律后果等，使大家都树立责任观念，避免在执行中因违约行为而造成发包方的反索赔；另一方面了解发包人的合同责任、义务等，以便在施工过程中及时发现可以索赔的干扰事件，并提供给相关的索赔管理人员。

3）合同的实施。

在合同执行阶段，合同当事人应密切关注对方的合同履行情况，不断地寻求索赔机会；同时自身应严格履行合同义务，防止被对方索赔。

（2）计划管理。

计划管理一般涉及项目的实施方案、进度安排、施工顺序、劳动力、机械设备及材料的使用及安排。而索赔必须分析在施工过程中实际实施的计划与原计划的偏离程度。比如，工期索赔就必须通过项目的实际进度与原计划的关键路线分析比较才能成功，费用索赔往往也是基于这种比较分析。

（3）成本管理。

承包人在投标报价中最重要的工作是计算工程成本。承包人应按招标文件规定的工程量和责任、给定的投标条件，以及项目的自然、经济环境做出成本估算。

在施工合同履行中，如果当初的这些条件和环境的变化，使承包人的实际工程成本增加，承包人要挽回这些实际工程成本的损失，只有通过索赔这种合法的手段才能做到。施工索赔以赔偿实际损失为原则，这就要求有可靠的工程成本计算的依据。

所以，要搞好施工索赔，承包人必须建立完整的成本核算体系，及时、准确地提供整个工程以及分项工程的成本核算资料，索赔计算才有据可依。因此，索赔又能促进工程成本的分析和管理，以便确定挽回损失的数量。

（4）信息与资料的管理。

索赔的证据主要来源于施工过程中的信息和资料。承包人只有平时经常注意这些信息资料的收集、整理和积累，并视资料的性质分别存档及备份，才能在干扰事件发生时，快速地调出真实、准确、全面、有说服力、具有法律效力的索赔证据。

1）索赔证据的分类。

a. 索赔证据按用途可分为以下几类：一是证明干扰事件存在和事件经过的证据，如来往信件、会议纪要、发包人指令等；二是证明干扰事件责任和影响的证据，如施工日志等；三是证明索赔理由的证据，如合同文件、备忘录等；四是证明索赔值的计算基础和计算过程的证据，如各种账单、记工单、工程成本报表等。

b. 索赔证据按形式性质分为以下几类：一是施工记录方面，如施工日志、施工检查员的报告、逐月分项施工纪要、施工工长的日报、每日工时记录、同发包人代表的往来信函及文件、施工进度及特殊问题的照片或录像带、会议记录或纪要、施工图纸、发包人或其代表的电话记录、投标时的施工计划、修正后的施工计划、施工质量检查记录、施工设备使用记录、施工材料使用记录、气象资料、验收报告和技术鉴定报告；二是财务记录方面，如施工进度款支付申请单，工人劳动计时卡，工人分布记录，材料、设备、配件等的采购单，工人工资单，付款收据，收款单据，标书中财务部分的章节，工地的施工预算，工地开支报告，会计日报表，会计总账，批准的财务报告，会计往来信函，通用货币汇率变化表，官方的物价指数、工资指数。

2）有效索赔证据的特征。

在合同实施过程中，资料很多、面很广，因而在索赔中要考虑发包人、工程师甚至仲裁人需要哪些证据及哪些证据最能说明问题、最有说服力等，这需要索赔管理人员有较丰富的索赔工作经验。有效的索赔证据是成功地解决索赔争端的有利条件。

有效的索赔证据一般都具有以下几个特征：

a. 及时性。既然干扰事件已发生，又意识到需要索赔，就应在有效时间内提出索赔意向。在规定的时间内报告事件的发展影响情况，在规定时间内提交索赔的详细额外费用计算书，对发包人或工程师提出的疑问及时补充有关材料。如果拖延太久，将增加索赔工作的难度。

b. 真实性。索赔证据必须是在实际施工过程中产生的，完全反映实际情况，能经得住对方的文件或资料的推敲。由于在施工过程中合同双方都在进行合同管理，收集工程资料，因此双方应有相同的证据。即使对某一细节问题存在记录不明确的情况，也应同对方协商求得共识，使用不实或虚假的证据是违反商业道德甚至法律的行为。

c. 全面性。所提供的证据应能说明事件的全过程。索赔报告中所涉及的干扰事件、索赔理由、影响、索赔值等都应有相应的证据，不能凌乱和支离破碎，否则发包人将退回索赔报告，要求重新补充证据。这会拖延索赔的解决时间，损害承包商在索赔中的有利地位。

d. 法律证明效力。索赔证据必须有法律证明效力，尤其对准备提交仲裁的索赔报告更要注意这一点。法律证明应注意以下几方面：一是证据必须是书面文件，一切口头承诺、口头协议都不具有法律效力。二是合同变更协议必须由双方签署，或以会谈纪要的形式确定，且为决定性决议。一切商讨性、意向性的意见或建议都不具有法律效力，单方面地对合同提出的修改、建议也同样不具备法律效力。三是所提供的证据必须符合国家法律的规定。如果双方所签订的协议、协议变更、会谈纪要的关键内容不符合法律规定，即使有双方签字认可，也不具有法律效力。

2. 干扰事件的影响分析

任何工程中，干扰事件都是不可避免的，关键是承包人能否及时发现并抓住索赔机会。承包人应对索赔机会有敏锐地判断，通过对合同实施过程进行监督、跟踪、分析和诊断，寻找和发现索赔机会。一旦发现索赔机会，应迅速做出反应，进入索赔处理过程。在这个过程中有大量的、具体的、细致的索赔管理工作和业务。

干扰事件直接影响的是承包人的施工过程。干扰事件造成施工方案，工程施工进度，劳动力、材料、机械的使用和各种费用支出的变化，最终表现为工期的延长和费用的增加。所以干扰事件对承包商施工过程的影响分析，是索赔值计算的前提。只有分析准确、透彻，索赔值计算才能正确、合理。

（1）分析基础。

干扰事件影响的分析基础有两个：

1）干扰事件的实情，即事实根据。承包人提出索赔的干扰事件必须符合两个条件：

a. 该干扰事件确实存在，而且事件的经过有详细的、具有法律证明效力的书面证据。不真实、不肯定、没有证据或证据不足的事件是不能提出索赔的。在索赔报告中必须详细地叙述事件的前因后果，并附相应的各种证据。

b. 干扰事件非承包人的责任，即干扰事件的发生不是由承包人引起的，或承包人对此没有责任。对在工程中因承包人自身或其分包商等管理不善、错误决策、施工技术和施工组织失误、能力不足等原因造成的损失，应由承包人承担。

所以在干扰事件影响的分析中应将双方的责任区分开来。

2）合同背景。

合同中对索赔有专门的规定，这首先必须落实在计算中。主要包括：

a. 合同价格的调整条件和方法。

b. 工程变更的补偿条件和补偿计算方法。

c. 附加工程的价格确定方法。

d. 发包人的合同责任和工期补偿条件等。

（2）分析方法。

在实际工程中，干扰事件的原因比较复杂，许多因素甚至许多干扰事件搅在一起，常常双方都有责任，难以具体分清。通常可以从如下三种状态的分析入手，分清各方的责任，分析各干扰事件的实际影响，从而准确地计算索赔值：

1）合同状态分析。

这里不考虑任何干扰事件的影响，仅对合同签订的情况做重新分析。

a. 合同状态及分析基础。从总体上说，合同状态分析是重新分析合同签订时的合同条件、工程环境、实施方案和价格等。其分析基础为招标文件和各种报价文件，包括合同条件、合同规定的工程范围、工程量表、施工图纸、工程说明、规范、总工期、双方认可的施工方案和施工进度计划、合同报价的价格水平等。

在工程施工中，由于干扰事件的发生，造成合同状态其他几个方面：合同条件、工程环境、实施方案等的变化，原合同状态被打破，这是干扰事件影响的结果，就应按合同的规定，重新确定合同工期和价格。新的工期和价格必须在合同状态的基础上分析计算。

b. 分析的内容和次序。合同状态分析的内容和次序为：各分项工程的工程量；按劳动组合确定人工费单价；按材料采购价格、运输、关税、损耗等确定材料单价；确定机械台班单价；按生产效率和工程量确定总劳动力用量和总人工费；列各事件表，进行网络计划分析，确定具体的施工进度和工期；劳动力需求曲线和最高需求量；工地管理人员安排计划和费用；材料使用计划和费用；机械使用计划和费用；各种附加费用；各分项工程单价、报价；工程总报价；等等。

c. 分析的结论。

合同状态分析确定的是：如果合同条件、工程环境、实施方案等没有发生变化，则承包人应在合同工期内，按合同规定的要求完成工程施工，并得到相应的合同价格。

合同状态的计算方法和计算基础是极为重要的，它直接制约着后面所述的两种状态的分析计算。它的计算结果是计算索赔值的基础。在实际工作中，人们往往仅以实际生产值、生产效率、工资水平和费用支出作为索赔值的计算基础，以为这就是索赔实际损失原则，这是一种误解。这样做常常会过高地计算了赔偿值，从而导致整个索赔报告被对方否定。

2）可能状态分析。

合同状态仅为计划状态或理想状态。在任何工程中，干扰事件是不可避免的，所以合同状态很难保持。要分析干扰事件对施工过程的影响，必须在合同状态的基础上加上对干扰事件的分析。为了区分各方面的责任，干扰事件必须为非承包人因自己的责任引起，而且不在合同规定的承包人应承担的风险范围之内，这样才符合合同规定的赔偿条件。

仍然引用上述合同状态的分析方法和分析过程，再一次进行工程量核算、网络计划分析，确定这种状态下的劳动力、管理人员、机械设备、材料、工地临时设施和各种附加费用的需求量，最终得到这种状态下的工期和费用。这种状态实质上仍为一种计划状态，是合同状态在受外界干扰后的可能情况，所以被称为可能状态。

3）实际状态分析。

按照实际的工程量、生产效率、人力安排、价格水平、施工方案和施工进度安排等确定实际的工期和费用。这种分析以承包人的实际工程资料为依据。

比较上述三种状态的分析结果，可以看到：

第一，实际状态和合同状态结果之差即为工期的实际延长和成本的实际增加量。这里包括所有因素的影响，如发包人责任、承包人责任、其他外界干扰等。

第二，可能状态和合同状态结果之差即为按合同规定承包人真正有理由提出工期和费用赔偿的部分。它直接可以作为工期和费用的索赔值。

第三，实际状态和可能状态结果之差为承包人自身责任造成的损失和合同规定的承包人应承担的风险。它应由承包人承担，得不到补偿。

（3）分析注意事项。

1）索赔处理方法不同，分析的对象也会有所不同。在日常的单项索赔中仅需分析与该干扰事件相关的分部分项工程或单位工程的各种状态；而在一揽子索赔中，必须分析整个工程项目的各种状态。

2）三种状态的分析必须采用相同的分析对象、分析方法、分析过程和分析结果表达形式，如相同格式的表格，从而便于分析结果的对比、索赔值的计算、对方对索赔报告的审查分析等。

3）分析要详细，能分出各干扰事件、各费用项目、各工程活动，这样使采用分项法计算索赔值更方便。

4）在实际工程中，不同种类、不同责任人、不同性质的干扰事件常常搅在一起，互相影响，分析起来不仅困难重重，还会给合同双方带来争执，因此，要准确地计算索赔值，必须将它们的影响区别开来，由合同双方分别承担责任。特别要注意各干扰事件的发生和影响之间的逻辑关系，即先后顺序关系和因果关系。这样干扰事件的影响分析和索赔值的计算才是合理的。

3. 索赔工作组织机构

（1）常设索赔信息小组。

1）索赔信息小组设立的意义。

一般干扰事件的单项索赔作为一项日常的合同管理业务，由合同管理人员在商务经理的领导下于项目实施过程中处理。但由于索赔的机会存在于工程施工的所有环节，每一个独立的干扰事件会因此被相关的职能部门首先获知，为了快速地对干扰事件进行判断、评估、处理，将干扰事件及时反馈到商务部门是至关重要的。同时由于索赔是一项复杂细致的工作，索赔的证据涉及面广，这都需要项目各职能人员的有效配合。为建立起快速、有效的应对机制，需要在施工伊始就成立索赔信息小组，负责反馈干扰事件的信息并收集相关证据。

2）索赔信息小组的组成。

索赔信息小组是跨越各职能部门的常设虚拟组织，小组的组长由商务经理担任，各职能部门派一名代表，对于特大型工程或设有多个栋号的项目，工程部门派多名工程师参加，原则上为每个栋号一名。

3）索赔信息小组的工作。

a. 学习合同相关知识，各小组成员需掌握各自职能部门的责任中可能存在的索赔机会。掌握索赔的基本知识，比如索赔的特点、要求及索赔证据等。

b. 发生干扰事件、突发事件时应立即通知商务人员，其余事件应在 4 小时内填写“索赔干扰事件信息单”（见表 5–3）送交商务人员，并收集相关证据，配合商务人员进行索赔工作的实施。

表 5–3　索赔干扰事件信息单

填写时间：	编号：（由商务人员统一填写）
索赔干扰事件描述： 填写人：	
商务人员意见： 填写人：	
商务经理意见：	
是否形成索赔：	
若形成正式索赔 索赔单编号： 上报日期： 业主审批回复时间：	

（2）对重大索赔或一揽子索赔必须成立专项的索赔小组，由它负责具体的索赔处理工作和谈判。索赔小组的工作对索赔成败起关键作用，索赔小组应及早成立并进入工作状

态，因为它要熟悉合同签订和实施的全部过程及各方面资料。对于一个复杂的工程，合同文件和各种工程资料繁多，研究和分析要花费许多时间，不能到谈判时才拼凑人手。索赔小组作为一个有机整体，需要全面的知识、能力和经验。

1）具备法律方面的知识。必要时要向法律专家咨询，或直接聘请法律专家参与索赔小组的工作。即使是一些专门的咨询公司或索赔公司，在索赔处理中遇到重大的合同问题时也要向法律专家咨询或邀请他们参与鉴定。

2）掌握合同知识。具备合同管理方面的经历和经验，特别应参与该工程合同谈判和合同实施过程，熟悉该工程合同条款内容和工程过程中的各个细节问题，了解实际情况。

3）现场施工和组织计划安排方面的知识、能力和经验。能进行实际施工过程的网络计划编制和关键线路分析、计划网络和实际网络的对比分析。应参与本工程的施工计划的编制和实际施工管理工作。

4）工程成本和核算方面的知识、能力和经验。参与该工程报价、预结算、工程计划成本的编制。掌握该工程计价原则，熟悉工程成本核算方法。

5）其他方面。如索赔的计划和组织能力、合同谈判能力、经历和经验、写作能力和语言表达能力、外语水平等。

通常索赔小组由组长（一般由工程项目经理担任）、商务经理、法律专家或索赔专家、估算师、会计师、工程师及技术员等组成。而项目的其他职能人员、总部的各职能部门则提供信息资料，予以积极的配合，以保证索赔的圆满成功。

索赔是一项非常复杂的工作。索赔小组人员必须保证忠诚，它是取得索赔成功的前提条件。主要表现在如下几个方面：

1）全面领会和贯彻执行总部的索赔策略。索赔是企业经营战略的一部分，承包人不仅要取得索赔的成功，获得利益，而且要维护好合同双方的关系，不损害企业信誉，为将来进一步合作创造条件。在索赔中必须防止索赔小组成员好大喜功，为了自己的业务工作成果而片面追求索赔额。

2）索赔小组应努力争取索赔的成功。在索赔中充分发挥每个人的工作能力和工作积极性，为企业追回损失，增加盈利。

3）加强索赔过程中的保密工作。承包人所确定的索赔策略、总计划和总要求、具体谈判过程中的内部讨论结果、问题的对策等都应绝对保密。特别是索赔策略和谈判过程中的一些进展和计划，作为企业的绝密文件，不仅在索赔中，而且在索赔后也要保密，这不仅关系到索赔的成败，而且影响到企业的声誉，影响到企业将来的经营。

4）要取得索赔的成功，必须经过索赔小组认真细致的工作，不仅要在大量复杂的合同文件、各种实际工程资料、财务会计资料中分析研究索赔机会、索赔理由和证据，不放弃任何机会，不遗漏任何线索，而且要在索赔谈判中耐心说服对方。在国际工程中，一个稍微复杂的索赔谈判能经历几个、十几个，甚至几十个回合，历经几年时间。索赔小组如果没有锲而不舍的精神，是很难达到索赔目标的。

5）对复杂的合同争执必须有详细的计划安排，否则很难达到目的。

任务 6 反索赔的工作内容

任务目标

- 掌握反索赔工作的概念及步骤。

5.6.1 反索赔的特点及作用

1. 反索赔的概念

按《民法典》“合同编”和《建设工程施工合同（示范文本）》通用条款的有关规定，索赔应是双方面的。在工程项目中，发包人与承包人之间、总承包商和分包商之间、合伙人之间、承包商与材料和设备供应商之间都有双向的索赔与反索赔。例如承包商向发包人提出索赔，则发包人反索赔；同时发包人又可能向承包商提出索赔，则承包商必须反索赔。工程师一方面通过细致的工作防止干扰事件的发生，另一方面又必须妥善地解决合同双方的各种索赔与反索赔问题。按照通常的习惯，我们把追回自方损失的手段称为索赔，把防止和减少对方向己方提出索赔的手段称为反索赔。

索赔和反索赔是进攻和防守的关系。在合同实施过程中，合同双方都在进行合同研究，都在寻找索赔机会，干扰事件一经发生，都企图推掉自己的合同责任，进行索赔，不能开展有效的反索赔工作，同样要蒙受损失，所以反索赔和索赔具有同等重要的地位。

2. 反索赔的种类及内容

依据工程承包的惯例和实践，常见的发包人反索赔及具体内容主要有以下六种：

（1）工程质量缺陷反索赔。

对于工程承包合同，都严格规定了工程质量标准，有严格细致的技术规范和要求。

因为工程质量的好坏直接与发包人的利益和工程的效益紧密相关。发包人只承担直接负责设计所造成的质量问题，工程师虽然对承包商的设计、施工方法、施工工艺工序以及对材料进行过批准、监督、检查，但只负间接责任，并不能因而免除或减轻承包商对工程质量应负的责任。在工程施工过程中，若承包商所使用的材料或设备不符合合同规定或工程质量不符合施工技术规范和验收规范的要求，或出现缺陷而未在缺陷责任期满之前完成修复工作，发包人均有权追究承包商的责任，并提出由承包商造成的工程质量缺陷所带来的经济损失的反索赔。另外，发包人向承包商提出工程质量缺陷的反索赔要求时，往往不仅包括工程缺陷所产生的直接经济损失，也包括该缺陷带来的间接经济损失。

常见的工程质量缺陷表现为：

1）由承包商负责设计的部分永久工程和细部构造，虽然经过工程师的复核和审查批准，仍出现了质量缺陷或事故。

2）承包商的临时工程或模板支架设计安排不当，造成了施工后的永久工程的缺陷。

3）承包商使用的工程材料和机械设备等不符合合同规定和质量要求，从而使工程质量产生缺陷。

4）承包商施工的分项分部工程，由于施工工艺或方法问题，造成严重开裂、下挠、倾斜等缺陷。

5）承包商没有完成按照合同条件规定的工作或隐含的工作，如对工程的保护和照管、安全及环境保护等。

（2）拖延工期反索赔。

承包商必须在合同规定的时间内完成工程的施工任务。如果由于承包商的原因造成不可原谅的完工日期拖延，则影响到发包人对该工程的使用和运营生产计划，从而给发包人带来经济损失。此项发包人的索赔，并不是发包人对承包商的违约罚款，而只是发包人要求承包商补偿拖期完工给发包人造成的经济损失。承包商则应按签订合同时双方约定的赔偿金额以及拖延时间长短向发包人支付这种赔偿金，而不再需要去寻找和提供实际损失的证据去详细计算。在有些情况下，拖期损失赔偿金若按工程项目合同价的一定比例计算，如在整个工程完工之前，工程师已经对一部分工程颁发了移交证书，则对整个工程所计算的延误赔偿金数量应给予适当减少。

（3）经济担保的反索赔。

经济担保是国际工程承包活动中不可缺少的部分，担保人要承诺在其委托人不适当履约的情况下代替委托人来承担赔偿责任或原合同所规定的权利与义务。在工程项目承包施工活动中，常见的经济担保有预付款担保和履约担保等。

1）预付款担保反索赔。

预付款是指在合同规定开工前或工程价款支付前，由发包人预付给承包商的款项。预付款的实质是发包人向承包商发放的无息贷款。对预付款的偿还，一般是由发包人在应支付给承包商的工程进度款中直接扣还。为了保证承包商偿还发包人的预付款，施工合同中应规定承包商必须对预付款提供等额的经济担保。若承包商不能按期归还预付款，发包人就可以从相应的担保款额中取得补偿，这实际上是发包人向承包商的索赔。

2）履约担保反索赔。

履约担保是承包商和担保方为了发包人的利益不受损害而做出的一种承诺，担保承包商按施工合同所规定的条件进行工程施工。履约担保有银行担保和担保公司担保等方法，以银行担保较常见，担保金额一般为合同价的 10% ～ 20%，担保期限为工程竣工期或缺陷责任期满。

当承包商违约或不能履行施工合同时，持有履约担保文件的发包人可以很方便地在承包商的担保人的银行中取得金钱补偿。

（4）保留金的反索赔。

保留金的作用是对履约担保的补充形式。一般的工程合同中都规定有保留金的数额，为合同价的 3% 左右，保留金是从应支付给承包商的月工程进度款中扣下一笔合同价一定百分比的基金，由发包人保留下来，以便在承包商违约时直接补偿发包人的损失。所以说保留金也是发包人向承包商索赔的手段之一。保留金一般应在整个工程或规定的单项工程完工时退还金额的 50%，在缺陷责任期满后再退还剩余的 50%。

（5）业主终止合同或承包商不正当地放弃工程的索赔。

如果业主合理地终止承包商的承包，或承包商不合理地放弃工程，则业主有权从承包商手中扣回由新承包商完成全部工程所需的工程款与原合同未支付部分的差额。

（6）发包人其他损失的反索赔。

依据合同规定，除了上述发包人的反索赔外，当发包人在受到其他由于承包商原因造成的经济损失时，发包人仍可提出反索赔要求。例如，由于承包商的原因，在运输施工设备或大型预制构件时，损坏了旧有的道路或桥梁；承包商的工程保险失效，给发包人造成的损失；等等。

3. 反索赔的特点

发包人的反索赔或向承包商的索赔具有以下特点：首先是发包人反过来向承包商的索赔发生频率要低得多，原因是工程发包人在工程建设期间，本身的责任重大，除了要向承包商按期付款，提供施工现场用地和协调管理工程外，还要承担许多社会环境、自然条件等方面的风险，且这些风险是发包人不能控制的，因而发包人要扣留承包商在现场的材料设备；承包商违约时提取履约保函金额等发生的概率很少。其次是在反索赔时，发包人处于主动的有利地位，发包人在经工程师证明承包商违约后，可以直接从应付工程款中扣回款额，或从银行保函中得以补偿。从理论上讲，反索赔和索赔是对立的统一，是相辅相成的。有了承包商的索赔要求，发包人也会提出一些反索赔要求，这是很常见的情况。

4. 反索赔的作用

反索赔对合同双方具有同等重要的作用，主要表现为：

（1）成功的反索赔能防止或减少经济损失。如果不能进行有效的反索赔，不能推卸自己对干扰事件的合同责任，则必须满足对方的索赔要求，支付赔偿费用，致使自己蒙受损失。对合同双方来说，反索赔同样直接关系工程经济效益的高低，反映着工程管理水平的优劣。

（2）成功的反索赔能提升管理人员士气，促进工作的开展。若在工程中不敢大胆地提出索赔，又不能进行有效的反索赔，则在施工干扰事件处理中，总是处于被动地位，工作中丧失了主动权，常处于被动局面的管理人员必然会有挫折感，进而影响整体工作。

（3）成功的反索赔必然促进有效的索赔。能够成功有效地进行反索赔的管理者必然熟知合同条款内涵，掌握干扰事件产生的原因，占有全面的资料。具有丰富的施工经验、工作精细、能言善辩的管理者在进行索赔时，往往能抓住要害，击中对方弱点，使对方无法反驳。

同时，由于工程施工中干扰事件的复杂性，往往双方都有责任，双方都有损失。有经验的索赔管理人员在对索赔报告仔细审查后，通过反索赔不仅可以否定对方的索赔要求，使自己免于损失，而且可以重新发现索赔机会，找到向对方索赔的理由。

5.6.2 索赔防范

在建设工程承包施工合同中，发生索赔与反索赔的事情是很正常的，但索赔与干扰事件而发生合同争端，会给工程项目进展带来了不必要的麻烦和困难。在履行施工承包合同的过程中，发包人、工程师和承包商三方都应采取积极措施，尽量预防和减少干扰事件的发生。

依据合同条件规定，为了维护承包商应得的经济利益，赋予了承包商索赔的权利，所以承包商是干扰事件的发起者。但是，为了承包商自身的利益和信誉，承包商应慎重使用自己的权利。一方面要建好工程，加强合同管理和成本管理，控制好工程进度，预防发包人的反索赔；另一方面要善于申报和处理索赔事项，尽量减少索赔的数量，并实事求是地进行索赔。一般来说，承包商在预防和减少索赔与反索赔方面，可以采取以下措施。

1. 严肃认真地对待投标报价

在每项工程招标投标与报价过程中，承包商都应仔细研究招标文件，全面细致地进行施工现场查勘，认真地进行投标估算，正确地决定报价。切不可疏忽大意进行报价，或者为了中标，故意压低标价，企图在中标后靠索赔弥补盈利，这样在投标时即留下冒险和亏损的隐患，在工程施工过程中，千方百计去寻找索赔的机会。实际上这种索赔很难成功，而且往往会影响承包商的经济效益和承包信誉。

2. 加强合同谈判管理

承包商在中标以后，在与发包人正式签订合同的谈判过程中，应对工程项目合同中存在的疑问进行澄清，并就工程最大风险问题，提出并与发包人协商谈判，以修改合同中不适当的地方。特别是对于项目承包合同中的特殊合同条件，若不允许索赔，付款无限制期限、无利息等，都要据理力争，促成对这些合同条款的修改，以“合同谈判纪要”的形式形成书面内容，作为本合同文件的有效组成部分。对合同中的问题都补充为明文条款，也可预防和避免施工中不必要的索赔争端。

合同条款应详尽，明确规定工程的开工日期、完工日期以及可能影响工期的因素和处理方法。详细说明付款方式、付款条件、付款周期及相关违约责任。规定变更的程序、审批流程及变更费用的计算方法。明确索赔条件、索赔程序及处理方式。在签订合同前，聘请法律顾问或专业人士对合同进行详细审核，确保条款合法合理。对合同条款进行风险评估，识别潜在风险并提出应对措施。聘请专业的法律顾问，定期进行法律咨询，确保项目管理符合相关法律法规。对项目团队进行法律知识培训，提高他们的法律意识和合同管理能力。

3. 加强施工质量管理

制定严格的质量标准和验收标准，确保工程质量符合合同要求。承包商应严格按照合同文件中规定的设计、施工技术标准和规范进行工作，并注意按设计图施工。对原材料加工工艺、工序严格把关。定期进行质量检查，推行全面的质量管理，发现问题及时整改，避免和消除工程质量事故的缺陷，避免发包人对施工缺陷的反索赔事件发生。

4. 加强施工进度管理

制定详细的时间进度表，分解项目任务，明确每个任务的起止时间和负责人员。规划所需的资源，包括人力、物资和设备，确保资源的合理配置和利用。建立进度监控机制，定期检查项目的实际进展情况，确保项目按计划进行。定期提交进度报告，记录实际完成情况、存在的问题和解决方案。

承包商应尽力做好施工组织与管理，从各个方面保证施工进度计划的实现，防止由于承包商自身管理不善造成的工程进度拖延。若由于发包人或其他客观原因造成工程进度延误，承包商应及时申报延期索赔申请，以获得合理的工期延长，预防和减少发包人因“拖期竣工的赔偿金”的反索赔。

5. 加强工程变更管理

所有变更必须通过正式的变更申请，详细说明变更的原因、内容和影响。建立严格的变更审批流程，确保所有变更经过相关人员的审批。记录变更的全过程，包括申请、审批、执行和验收情况，确保变更透明、可追溯。若工程师不愿确认，承包商可以不执行该变更工程，以免得不到应有的经济补偿。

6. 加强工程成本管控

承包商的工程成本管理工作是保证实现施工经济效益的关键工作，也是避免和减少索赔与反索赔工作的关键所在。承包商自身要加强工程成本核算，严格控制工程开支，使施工成本不超过中标价的成本计划。当成本中某项直接费的支出款额超过计划成本时，要立即进行分析，查清原因，若属于自己方面的原因，要对成本进行分指标、分工艺和工序控制；若属于发包人的原因或其他客观原因，就要熟悉施工单价调整方法、熟悉和掌握索赔款具体计价的方法，使索赔款额的计算比较符合实际，切不可抬高过多，反而导致索赔失败或发包人的反索赔发生。

7. 加强风险和沟通管理

在项目开始前进行全面的风险评估，识别项目可能面临的各种风险。制定风险应对策略，包括风险规避、风险转移、风险缓解和风险接受。在项目进行过程中，持续监控风险，及时识别和应对新出现的风险。制定应急预案，应对突发事件，减少对项目的影响。建立高效的沟通平台，确保各方及时、准确地传递信息。制定沟通制度，明确沟通频率、内容和责任人。定期召开项目会议，讨论项目进展、存在的问题和解决方案。针对具体问题召开专题会议，深入讨论和解决。

8. 加强工程档案管理

建立完善的档案管理系统，保存所有项目相关的文件和记录。按类别和重要性对文件进行分类管理，确保文件存储和查找方便。使用电子档案管理系统，提高文件的存储和检索效率。定期进行数据备份，确保文件的安全和完整。

5.6.3 反索赔步骤

在接到对方的索赔报告后，应着手进行分析、反驳。反索赔与索赔有相似的处理过程，但也有其特殊性。

1. 合同总体分析

反索赔同样是以合同作为反驳的理由和依据。合同分析的目的是分析、评价对方索赔的理由和依据。在合同中找出对对方不利、对己方有利的合同条文，以构成对对方索赔要求否定的理由。与对方索赔报告中提出的问题有关的合同条款通常有：合同的法律基础；合同的组成及合同变更情况；合同规定的工程范围和承包商责任；工程变更的补偿条件、范围和方法；合同价格；工期的调整条件、范围和方法；对方应承担的风险、违约责任；争执的解决方法。

2. 事态调查

反索赔仍然基于事实，以事实为依据。这个事实必须有己方对合同实施过程跟踪和监督的结果，即以各种实际工程资料作为证据，用以对照索赔报告所描述的事件经过和所附证据。通过调查可以确定干扰事件的起因、事件经过、持续时间、影响范围等具体的详细情况。在此应收集、整理所有与反索赔相关的工程资料。

3. 三种状态分析

在事态调查和收集、整理工程资料的基础上进行合同状态、可能状态、实际状态分析。通过三种状态的分析可以达到：

（1）全面地评价合同及合同履行的实际状况，评价双方合同责任的完成情况。

（2）对对方有理由提出索赔的部分进行总概括，分析对方有理由提出索赔的干扰事件有哪些，索赔的大约值或最高值。

（3）对对方的失误和风险范围进行具体指认，以便在谈判中有攻击点。

（4）针对对方的失误做进一步分析，以准备向对方提出索赔。这样在反索赔中同时使用索赔手段。国外的承包商和发包人在进行反索赔时，特别注意寻找向对方索赔的机会。

4. 对索赔报告进行全面分析

对索赔要求、索赔理由进行逐条分析评价，分析评价索赔报告可以通过索赔分析评价表进行。其中，分别列出对方索赔报告中的干扰事件、索赔理由、索赔要求，提出己方的反驳理由、证据、处理意见及对策等。

5.6.4 起草并向对方递交反索赔报告

反索赔报告也是正规的法律文件。在调解或仲裁中，对方的索赔报告和己方的反索赔报告应一起递交调解人或仲裁人。反索赔报告的基本要求与索赔报告相似。通常反索赔报告的主要内容有：

（1）合同总体分析简述。

（2）合同实施情况简述和评价。这里重点针对对方索赔报告中的问题和干扰事件，叙述事实情况，应包括前述三种状态的分析结果。

对双方合同责任完成情况和工程施工情况做评价。目标为：否定自己对对方索赔报告中提出的干扰事件的合同责任。

（3）反驳对方索赔要求。按具体的干扰事件，逐条反驳对方的索赔要求，详细叙述自己的反索赔理由和证据，全部或部分地否定对方的索赔要求。

（4）提出索赔。对经合同分析和三种状态分析得出的对方违约责任，提出己方的索赔要求。对此，有不同的处理方法。通常，可以在本反索赔报告中提出索赔，也可另外出具己方的索赔报告。

（5）总结。对反索赔做全面总结，通常包括如下内容：

1）对合同总体分析做简要概括。

2）对合同实施情况做简要概括。

3）对对方索赔报告做总评价。

4）对己方提出的索赔做概括。

5）双方要求，即索赔和反索赔最终分析结果比较。

6）提出解决意见。

7）附各种证据，即本反索赔报告中所述的事件经过、理由、计算基础、计算过程和计算结果等证明材料。

5.6.5 反驳索赔报告

对于索赔报告的反驳，通常可从以下几个方面着手。

1. 干扰事件的真实性

对于对方提出的干扰事件，应从两方面核实其真实性：

一是对方的证据。如果对方提出的证据不充分，可要求对方补充证据，或否定这一干扰事件。

二是己方的记录。如果索赔报告中的论述与己方关于工程的记录不符，可提出质疑，或否定索赔报告。

2. 干扰事件责任分析

认真分析干扰事件的起因，澄清责任。以下五种情况可构成对索赔报告的反驳：

（1）干扰事件是由索赔方责任造成的，如管理不善、疏忽大意、未正确理解合同文件内容等。

（2）此事件应视作合同风险，且合同中未规定此风险由己方承担。

（3）此事件责任在第三方，不应由己方负责赔偿。

（4）双方都有责任，应按责任大小分摊损失。

（5）干扰事件发生以后，对方未采取积极有效的措施降低损失。

3. 索赔依据分析

对于合同内索赔，可以指出对方所引用的条款不适用于此干扰事件，或者找出可为己方开脱责任的条款，以驳倒对方的索赔依据。对于合同外索赔，可以指出对方索赔依据不足，或者错误理解了合同文件的原意，或者按合同条件的某些内容，不应由己方负责此类事件的赔偿。

另外，可以根据相关法律法规，利用其中对己有利的条文来反驳对方的索赔。

4. 干扰事件的影响分析

分析干扰事件对工期和费用是否产生影响以及影响的程度直接决定着索赔值的计算。对于工期的影响，可分析网络计划图，通过每一工作的时差分析来确定是否存在工期索赔。通过分析施工状态，可以得出干扰事件对费用的影响。例如，业主未按时交付图纸，造成工程拖期，而承包商并未按合同规定的时间安排人员和机械，因此工期应予顺延，但不存在相应的各种闲置费用。

5. 索赔证据分析

索赔证据不足、不当或片面，都可以导致索赔不成立。干扰事件的证据不足，对其是否成立可提出质疑。对干扰事件产生的影响证据不足，则不能计入相应部分的索赔值。仅出示对己方有利的片面的证据，将导致对索赔的全部或部分的否定。

6. 索赔值审核

索赔值的审核工作量大，涉及的资料和证据多，需要花费大量的时间和精力。审核的重点在于：

（1）数据的准确性。

对索赔报告中的各种计算基础数据均需进行核对，如工程量增加的实际量、人员出勤情况、机械台班使用量、各种价格指数等。

（2）计算方法的合理性。

不同的计算方法得出的结果会有很大出入，应尽可能选择最科学、最精确的计算方法。对某些重大干扰事件的计算，其方法往往需双方协商确定。

（3）是否有重复计算。

索赔的重复计算可能存在于单项索赔与一揽子索赔之间，相关的索赔报告之间，以及各费用项目的计算中。索赔的重复计算包括工期和费用两方面，应认真比较核对，剔除重复索赔。

任务 7 工程索赔案例

任务目标

- 掌握索赔的成立条件及索赔的计算方法。

案例一

某工程项目采用固定总价合同，承包商按照招标文件参考资料中提供的材料供货地点采购，该供货地距工地5千米。项目开工后，业主检查发现材料质量不符合要求，承包商只得从另一处距工地30千米的供货地点采购。施工过程中一个关键工作面上发生了临时停工：5月20日至5月26日，承包商的施工设备出现了故障；应于5月24日交给承包商的后续图纸直到6月10日才交给承包商；6月10日到6月12日，施工现场突降特大暴雨，造成了6月13日和6月14日该地区的供电全面中断。

问题：

1. 承包商的索赔要求成立的条件是什么？

2. 由于供货距离的增大，必然引起费用的增加，承包商经过认真计算后，在业主指令下达的第3天，向业主的造价工程师提交了将该材料每吨提高500元的索赔要求。请问该索赔是否合理？

3. 若承包商对因业主原因造成的窝工损失进行索赔时要求：设备窝工损失按台班计算，人工窝工损失按日工资标准计算。这一考虑是否合理？如不合理，应怎样计算？

4. 由于几种情况的暂时停工，承包商在6月25日向业主的造价工程师提出延长工期26天，成本损失费20 000/天（此费率已经造价工程师核准）和利润损失费2 000/天的索赔要求，共计索赔款57.2万元。请问该索赔可以延长工期多少天？索赔额为多少？

分析：

问题1：承包商的索赔要求成立必须同时具备以下四个条件：

（1）与合同相比较，已造成了实际的额外费用或工期损失。

（2）费用增加或工期损失不是由于承包商的过失导致的。

（3）费用增加或工期损失不是应由承包商承担的风险。

（4）承包商在事件发生后的规定时间内提出了索赔的书面意向通知和索赔报告。

问题2：因供货场地的变化提出的索赔不能被批准，原因是：

（1）承包商应对自己就招标文件的解释负责。

（2）承包商应对自己报价的正确性与完备性负责。

（3）承包商可以通过现场踏勘确认招标文件参考资料中提供的材料质量是否合格，若承包商没有通过现场踏勘发现材料质量问题，其相关风险应由承包商承担。

问题 3：不合理。窝工闲置的设备按折旧费或租赁费计算，不包括运转费部分。人工费损失应考虑将这部分工作的工人调做其他工作时工效降低的损失费用，一般用工日单价乘以测算的降效系数计算。

问题 4：通过分析，该索赔可以批准的延长工期为 19 天，索赔额为 320 000 元。原因是：

（1）5 月 20 日至 5 月 26 日出现的设备故障属于承包商应承担的风险，不应考虑承包商的延长工期和费用索赔要求。

（2）5 月 27 日至 6 月 9 日的临时停工是由于业主迟交图纸引起的，为业主应承担的风险，应延长工期为 14 天。成本损失索赔额为 28（14 天 ×2 万元 / 天）万元，但不应考虑承包商的利润要求。

（3）6 月 10 日和 6 月 12 日的特大暴雨属于双方共同的风险，应延长工期为 3 天，但无承包商的费用索赔。

（4）6 月 13 日和 6 月 14 日的停电为无法预见的自然条件变化所导致，属于业主承担的风险，应延长工期为 2 天，索赔额为 4（2 天 ×2 万元 / 天）万元，但不考虑承包商的利润要求。

案例二

某工程项目通过公开招标的方式确定了三个不同专业类别的施工单位承担该项工程的全部施工任务，建设单位分别与 A 公司签订了土建施工合同，与 B 公司签订了设备安装合同，与 C 公司签订了电梯安装合同。三份合同中都对甲方提出了一个相同的条款，即“建设单位应协调现场其他施工单位，为三家公司创造可利用的条件”。合同执行过程中发生了如下事件：

事件一：A 公司在签订合同后因自身资金周转困难，随后和承包商 D 公司签订了分包合同，在分包合同中约定承包商 D 按照建设单位（业主）与承包商 A 约定的合同金额的 10% 向承包商 A 支付管理费，一切责任由承包商 D 承担。

事件二：由于 A 公司在现场施工时间拖延 5 天，造成 B 公司的开工时间相应推迟了 5 天，B 公司向 A 公司提出了索赔。

事件三：顶层结构楼板吊装后，A 公司立刻拆除塔吊，改用卷扬机运材料做屋面及装饰，C公司原计划由甲方协调使用塔吊将电梯设备吊上9层楼顶的设想落空后，提出用A公司的卷扬机运送，A公司提出卷扬机吨位不足，不能运送。最后，C公司只好为机房设备的吊装重新设计方案。C公司就新方案的实施引起的费用增加和工期延误向建设单位提出索赔。

问题：

1. 事件一中A公司的做法是否符合国家有关法律的规定？其行为属于什么行为？

2. 事件二中B公司向A公司提出的索赔是否正确？如不正确，说明正确的做法。

3. 事件三中C公司向建设单位提出的索赔是否合理？理由是什么？

分析：

1. A公司的做法不符合国家有关法律的规定。A公司的行为属于非法转包行为，这是《中华人民共和国招标投标法》中禁止的行为。

2. 事件二中B公司向A公司提出的索赔不正确。正确做法为：B公司就因A公司的拖延造成其开工推迟的工期和费用损失，向建设单位提出索赔。

3. 事件三中C公司向建设单位提出的索赔是合理的。因为在施工合同中约定：建设单位应协调现场其他施工单位，为承包单位创造可利用的条件。

案例三

某公司承接铝合金门窗专业分包工程，项目履约过程中接到业主通知“取消部分施工内容”的函。

问题：

对应此部分内容，施工单位费用索赔包含哪些内容？

分析：

第一，直接费用索赔。

（1）加工所需已购原材料的损失。

1）已购原材料资料如表5–4所示。

表5–4　已购原材料资料

序号	名称	数量	单位	单价（元）	合计（元）
1	76×44×1.6管	490	支	402	196 980
2	百叶片	1 280	片	62	79 360
3	百叶框	120	支	54	6 480
4	50中空压条	160	支	45	7 200

续表

序号	名称	数量	单位	单价（元）	合计（元）
5	50 中空压线	250	支	38	9 500
6	30 连接角	30	支	202	6 060
7	22 × 15 管	40	支	32	1 280
合计				306 860 元	

2）五金配件定金。

公司于 2024 年 3 月 28 日签署五金配件订购合同，同时支付定金 33 750 元，由于业主取消工作内容，导致公司违约造成合约双倍赔偿供货商定金，共计 67 500 元。

3）钢化中空玻璃定金。

公司于 2024 年 5 月 1 日签署钢化中空玻璃订购协议并支付定金 50 000 元。

综上所述，原材料直接损失费用共计 424 360（306 860 + 67 500 + 50 000）元。

（2）人工费。

1）分包商窝工费用。

此部分工程原定计划于 2024 年 6 月 15 日开工至 2024 年 6 月 28 日完工。前期一楼外架一直不能拆除，加之业主装修地坪标高迟迟未定，致使公司一直无法按进度计划正常施工。后期具备施工条件后，接到通知后停工，造成公司 30 余人的施工队一半人长期窝工。窝工工期如表 5–5 所示。

表 5–5　窝工工期

项目	计划工期（天）	计划每日人数	计划工日合计	实际工期	备注
普工	14	1	14	160	
技工	14	30	420	2 400	

根据表 5–5 计算人工费，结果如表 5–6 所示。

表 5–6　人工费

工种	数量	单位	单价（元）	合价（元）	备注
普工	160	工日	60	9 600	
技工	2 400	工日	70	168 000	
人工费用合计			177 600 元		

2）分包商现场管理人员费用。

由于不能按施工进度计划按时施工，致使工期延长 4 个月，造成分包商现场管理人员费用加大，工程成本增加，如表 5-7 所示。

表 5-7　分包商现场管理人员费用

项目	人数	计划工期（月）	实际工期（月）	延长工期（月）	月薪（元）	工资支出（元）
管理人员工资	4	2	6	4	3 000	48 000
管理人员福利开支	4	2	6	4	300	4 800
通信费	4	2	6	4	200	3 200
合计			56 000 元			

3）项目部管理费用。

公司项目部在编管理人员共计 62 人，由于工期延长了 153 天，共计增加管理费用如表 5-8 所示。

表 5-8　项目部管理费用

项目	人数	计划工期（天）	实际工期（天）	延长工期（天）	日工资（元）	工资支出（元）
管理人员工资	62	15	168	153	100	948 600
伙食费	62	15	168	153	10	94 860
通信费	62	15	168	153	6.7	63 556.2
社保、福利	62	15	168	153	23	218 178
住房补贴	62	15	168	153	10	94 860
合计			1 420 054.2 元			

根据表 5-8，共计增加管理费用 1 420 054.2 元，综合考虑在此期间有其他分项工程施工，该部分按总额的 10% 计取，共计应增加管理费用 142 005.42 元。

根据上述各项人工费分析，共计增加人工费用 375 605.42（177 600 + 56 000 + 142 005.42）元。

（3）施工机械费用。

1）施工机具闲置费用。

由于暂停该部分工程施工，造成施工机具闲置，发生闲置费用及折旧费用，如表 5-9 所示。

表 5-9 施工机具闲置费用

机具名称	数量	单位	单价 / 台班	闲置天数	金额（元）
型材方向切割机	2	台	50	153	15 300
型材双向切割机	2	台	25	153	7 650
钻床	1	台	1.7	153	260.1
电锤	6	把	0.3	153	275.4
合计			23 485.5 元		

2）施工机具维修费用。

由于暂停该部分工程施工，造成施工现场机具维修费用，发生的维修费用如表 5-10 所示。

表 5-10 施工机具维修费用

工具名称	数量	单位	维修费单价（元）	金额（元）
型材方向切割机	2	台	100	200
型材双向切割机	2	台	100	200
钻床	1	台	20	20
电锤	6	把	50	300
手枪钻	10	把	30	300
接电箱	1	只	0	0
砂轮机	1	台	0	0
射钉枪	10	把	30	300
合计			1 320 元	

3）低值易耗品摊销费用如表 5-11 所示。

表 5-11 低值易耗品摊销费用

项目	数量	单价（元）	金额（元）
切割机刀片	4	250	1 000
钻头	40	2	80
合计		1 080 元	

综上各项，施工机械费用共计 25 885.5（23 485.5 + 1 320 + 1 080）元。

第二，间接费用索赔。

（1）管理费用。

1）总包管理费用。

根据与业主方签订的合同，工程量清单单价分析表中约定，总包商管理费用按合同清单工程直接费的 11.55% 计取的原则，共计 95 385.78［（424 360 + 375 605.42 + 25 885.5）× 11.55%］元。

2）分包商向公司索赔管理费用。

由于不能按施工进度计划按时施工，致使工期延长 4 个月，造成分包商内部管理费增加，工程成本增加，如表 5-12 所示。

表 5-12　分包商内部管理费

项目	月管理费（元）	时间（月）	金额（元）
分包商公司管理费	1 000	4	4 000
合计（元）		4 000	

管理费用共计 99 385.78（95 385.78 + 4 000）元。

（2）保险费用。

1）总包商保险延期费用。

由于延误工期 153 天造成公司购买的团体意外伤害保险延期，增加费用 54 493.15（130 000 ÷ 365 × 153）元。

2）分包商保险延期费用如表 5-13 所示。

表 5-13　分包商保险延期费

项目	人数	时间（月）	单价（元）	金额（元）
团队意外伤害险	30	3	80	7 200
合计（元）			7 200	

保险费用共计 61 693.15（7 200 + 54 493.15）元。

（3）银行资金利息。

由于不能按施工进度计划按时施工，致使工期延长 5 个月，造成公司资金长期被占用，如表 5-14 所示。

表 5-14　银行资金利息

项目	资金总额（元）	月利率（%）	时间（月）	金额（元）
资金利息	987 501.6	0.7	5	34 562.56
合计（元）		34 562.56		

（4）间接损失。

1）总包商间接损失。

由于业主取消了该部分施工内容，公司原投标报价时计算的预期利润无法得以实现，公司与业主签订的合同中合同直接费金额为 548 356.18 元（详见合同直接费用表），该部分预期利润按 7% 计取，共计 38 384.93（548 356.18 × 7%）元。

2）分包商间接损失。

根据分包商上报索赔报告，其预期利润损失为 56 661 元。

间接费用共计 95 045.93（38 384.93 + 56 661）元。

（5）税金。

前项各款总和为 1 116 538.34 元，税率按国家税率 10% 计取，共计 111 653.83 元。

根据上述费用分析，由于业主取消部分施工内容，施工企业可索赔费用总和为 1 228 192.17 元。

案例四

2022 年 12 月，浙江省某房地产有限公司与某建筑公司订立了建设工程施工合同，合同价款为 2.45 亿元，该合同中第二条的工程承包范围明确施工图范围内所有桩基、主体、玻璃幕墙、装修、水电安装及场外附属工程等内容；专用条款中明确，本工程发包方同意承包方分包的工程为桩基、玻璃幕墙，工程保修期为 2 年。2023 年 3 月，发包方指定具有玻璃幕墙施工资质的某幕墙工程有限公司（分包单位）承接本工程的玻璃幕墙施工，并与其签订了玻璃幕墙施工协议（分包合同价款约 4 880 万元）。2023 年 12 月 8 日本工程通过竣工验收，交付使用。在保修期内，2024 年 5 月发现部分玻璃幕墙出现质量问题，质量鉴定单位对该部分玻璃幕墙进行了质量鉴定，明确质量不合格，修复费用约 200 万元。2024 年 8 月，经第三方中介机构审核，发包方发函要求总、分包单位支付修复费用及赔偿经济损失共计 280 万元。

问题：

该修复费用及经济损失该由谁承担？

分析：

《房屋建筑和市政基础设施工程施工分包管理办法》规定，建设单位不得直接指定分包工程承包人。任何单位和个人不得对依法实施的分包活动进行干预。《工程建设项目施工招标投标办法》规定，招标人不得直接指定分包人。

《建设工程工程量清单计价标准》规定，指定分包工程在合同中属于暂估价。发包人在招标工程量清单中给定暂估价的专业工程，依法必须招标的，应当由发、承包双方依法组织招标选择专业分包人，并接受有管辖权的建设工程招标投标管理机构的监督，还应符合下列要求：（1）除合同另有约定外，承包人不参加投标的专业工程发包招标，应由承包人作为招标人，但拟定的招标文件、评标工作、评标结果应报送发包人批准。与组织招标工作有关的费用应当被认已经包括在承包人的签约合同价（投标总报价）中。（2）承包人参加投标的专业工程发包招标，应由发包人作为招标人，与组织招标工作有关的费用由发包人承担。同等条件下，应优先选择承包人中标。

根据《中华人民共和国建筑法》第二十九条第二款的规定，建筑工程总承包单位按照总承包合同的约定对建设单位负责；分包单位按照分包合同的约定对总承包单位负责。总承包单位和分包单位就分包工程对建设单位承担连带责任。

根据《浙江省建筑业管理条例》第二十五条的规定，实行建设工程质量保修制度。通过竣工验收的建设工程，由施工承包商开具工程保修书。在保修期内，因勘察、设计、施工以及材料、设备原因造成的质量缺陷，施工承包商负责维修，维修费用由责任方承担。

一般情况下，对于指定分包所有内容的确定，决定权都在发包方手中，包括施工范围、计价方式、工程款的支付、工程的结算等，都由发包方与指定分包单位确定，承包方只能在指定分包施工过程中协助指定分包完成施工，收取一定比例的总包服务费。

本项目造成玻璃幕墙质量问题的根本原因是分包单位的技术能力及质量控制方面出现问题，其施工行为与玻璃幕墙质量问题之间存在明显的因果关系。但总包单位在施工合同中的施工范围包含门窗玻璃幕墙工程，且对发包方直接指定分包单位的行为并未提出异议，施工单位对玻璃幕墙工程的质量问题可能承担相应连带责任。

承包方意见：按照国家有关规定，“发包方不得直接指定分包工程承包人。”某玻璃幕墙有限公司是发包方指定分包商，发包方应当承担过错责任。承包方与分包单位之间并未签订合同，但已尽管理义务。修复费用及经济损失承包方不予承担。

【评注】

《房屋建筑和市政基础设施工程施工分包管理办法》第六条规定，建设单位不得直接指定分包工程承包人。任何单位和个人不得对依法实施的分包活动进行干预。

《工程建设项目施工招标投标办法》第六十六条规定，“招标人不得直接指定分包人。”《最高人民法院关于审理建设工程施工合同纠纷案件适用法律问题的解释》（法释〔2004〕14号）第十二条规定，发包人具有下列情形之一，造成建设工程质量缺陷，应当承担过错责任：（三）直接指定分包人分包专业工程。

发包方意见：根据国家有关法律法规规定，承包方和分包单位就分包工程对发包方承担连带责任。承包方和分包单位就部分玻璃幕墙工程质量问题应对发包方承担连带责任。

《中华人民共和国建筑法》第二十九条第二款规定：建筑工程总承包单位按照总承包合同的约定对建设单位负责；分包单位按照分包合同的约定对总承包单位负责。总承包单位和分包单位就分包工程对建设单位承担连带责任。根据该规定，当指定分包单位造成建设工程质量缺陷时，施工单位承担相应的过错责任，而施工单位对于指定分包单位具有管理义务，应承担质量责任。

《最高人民法院关于审理建设工程施工合同纠纷案件适用法律问题的解释》（法释〔2004〕14号）第十二条第二款规定：承包人有过错的，也应当承担相应的过错责任。

调解意见：承包方与分包单位之间并未签订合同，但是因总包合同中的施工范围包含门窗玻璃幕墙工程，承包方作为总承包人，对发包方直接指定分包人的行为并未提出异议，且在履行合同义务时，已认可了玻璃幕墙单位的实际施工行为，故可以认定承包方与分包单位建立了事实上的玻璃幕墙分包合同关系，承包方对玻璃幕墙工程的质量问题也应承担相应责任。费用分担比例由承包方与分包单位之间协商确定。

《中华人民共和国建筑法》第二十九条第二款规定：总承包单位和分包单位就分包工程对建设单位承担连带责任。根据该条规定，当指定分包单位造成玻璃幕墙工程质量问题，承包方承担相应的连带责任，而承包方对于指定分包单位具有管理义务，所以很可能承担质量责任。

《最高人民法院关于审理建设工程施工合同纠纷案件适用法律问题的解释》（法释〔2004〕14号）第十二条第二款规定：承包人有过错的，也应当承担相应的过错责任。

《浙江省建筑业管理条例》第二十五条规定："实行建设工程质量保修制度。通过竣工验收的建设工程，由施工承包商开具工程保修书。在保修期内，因勘察、设计、施工以及材料、设备原因造成的质量缺陷，施工承包商负责维修，维修费用由责任方承担。"

我国现有的指定分包模式，承包方处于一个不利的地位，即承包方无法确定指定分包的内容，但是从法律层面，指定分包又属于承包方的分包，处于其管控范围内，因此，造成施工单位的权利义务不对等。这种不对等主要体现在承包方收取的总包管理费很少，但是承担着海量工作内容和巨大风险，工作内容包括为指定分包单位提供施工界面、提供施工条件、管控指定施工工程的质量、对指定分包工程进行验收等，承担的风险包括支付责任风险、进度质量风险、安全责任风险等。

根据司法解释，对于发包方指定分包的工程，承包方承担过错责任，所以对于指定分包的质量问题，承包方应在过程中予以重视，若发现指定分包工程质量存在问题，应分别向指定分包单位和发包方发出书面意见，避免因指定分包工程质量问题承担责任。承包方对于指定分包单位，要与自有单位一样，加强管理，不能放任不管，只收取总包管理费。对于发包方已经单独发包的工程，承包方应拒绝将其纳入总包合同内，以避免对单独发包的工程承担质量责任。

案例五

某项目招标工程量清单中满堂基础分项工程，项目特征描述中有"砼实心砖胎膜，内侧20 mm厚1∶2水泥砂浆抹灰"，招标控制价也有相应的计量计价。投标人报价中，仅填报了混凝土价格，没有砖胎膜相关费用报价。砖胎膜项目相关信息，如表 5–15 所示。

表 5–15　砖胎膜项目相关信息

序号	项目编码	项目名称	项目特征描述	计量单位
31	010501004001	满堂基础	C35P10 商品砼，掺 10%CMA 类高性能膨胀抗裂剂。砼实心砖胎膜，内侧 20 mm 厚 1∶2 水泥砂浆抹灰。	m^3

承包人诉求：

（1）招标工程量清单中，砖胎膜未按清单规范要求单独列项，工程量清单应被认为是准确的和全面的，应由业主方负责。

（2）招标工程量清单未明确胎及粉刷数量，无法准确报价。

业主方意见：

（1）招标工程量清单中有砖胎膜的项目特征描述，不应重复计量或调整。

（2）招标过程中发现不平衡报价，曾要求承包人对不平衡报价调整，承包人未调整到位，属承包人责任。

问题：

清单编制不规范，如案例中（实心砖胎膜）当单独立项未单独立项的，能否认定为清单漏项并按“清单漏项”调整合同价格？

分析：

这是由清单不规范引起的价格争议，清单不规范的典型问题主要有：应该单独立项的清单项目未单独立项，如土方开挖工程中的桩头凿除及土方外运；应该在同一分项内的任务单独立项，如屋面刚性层中的钢筋网片；项目特征未按规定描述，如项目特征描述漏项。

工程量清单的编制应遵循以下原则：依法原则、权责对等原则、公平交易原则、可操作性原则、从约原则。建设工程计价活动是发承包双方在法律框架下签约、履约的活动。因此，遵从合同约定，履行合同义务是双方的应尽之责。《建设工程计价计量规范》在条文上坚持“按合同约定”的规定，但在合同约定不明或没有约定的情况下，如发承包双方发生争议时不能协商一致，规范的规定就会在处理争议方面发挥积极作用，体现出约定优先、有约从约、不明从规的原则。

本案例中清单违反了规范要求，砖胎膜没有单独列项。且从投标人报价可知，该错误也实际造成投标人对工作内容的误解，认为砖胎膜只是工作环境，并没有报价，导致投标人的报价错误。故建议按漏项处理。

项目实训

实训主题

A公司在某地区准备新建一座智能化办公楼供集团办公使用，建筑总面积达200 000m^2，通过严格的招标程序，在激烈的竞争中，A公司选择了B公司作为项目的中标方。A公司和B公司签订了合同，项目的开工日期是2021年7月1日，竣工时间为2024年7月1日，工期为三年。合同中就索赔问题进行了约定：如果发包人未能按照双方签订的合同提供的设计图纸或者发包人的设计图纸没有符合项目的建设规定，导致的费用增加由发包人承担；发包人未能按合同约定支付预先规定的合同款时，影响工程的进度，导致的费用由发包人承担。这是通过合同的相关条款约定对于因发包人的自身原因出现的问题进行的双方规定。工程合同约定，在工程开工六个月后，发包方需要向承包方提供工程大楼外围绿化图纸，并且发包方与承包方约定，外围绿化方案承包给第三方专业绿化工程公司进行，按照承包方的工程进度进行绿化工作，在开工后8个月后进行工程建设，所需费用由承包方给予支付，绿化公司需配合好承包方。

按照合同约定发包方于2022年1月1日提供工程大楼外围绿化图纸设计方案，但是2022年3月前，图纸设计方案没能及时提供，导致了承包方的工程相关进度不能进行，大楼的第一阶段施工周期进行了延长，绿化工程公司因承包方的施工方案没有确定，绿化设计工程没有能够在约定时间内进行。B公司作为承包方和专业绿化公司进行了对于A公司发包人的工期费用索赔。

2021年6月1日，承包方按进度对大楼底座地基进行夯实，按技术设计要求对地基项目进行现场作业，周期为一个月，2021年7月1日验收，由于地基设计项目的技术设备故障，导致了承包商的地基建设周期受到影响，直到2021年9月1日才结束。承包方就这一事件对发包方A公司提出了工期与费用增加索赔。

实训分析

通过对案例的研究和分析可以发现，在工程施工的有关合同中，关于工期的索赔，如果合同的一方没有能够按照合同的约定进行相关的义务履行，另一方当事人可以对合同未履行的行为进行赔偿。

在这个案例中，A公司没有能够按照合同的约定，在规定时间内按时交出工程图纸，导致了项目施工的停工和延长，不但B公司与专业绿化公司遭受了经济损失和工程施工延期，也对A公司的经济利益造成了一定的损失，智能化办公楼没能按照约定时间落成。

在这个工期索赔的案例中，B公司在第一时间提取了相关的证据和资料，严格按照合同文书的约定，对于发包人发出了索赔的请求，能够从合同约定中维护了自身的合法利益，使自己的损失降到了最低。发包人要对承包人进行赔偿，然后向地基设计单位进行延长的索赔。

实训内容

在本案例中，由于发包方A公司没有按照合同规定的期限交出工程图纸，一方面导致了承包方B公司的费用增加；另一方面，增加了工期的总期限。根据合同条款的约定，要明确责任，使造成的损失降低，确保工程进度顺利，要向A公司进行索赔。此案例可分为三个事件：

事件一：发包人因自身原因没有能按合同约定设计图纸，导致项目施工的进程受到影响。

在该事件中，由于A公司违约导致B公司产生了经济损失，故A公司不能向该承包方进行索赔，但是该项目的承包方B公司可以向A公司提出工期索赔和经济损失索赔，A公司应当合理顺延工期并补偿经济损失。

事件二：由于延长了工期，使专业绿化公司计划的绿化施工项目设计和施工无法进行，导致了经济损失和施工工期延误。

在该事件中，由于A公司违约，没能及时向承包方提供工程图纸，导致施工单位停工，以至于间接导致专业绿化公司遭受了经济损失和施工工期延误，因此专业绿化公司可以向A公司提出工期索赔以及经济损失索赔，A公司应当合理合规顺延工期时长并补偿相关损失。

事件三：由于地基设计项目的技术设备故障，导致承包方B公司地基项目拖延两个月，不能归结于承包方的原因。

该事件中，承包方B公司可以以此向A公司提出相关工期索赔和费用增加损失，A公司应该合理延长工期，补偿相关的经济损失。

从上述案例，我们可以积累相关的经验：

（1）合同的要件约定、真实的情况事实和相关的正常程序是进行索赔的基本要求。精准和合理的相关索赔成本是该要求在索赔期限的一种内在表现。

（2）对项目持续时间的索赔。作为施工单位应当向承包方提出工期索赔。它的依据必须是有相应的合乎规范的操作流程。索赔的数据计算应当立足于实际的工程量，包括合同的相关条款约定、文件的记载等。与此同时，在索赔的时效性后，应该用相应的预防和干预措施来防止问题的扩大，将损失控制在有限的范围内，只有所有必要性条件符合相关的规定，承包方才能够得到发包方的认同，发包方才会批准相关的索赔要求。本案例中，作为承包方的B公司应当在适当的条件之下，抓住机遇进行赔偿，按照合同的约定，A公司会做出回应。

技能检测

一、单选题

1. 索赔报告的关键部分是（　　）。

A. 总述部分　　B. 索赔款项计算部分

C. 证据部分　　D. 论证部分

2. 因发包人的责任造成工期延误和（或）承包人不能及时得到合同价款及承包人的其他经济损失时，在索赔事件发生后（　　）天内，承包人向工程师发出书面索赔意向通知。

A. 7　　B. 10　　C. 15　　D. 28

3. 我国现行的《建设工程施工合同（示范文本）》标准文本对结算的约定是（　　）天，即承包人报送结算的时间和发包人进行审价的时间都是这个时间。

A. 10　　B. 15　　C. 7　　D. 28

二、多选题

1. 索赔意向通知要简明扼要，主要包括的内容有（　　）。

A. 索赔事由发生的时间、地点

B. 索赔的依据和理由

C. 索赔事件的详细事实情况描述

D. 索赔事件对工程成本和工期产生的不利影响

E. 索赔事件的发展

2. 下列行为为违法行为的是（　　）。

A. 以个人名义承揽劳务作业任务

B. 取得劳务分包资质的企业承接施工总承包企业分包的劳务作业

C. 劳务公司出借资质

D. 个人使用本企业的资质证书、营业执照，以本企业的名义承揽工程

E. 总承包单位将工程分包给经验丰富但不具备相应资质条件的单位

项目6 工程结算的管理

项目导读

本项目围绕工程结算的全流程管理展开，涵盖政府、建设单位、施工单位及造价咨询单位四方主体的管理职责与规范。核心内容包括法律依据、制度设计（如审计、备案、信用档案等）、结算分类（节点、竣工）、变更审批、款项支付、成本分析及审核流程，旨在建立规范、透明、高效的工程结算体系，保障各方权益与项目效益。

项目重点

1. 工程结算政府管理的重点是制定法律规范及制度，并且规范结算表格。

2. 建设单位管理的重点是执行变更分级审批，规范合同款项分类，严控结算条件。

3. 施工单位管理的重点是强化投标报价责任制度、施工预算与签证索赔管理、竣工结算四级审核程序、成本分析与企业定额编制等。

4. 造价咨询单位管理的重点是严格审核流程、规范结算表格。

素养目标

通过对本项目的学习，学生可以强化法治意识，培养依法依规开展工程结算的职业素养；提升职业道德，强调诚信履约，杜绝虚报瞒报，维护结算透明、公正；培养责任担当，明确各岗位职责，强化协作意识与成本控制责任感；树立规范意识，遵循标准化流程，倡导规范操作，保障工程结算市场秩序。

任务1 工程结算政府管理

从法律角度讲，国务院财政部门、各级地方政府财政部门和国务院建设行政主管部门、各级地方政府建设行政主管部门在各自职责范围内负责工程价款结算的监督管理。政府对于工程结算的管理工作主要有制定法律规范、建立管理制度、规范结算表格。

6.1.1 制定法律规范

工程建设领域的主要法律法规有：《建设工程价款结算暂行办法》、《建设工程工程量清单计价标准》（GB/T 50500–2024）、《最高人民法院关于审理建设工程施工合同纠纷案例适用法律问题的解释》、《建筑工程施工发包与承包计价管理办法》、《建设工程施工合同（示范文本）》(GF-2017-0201)，以及各省、自治区、直辖市发布的地方性工程结算管理规定。

6.1.2 建立管理制度

建立管理制度

制度在项目实施过程中发挥着至关重要的作用，制度保障需要建立在科学合理的制度设计基础上，充分考虑各种可能出现的情况和问题，确保制度的完备性和可操作性。制度可以有效地规范行为、保障权益、促进效率，是实施方案顺利进行的重要保障。与工程结算有关的制度主要有：工程造价咨询制度、审计制度、备案制度、工程造价鉴定制度、造价工程师信用档案制度、工程计价档案管理制度等。

1. 工程造价咨询制度

发、承包双方不具备工程计价能力时，可以委托相应资质的工程造价咨询人员开展工程计价活动，包括编制招标工程量清单、确定招标控制价、投标报价工程计量、合同价款调整与支付、竣工结算等，当然同一工程造价咨询人员不得同时接受发、承包双方的委托。

2. 审计制度

《建筑工程施工发包与承包计价管理办法》第十八条明确规定，国有资金投资建筑工程的发包方，应当委托具有相应资质的工程造价咨询企业对竣工结算文件进行审核，并在收到竣工结算文件后的约定期限内向承包方提出由工程造价咨询企业出具的竣工结算文件审核意见；逾期未答复的，按照合同约定处理，合同没有约定的，竣工结算文件视为已被认可。

3. 备案制度

《建筑工程施工发包与承包计价管理办法》第十九条明确规定，竣工结算文件应当由发包方报工程所在地县级以上地方人民政府住房城乡建设主管部门备案。

4. 工程造价鉴定制度

在工程合同价款纠纷案件处理中，需作工程造价司法鉴定的，应委托具有相应资质的工程造价咨询人进行。工程造价咨询人接受委托，提供工程造价司法鉴定服务的，不仅应符合计价规范的规定，还应按仲裁或诉讼的程序和要求进行，并应符合国家关于司法鉴定的相关规定。

5. 造价工程师信用档案制度

《注册造价工程师管理办法》第三十条规定：注册造价工程师及其聘用单位应当按照有关规定，向注册机关提供真实、准确、完整的注册造价工程师信用档案信息。

6. 工程计价档案管理制度

发、承包双方和工程造价咨询人应建立完善的工程计价档案管理制度，并应符合国家和有关部门发布的档案管理相关规定。档案保存期不宜少于 5 年。归档的工程计价成果文件应包括纸质原件和电子文件，其他归档文件及依据可为纸质原件、复印件或电子文件。

6.1.3 规范结算表格

工程结算相关表格详见附录。

任务 2 工程结算建设单位管理

建设单位依据建设工程变更管理办法、合同款项支付管理办法、建设工程结算管理办法等进行工程结算管理。

建设单位结算管理的重点在于规范结算行为，明确岗位职责，加强审核，控制成本。

6.2.1 建设工程变更管理办法

1. 变更管理原则

对于建设工程变更管理要注重先审批后实施原则、实事求是原则和实施与审批一致原则。

建设工程变更管理办法

2. 工程变更分类

（1）一类变更：对工程建设规模、建设标准及设计方案等方面作出的重大变更。

（2）二类变更：单次变更金额在 50 万元以上（含 50 万元）的变更。

（3）三类变更：单次变更金额在 20 万元（含 20 万元）～ 50 万元的变更。

（4）四类变更：单次变更金额在 10 万元（含 10 万元）～ 20 万元的变更。

（5）五类变更：单次变更金额在 10 万元以下的变更。

3. 变更审批要件

需要进行工程变更，提出变更的单位填写工程变更申请表。

变更涉及费用，造价咨询单位出具工程变更费用计算表。

6.2.2 合同款项支付管理办法

1. 合同款项分类

（1）工程款：施工、材料及设备采购等合同的预付款，进度款结算保留金，质量保证金，审计保留金等。

（2）土地款：用于土地整理、拆迁、赔偿等的款项。

（3）其他款项：设计、监理、造价、招标代理、可研、环评、勘测交易中心服务及报建费等。

2. 款项支付条件

工程预付款、工程进度款、结算保留金、质量保证金、审计保留金等支付条件在其他相关项目中有详细讲解，此处不再赘述。

6.2.3 建设工程结算管理办法

1. 工程结算的条件

（1）节点结算（过程结算）。

1）达到合同约定节点且工程质量合格。

2）具备完整的 5 点施工图、工程变更资料。

（2）竣工结算。

1）工程验收合格。

2）具备完整的施工图、竣工图，以及工程变更、工程竣工资料。

2. 工程结算资料

（1）节点结算。

1）结算书及电子文档。

2）招标图、施工图。

3）经审批的工程变更。

4）开、竣工报告。

5）其他。

（2）竣工结算。

1）合同。

2）结算书及电子文档。

3）招标图、施工图。

4）竣工图。

5）经审批的工程变更。

6）开、竣工报告。

7）各节点结算报告。

8）其他。

这部分内容在其他相关项目中有详细讲解，此处不再赘述。

任务3 工程结算施工单位管理

施工单位一般都会设合约部（或专人）负责合同管理，按照合同约定的时间、程序办理合同价款划拨手续。明确相关的岗位职责，要求发生工程交更、签证等合同约定予以价款调整的事项时，造价人员配合现场技术人员等办理各种变更手续。计算价款调整金额并按照约定的程序办理确认手续。

6.3.1 工程投标报价管理

（1）建立健全投标预算责任制度。

（2）及时响应招标文件要求。

（3）科学合理地确定报价策略。

（4）强化成本预测与风险控制。

（5）实行标后分析总结制度。

（6）建立健全投标预算和报价台账。

6.3.2 工程项目预算管理

（1）编制各节点工程施工预算及施工图预（始）算。

（2）做好签证索赔工作，建立签证索赔台账。

（3）7 天内积极办理工程签证。

（4）按照经济技术资料，计算工程造价，认真计取费用。

（5）认真严格报送工程量统计报表，坚持稳妥原则。

（6）共同确认当期进度款结算收入。

6.3.3 工程竣工结算管理

（1）工程竣工结算由项目经理具体组织。

（2）项目经理部相关人员进行结算交代。

（3）结算资料由项目经理负责组织，项目商务经理、经办造价员，技术人员、材料人员进行对比分析。

竣工结算程序大致如下：

（1）项目商务经理、项目经理签字确认。

（2）由分公司商务合约部审核，分公司商务合约部负责人签字确认。

（3）工程结算送审造价 5 000 万元及以上的，由分公司总经济师审定。

（4）加盖造价工程师专用章和分公司预结算专用章后报发包人，让发包人在竣工结算资料明细清单上签收并取得回执。

（5）每年 12 月 31 日前，分公司须将结算造价 2 000 万元以上的已审定工程竣工结算资料报公司商务合约部备案。

6.3.4 成本分析和企业定额管理

（1）各单位建立系统的成本分析机制。

每个工程项目竣工后，均应由项目经理牵头，项目商务经理组织本项目的施工技术、预算、成本、财务、物资设备等有关人员对项目成本进行全面系统分析。对中标价、计划成本、实际成本、竣工结算价中各项消耗量和费用指标加以全面分析对比，找出差别，分析原因，形成详细的商务报告，将书面报告和电子版一并交分公司商务合约部门审核后存档，由分公司商务合约部门建立各工程项目成本管理数据库，作为今后成本管理的依据。为了编制企业定额，确认企业自身的各种人工、材料、机具、管理等实际消耗水平，各单位必须将这种成本分析作为企业的基础工作来做。

（2）做好成本管理和投标报价的依据。

（3）做好编制企业定额的基础性工作。

任务4 工程结算造价咨询单位管理

6.4.1 工程结算审核工作流程

（1）交接资料，填写“结算资料交接单”。

（2）熟悉资料，提交“建设工程咨询实施方案”。

（3）组织召开工程结算审计审前工作会议。

（4）通报初步审核意见，核对初步审核意见。

（5）出具审计报告。

6.4.2 工程结算相关表格

（1）建设工程咨询实施方案。

（2）工程项目送审表。

（3）工程量计价编制说明。

（4）工程量确认表。

（5）结算材料价格确认表。

（6）工程项目结算单。

（7）工程造价咨询需委托单位提供的资料明细表。

（8）工程造价结算审前会议纪要。

（9）工程结算审核签到表。

技能检测

一、单选题

1. 根据政府管理要求，以下不属于工程结算的六大核心制度的是（　　）。

A. 工程造价咨询制度　　B. 工程变更审批制度

C. 工程造价鉴定制度　　D. 造价工程师信用档案制度

2. 建设单位对工程变更进行分类管理时，单次变更金额在10万元以下的属于（　　）。

A. 一类变更　　B. 三类变更　　C. 四类变更　　D. 五类变更

二、简答题

如果你是一名造价咨询公司的审计人员，在结算审核过程中应怎样遵守职业道德？

项目7　工程结算软件应用

项目导读

本项目从竣工结算业务分析、合同内的量价处理、合同外的量价处理、竣工结算指标分析四个方面详细介绍如何运用软件处理竣工结算。

项目重点

1. 竣工结算合同内的量价处理。
2. 竣工结算合同外的量价处理。
3. 竣工结算指标分析。

素养目标

通过对本项目的学习，学生可以树立严谨务实的数据观、契约精神与法治思维、廉洁自律与公平正义的职业作风、诚信为本的责任担当。软件是工具，操作者需坚守职业道德，在数字化实践中践行“诚信、法治、廉洁、担当”的核心价值观，实现技术赋能与职业价值的统一责任感。树立规范意识，通过标准化流程倡导规范操作，保障工程结算市场秩序。

任务 1 竣工结算业务分析

竣工结算方式分为分期计量和一次性计量，如图 7-1 所示。

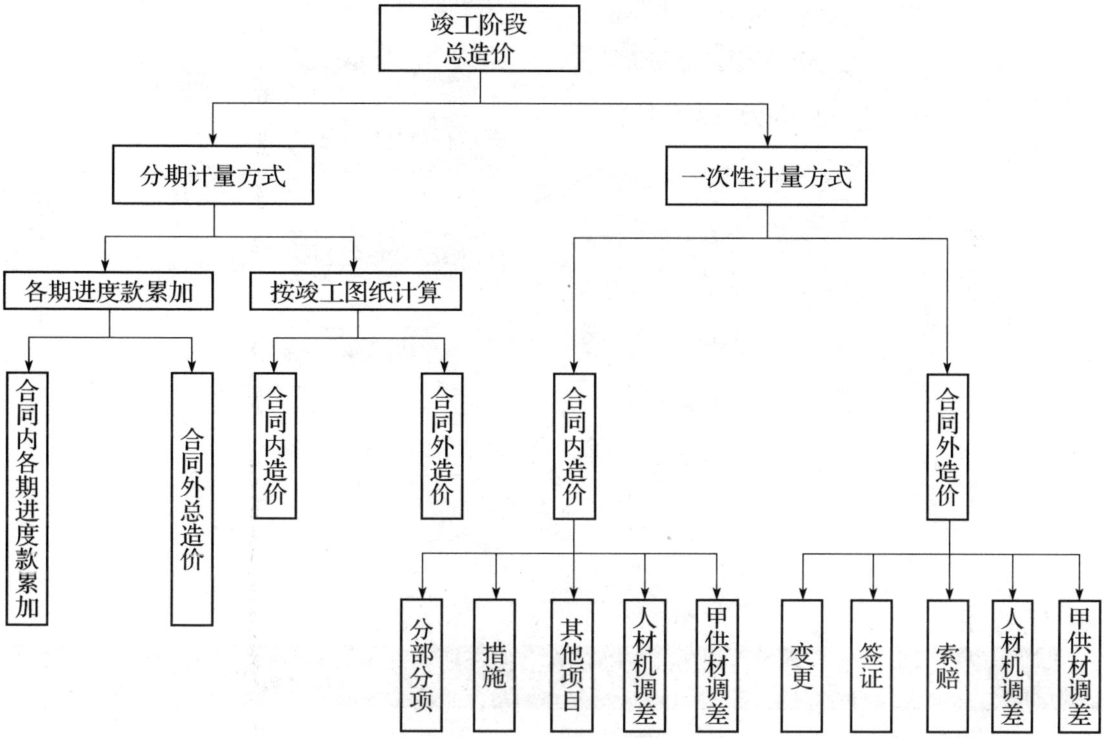

图 7-1 竣工结算方式

分期计量方式的主要依据是《建设工程工程量清单计价标准》(GB 50500-2024)(以下简称《标准》)。《标准》明确指出：发承包双方签署确认的工程计量成果应作为合同价款调整、工程结算的依据，结合软件来看，验工计价文件中处理的整个工程各进度期的量、价、材料都是竣工结算的依据。云计价平台强调的是平台化，在验工计价部分中看到的合同文件能够直接转为验工计价文件并成为施工过程的依据，那么验工计价文件能不能转换为竣工结算文件呢？如果可以，结算工作就会轻松很多。带着这个疑问，我们先来学习第二种结算方式，即一次性计量方式，这是我们较为熟悉的结算方式，它分为合同内造价和合同外造价。

计算合同内造价时，工程如果是固定单价合同，需要用结算工程量乘以合同单价，过程中要考虑结算工程量的变化是否超出风险幅度范围，对于超出部分，需重新计算综合单价，除此之外还要考虑人材机价差的调整。合同外的费用涉及变更、签证等，需要计算发生的量有多少，价如何确认，是采用原综合单价还是重新计算，并且依据文件要完备。计算合同内、外造价的内容，如图 7-2 所示。

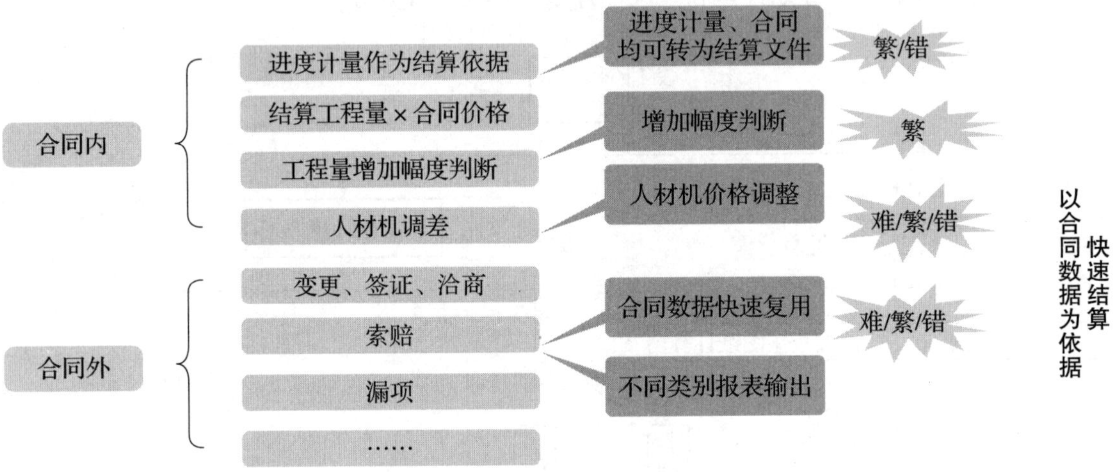

图 7-2　计算合同内、外造价的内容

任务 2　竣工结算合同内量价处理

7.2.1　新建结算工程

1. 方法一

《标准》规定：工程竣工后，承包人应在发承包双方确认的施工过程结算的基础上，补充完善相关质量合格验收证明等资料，按合同约定及相关规定编制并向发包人提交完整的工程竣工结算文件。因此，当建设项目发生了过程中结算时，需要将过程中进度计量（GPV）文件转换为结算计价（GSC）文件。

步骤一：进入广联达云计价平台，单击“新建结算”，选择所需验工计价（GPV）文件后，单击“选择”，如图 7-3 所示。

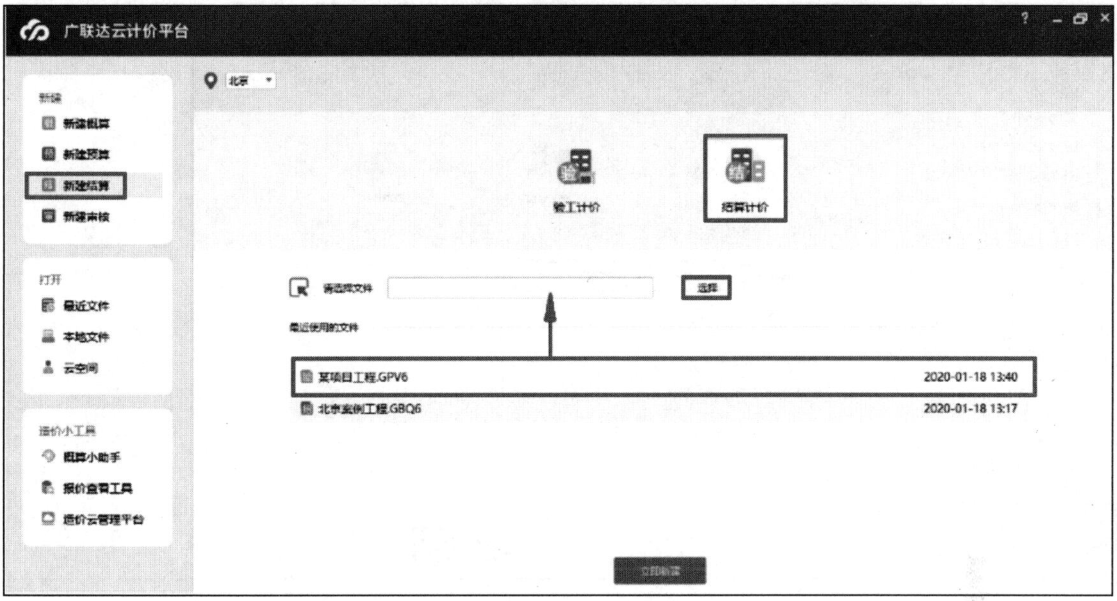

图 7–3　选择所需验工计价文件

步骤二：选择所需验工计价（GPV）文件后，单击“打开”，如图 7–4 所示。

图 7–4　打开验工计价文件

步骤三：单击“立即新建”，完成新建结算项目，如图 7–5 所示。

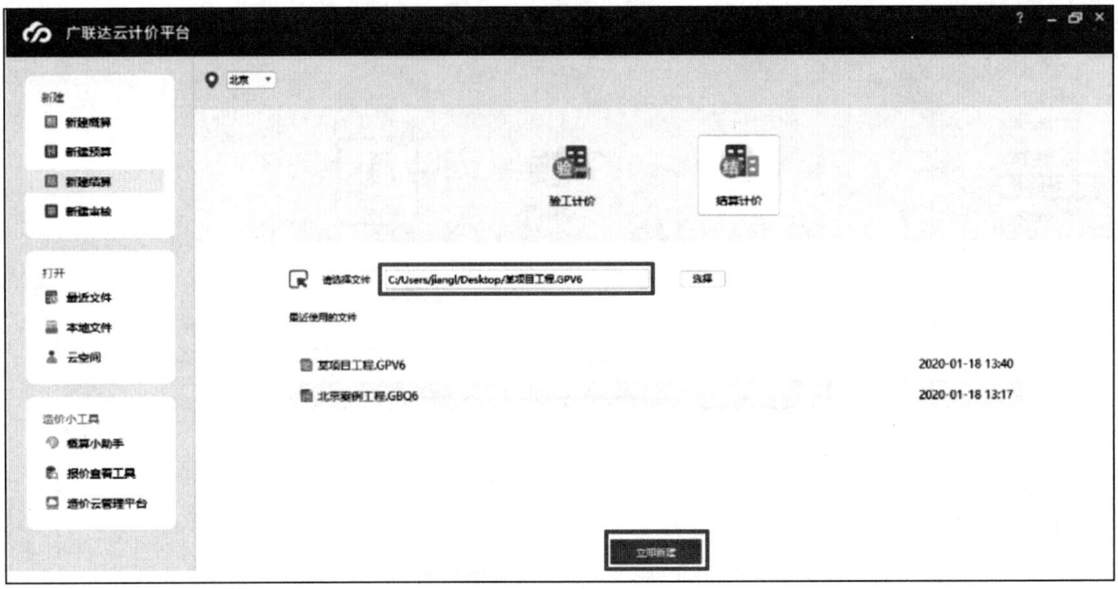

图 7-5　新建结算项目

2. 方法二

当结算方式为一次性结算时，就需要重新对工程的量价进行核实，这时可以将合同文件转为结算文件。

打开合同计价文件，在工具栏中单击“GLODON 广联达”，在下拉菜单中选择“转为结算计价”，如图 7-6 所示。

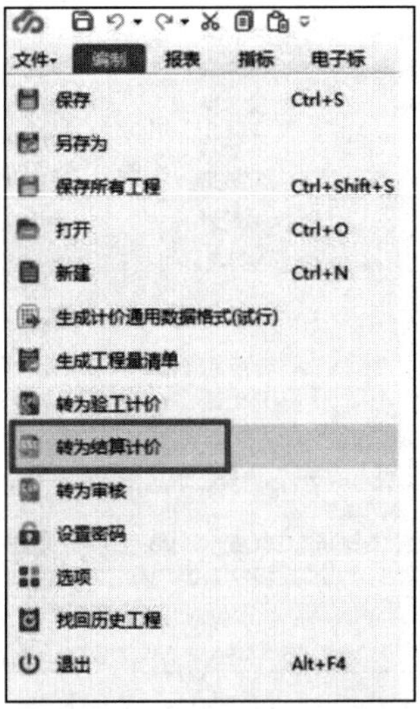

图 7-6　转为结算计价

3. 方法三

步骤一：在平台中单击“新建”，选择“新建结算”，如图 7-7 所示。

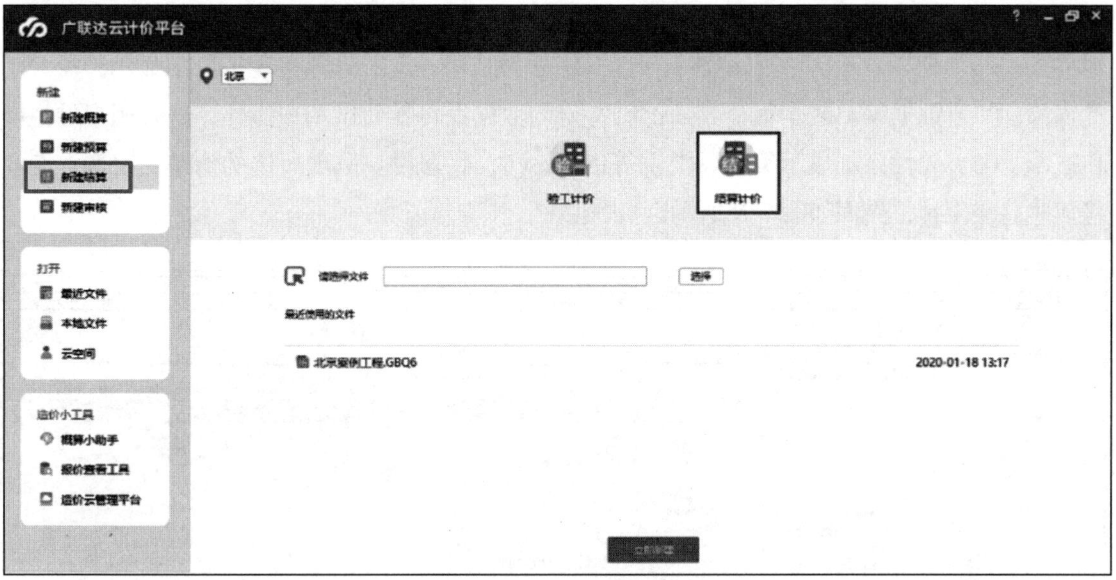

图 7–7 “新建结算”界面

步骤二：点击“结算计价”后选择 GBQ 或 GPV 文件新建结算计价。

步骤三：点击“选择”，查找想要打开的 GBQ 或 GPV 文件新建结算计价文件。

步骤四：点击“立即新建”，完成新建结算项目，如图 7–8 所示。

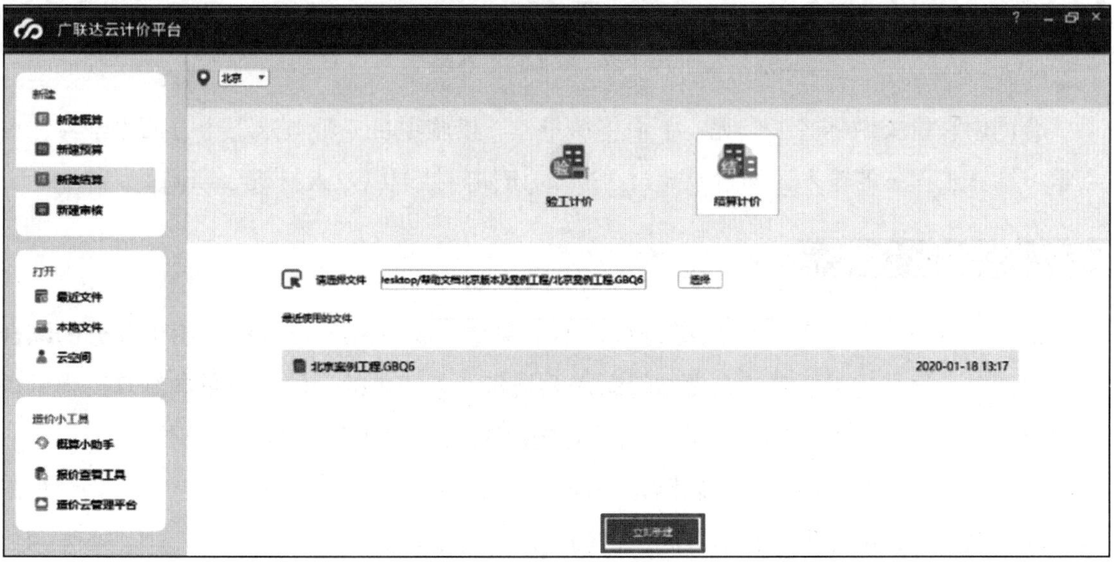

图 7–8 上传文件

竣工计价界面分为：（1）标题栏。包含撤销、恢复、剪切板等功能，呈现正在编辑的工程的标题名称。（2）一级导航。包含文件、编制、报表、账号微社区等内容。（3）功能区。随着界面的切换，功能区包含的内容不同。（4）二级导航。包括分部分项、其他项目等页签，用户在编制过程中需要切换页签完成工作。（5）项目结构树。左侧导航栏可切换到不同的编辑界面。（6）分栏显示区。显示整个项目下的分部结构，点击分部实现按分部显示，可关闭此窗口。（7）数据编辑区。每个界面都有特定的数据编辑界面供用户操作，这是用户的主操作区域。（8）属性区。显示编码、类别等信息。（9）状态栏。呈现所选的清单、定额、专业等信息。竣工计价界面如图 7–9 所示。

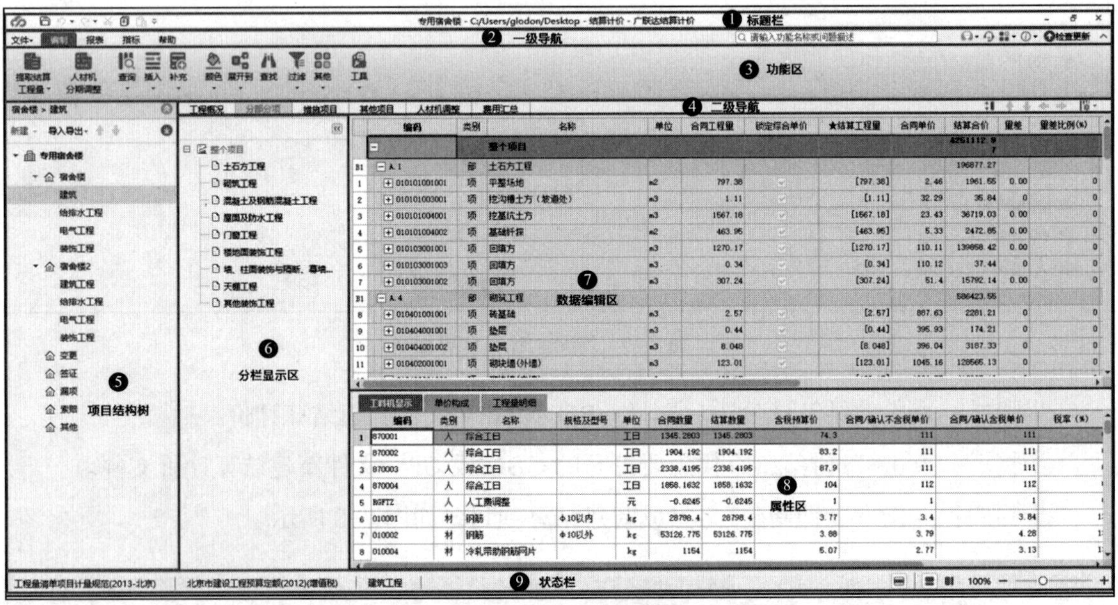

图 7–9　竣工计价界面

合同内计价要做哪些工作呢？下面将从量差、措施项目、价差这三个方面去学习，重点学习结算工程量的输入，如量差超过 15% 时该如何处理以及人材机分期调差。

7.2.2 合同内量差

清单工程量偏差低于 15% 的综合单价不予调整，量差超出 15% 的，超出部分的综合单价要调整。根据这条规定，在做结算时需要把每一条清单的合同工程量和结算工程量进行比对，找出量差大于 15% 的，再重新计算超出 15% 部分工程量的综合单价。

利用软件处理合同内量差的思路是一样的，我们分两步考虑：第一步，如何将结算工程量输入软件中；第二步，超出合同规定的量差如何处理。

1. 输入结算工程量

结算时如果采用竣工图复算法，根据竣工图纸重新画图的，可点击“提取结算工程量”，再选择“从算量文件提取”（见图 7–10），把算量软件中计算的工程量提取过来。

步骤一：选择算量工程文件，单击“打开”，如图 7–11 所示。

步骤二：选择“自动匹配设置”，设置自动匹配原则，如图 7–12 所示。

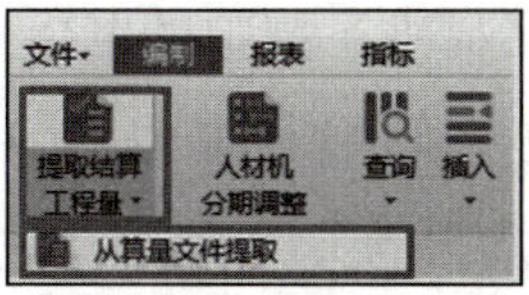

图 7–10　提取结算工程量

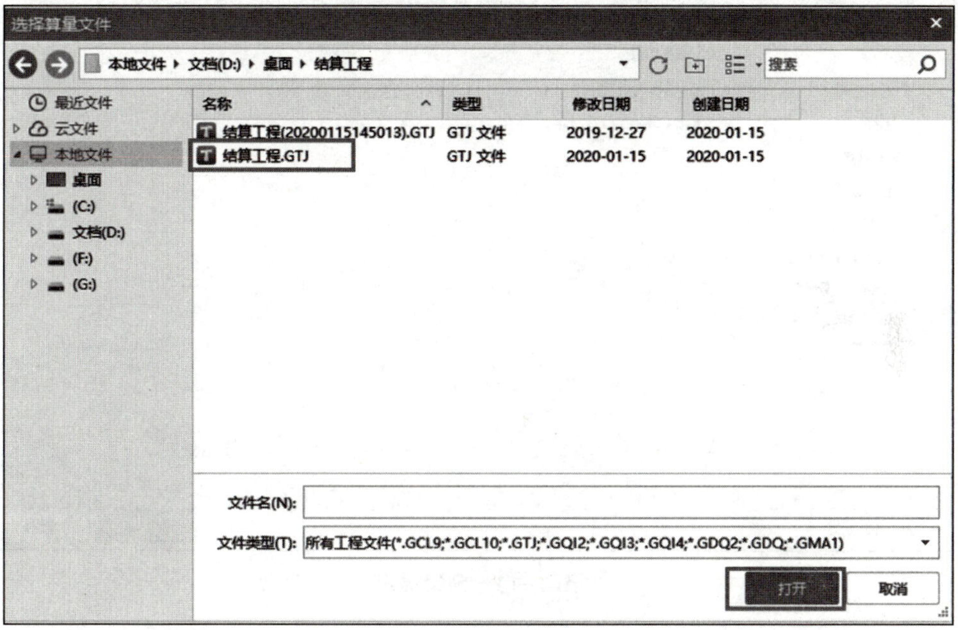

图 7–11　选择算量工程文件

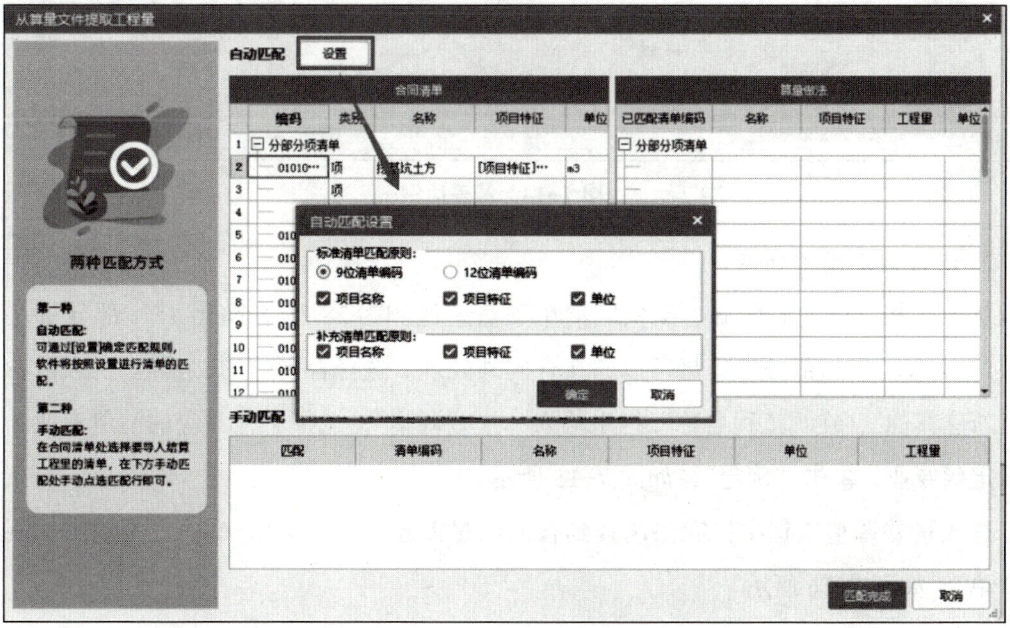

图 7–12　自动匹配设置

如果合同规定的偏差幅度和《标准》规定的不一致，只需要在“文件”中单击“选项”，选择“结算设置”，设置预警范围，软件默认按 ±15% 给出预警提示，如图 7-13 所示。选择“分部分项”，查看“量差比例”，如图 7-14 所示。量差超过预警范围为红色预警；低于预警范围为绿色预警。

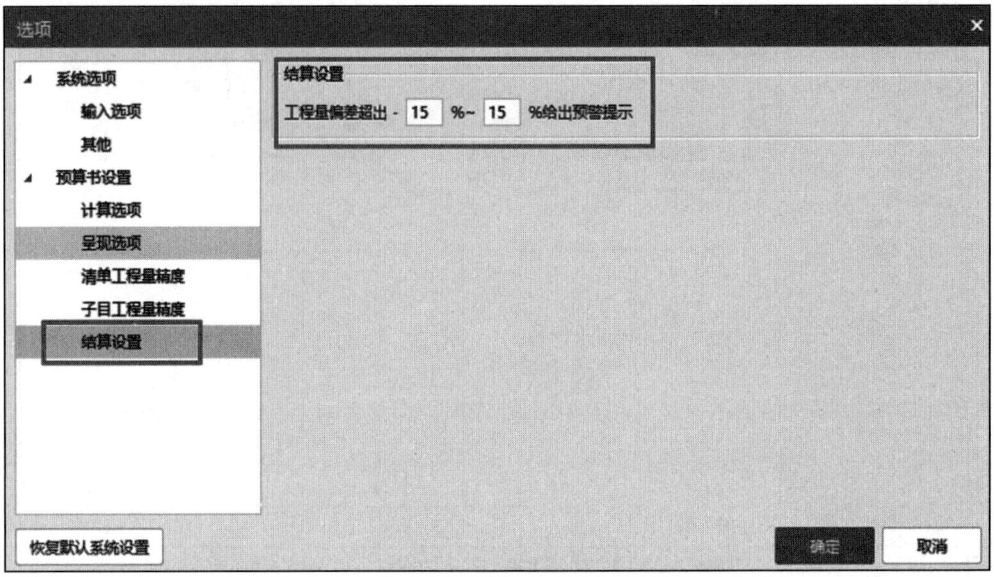

图 7-13　预警提示

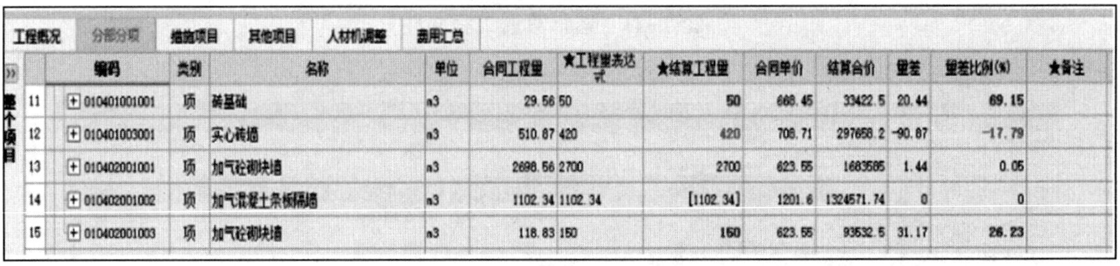

工程概况 | 分部分项 | 措施项目 | 其他项目 | 人材机调整 | 费用汇总

	编码	类别	名称	单位	合同工程量	★工程量表达式	★结算工程量	合同单价	结算合价	量差	量差比例(%)	★备注
11	010401001001	项	砖基础	m3	29.56	50	50	668.45	33422.5	20.44	69.15	
12	010401003001	项	实心砖墙	m3	510.87	420	420	708.71	297658.2	-90.87	-17.79	
13	010402001001	项	加气砼砌块墙	m3	2698.56	2700	2700	623.55	1683585	1.44	0.05	
14	010402001002	项	加气混凝土条板隔墙	m3	1102.34	1102.34	[1102.34]	1201.6	1324571.74	0	0	
15	010402001003	项	加气砼砌块墙	m3	118.83	150	150	623.55	93532.5	31.17	26.23	

图 7-14　量差比例

2. 15% 以上量差处理

例如，某工程空心砖墙、砌块墙清单项量差比例为 28.7%，超出 15% 部分量差软件显示“245.31”。这部分工程量可以放在合同外处理。选择合同外的“其他”，点击右键选择“新建其他”，在“工程名称”栏中输入“量差调整”，选择工程对应的清单专业、定额库、定额专业，单击“确定”，如图 7-15 所示。

进入量差调整工程中，需快速查到合同内量差超过 15% 的清单项，可单击“复用合同清单”，如图 7-16 所示。

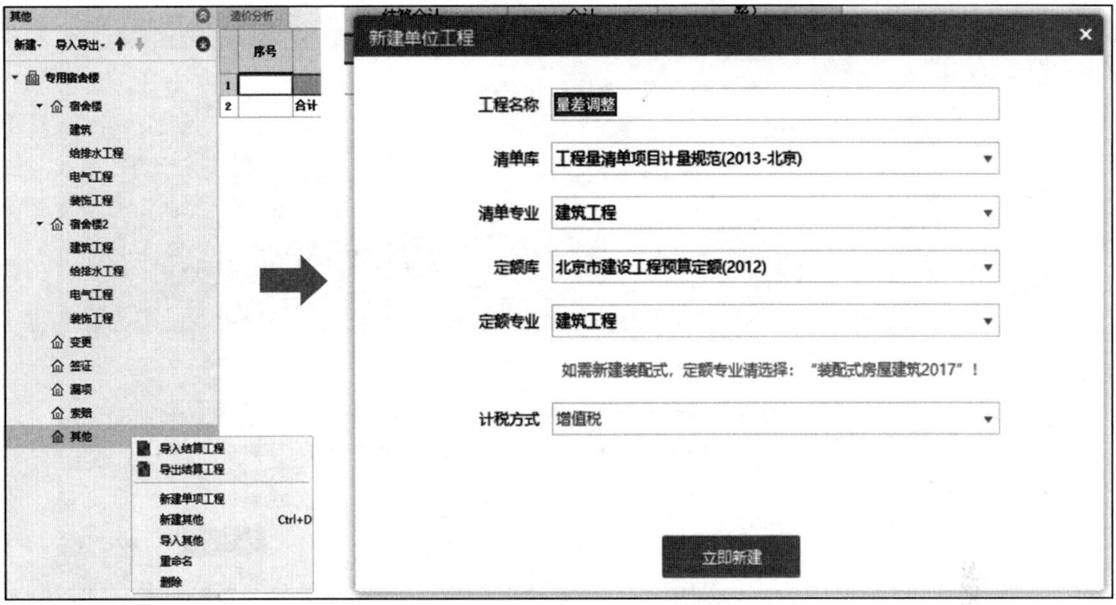

图 7–15 “新建单位工程”界面

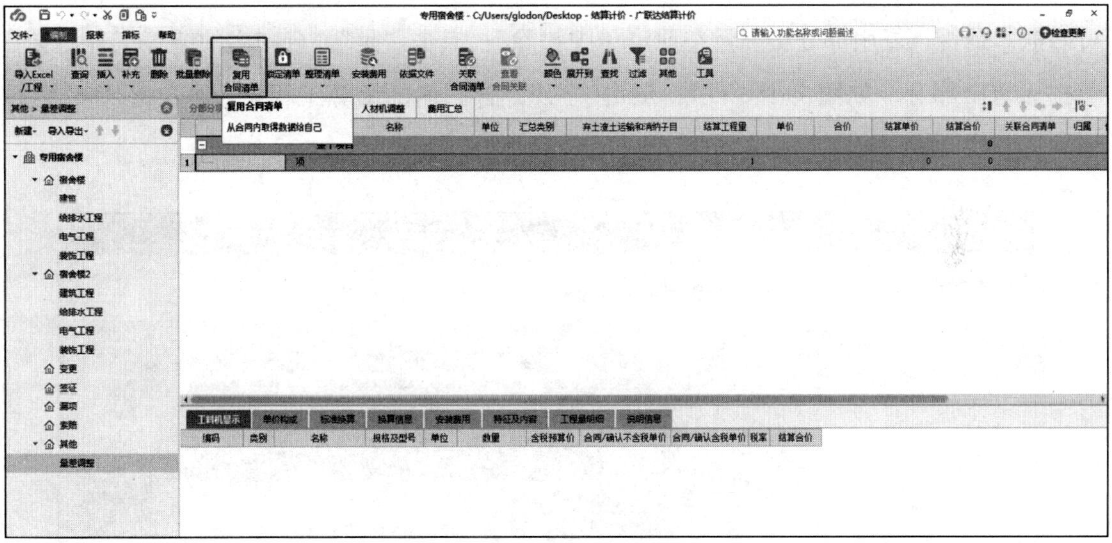

图 7–16 复用合同清单

在弹出的对话框中对“量差范围超过正负 15%”打钩，这时软件会自动过滤出合同清单量差超出正负 15% 的清单项。想要进一步缩小范围时，可输入名称或关键字进行过滤。对要复用的清单项先打钩，在“清单复用规则”处选择“只复制清单”，“工程量复用规则”处选择“工程量全部复制”，单击“确定”，如图 7–17 所示。

图 7–17　复用合同清单设置

当在“工程量复用规则”处选择“量差幅度以外的工程量”时，单击“确定”，弹出对话框“是否将复用部分工程量在原清单中扣除”，点击“是”，合同内的结算工程量会自动扣除超出部分，如图 7–18 所示；点击“否”，合同内的结算工程量不变，超出 15% 部分的工程量提取出来。

图 7–18　“复用部分工程量在原清单中扣除”选项

超出部分量差再套定额重新确定综合单价。

7.2.3 措施项目

措施费用可分为总价包干和可调措施，总价包干的结算价以合同价为准，是固定总价合同；结算价格可以以实际情况修改的为可调措施，通常是固定单价合同。当工程中变更非常大时有可能不再采用原文件的要求，此时需要双方协商考虑是执行原文件还是将结算方式改为可调措施。在软件中可以点击“结算方式”单元格进行调整，也可以在“结算方式”功能键中选择“可调措施”或“总价包干”直接切换，如图 7-19 所示。

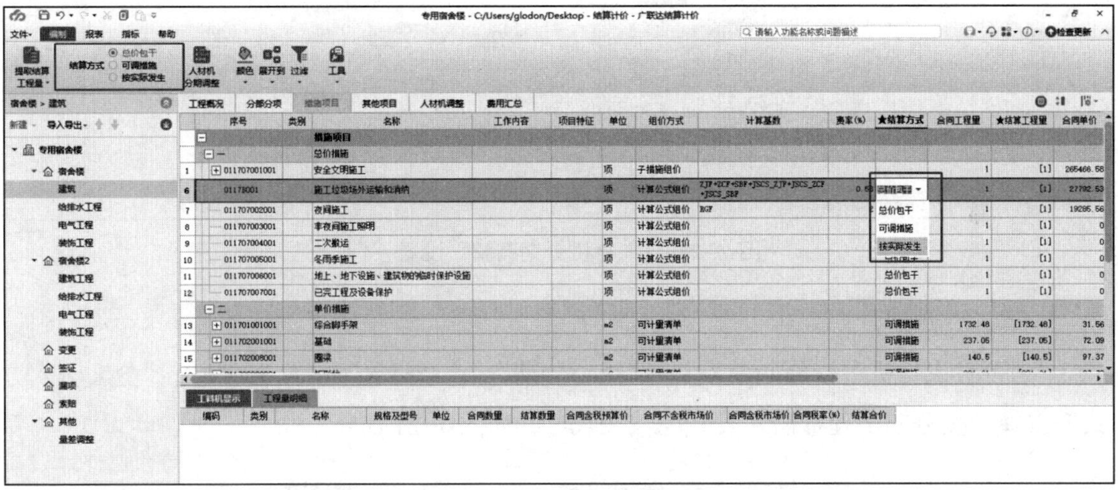

图 7-19　切换结算方式

7.2.4 合同内价差处理

竣工结算阶段价差调整主要为单位工程中人材机调差和项目级人材机调差，方法和验工计价一致，不再赘述。工程中还会遇到一种情况：过程中施工方不需要向甲方上报调差结果，但最终结算时又需要按分期实际发生的量和价调差。这种调差方式在软件中分两部分处理：先在分部分项界面中设置分期，再在人材机调整界面调差。

接下来进入软件，学习详细的操作方法。

1. 分部分项界面分期设置

步骤一：选择分期调差。

在分部分项界面点击“人材机分期调整”功能键，弹出的对话框提醒用户“是否对人材机进行分期调整，如图 7-20 所示。选择“分期”，在分期工程量明细中输入分期工程量，结算工程量等于分期量之和。如果选择“不分期”，将采用统一调差，直接在结算工程量输入数值。

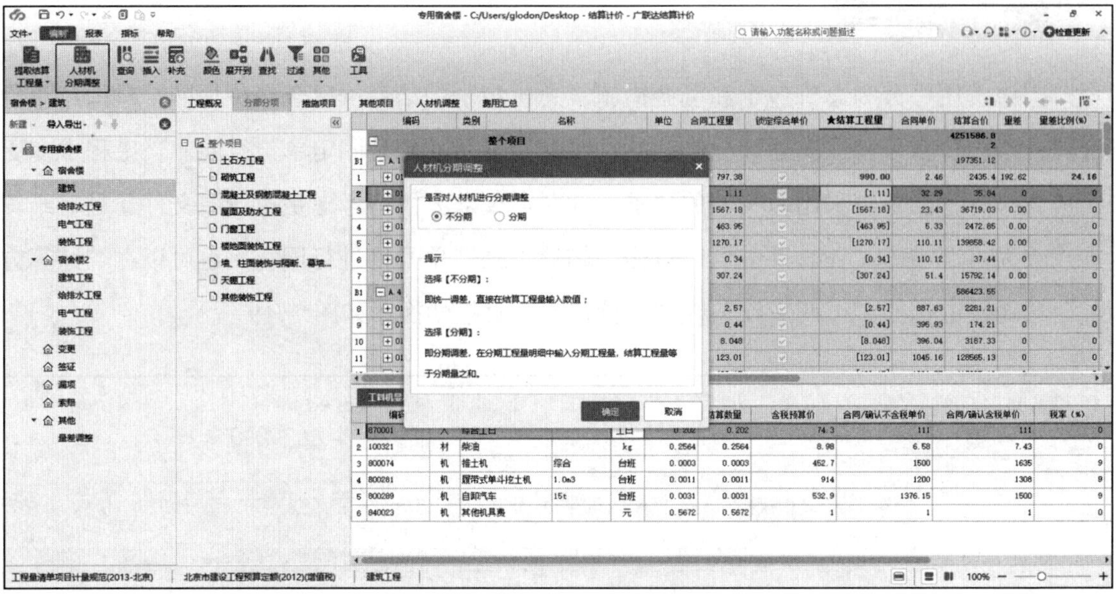

图 7–20 “人材机分期调整”设置（1）

步骤二：选择分期方式。

“是否对人材机进行分期调整”，选择“分期”；“总期数”设置为“3”；“分期输入方式”选择“按分期工程量输入”，单击“确定”，如图 7–21 所示。

图 7–21 人材机分期调整设置（2）

步骤三：设置分期明细。

在分部分项界面点击“分期工程量明细”，定位要分期的清单行，看到第 1 期比例默认 100%，“结果”单元格默认工程量为选中清单项的结算工程量，如图 7–22 所示。

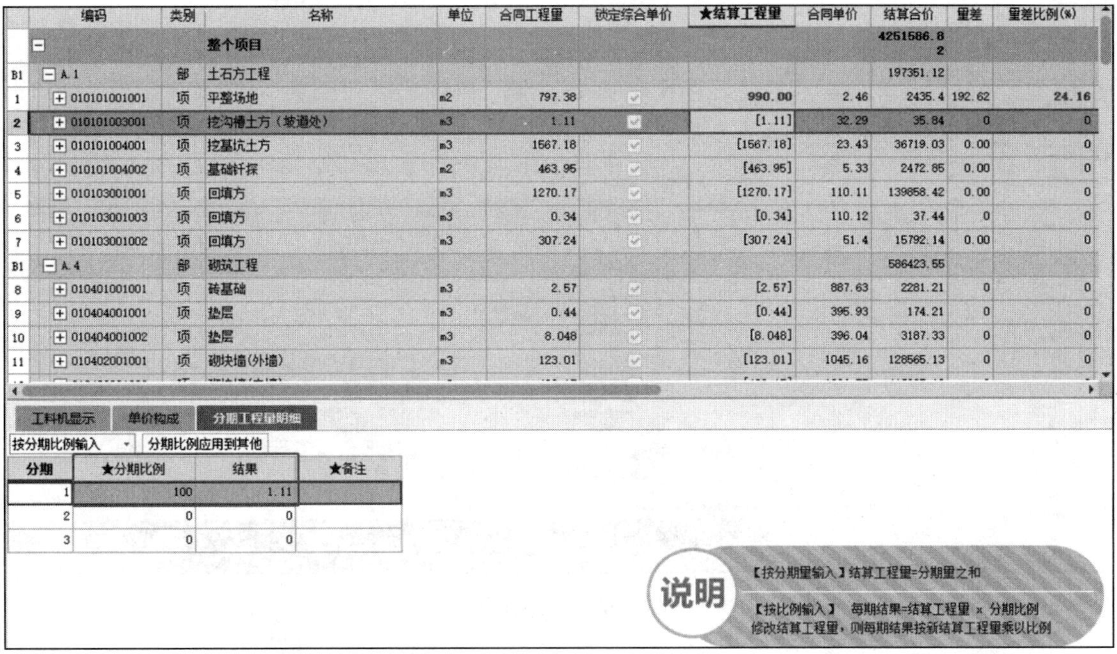

图 7–22　分期工程量默认

步骤四：输入各期比例。

根据工程情况输入这 3 期的比例，输入完毕后，若其他清单项也执行此比例关系，可点击“应用到分部分项所有清单”，如图 7–23 所示。

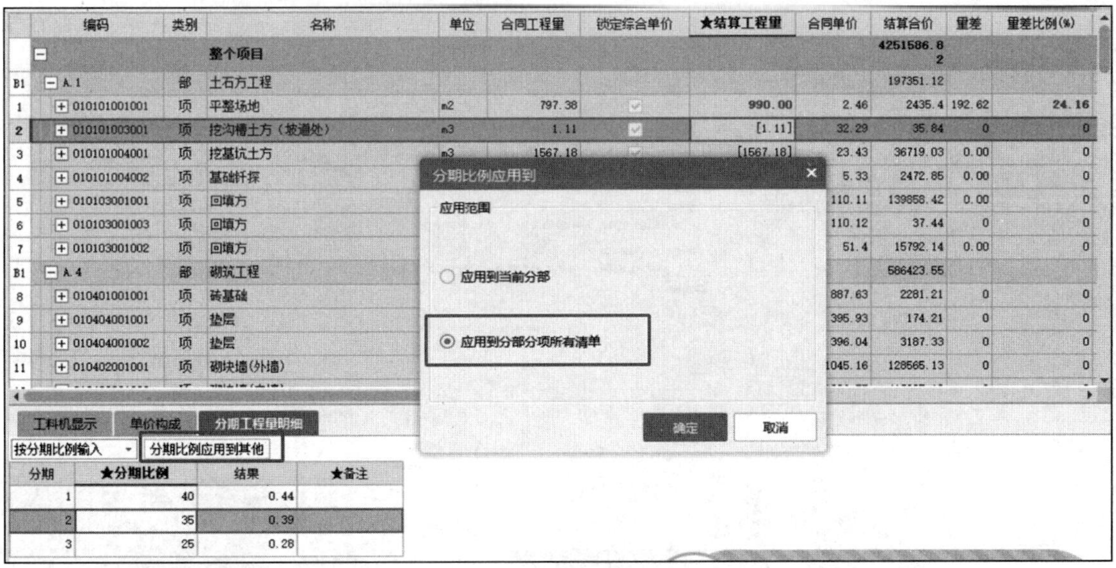

图 7–23　分期比例应用设置

2. 人材机调整界面调差

切换到人材机调整界面，点击“材料调差”，之前设置的 3 个分期即可显示，如

图 7-24 所示。

图 7-24　材料调差

接下来，挑选要调差的人材机，设置风险幅度范围，选择调差方法，设置调差周期（见图 7-25），点击“单期 / 多期调差”。单期设置是指软件根据在人材机分期调整设置的总期数、每期中的分期的量来计算当期的发生量，每个分期记一次差，分期结算单价、分别输入，最后计入总价差；多期调整是指可把之前设置的分期分多次进行价差调差，如以季度或年为单位调一次差，确定结算单价时进行量价加权，最后再计入总价差。

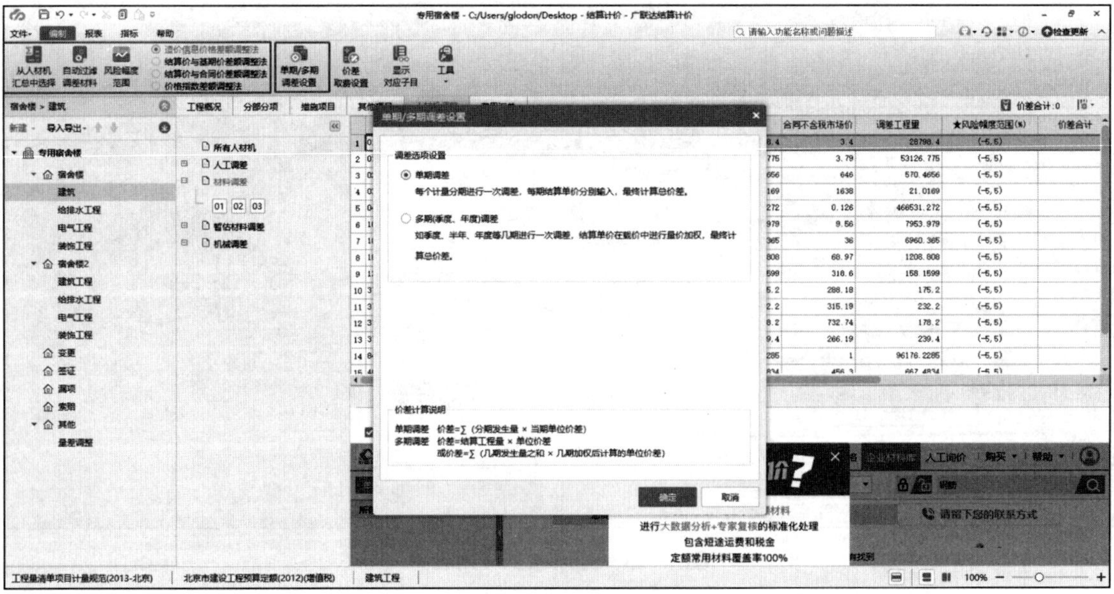

图 7-25　设置调差周期

此处选择“多期（季度、年度）调差”（见图 7-26），设置的分期可以被灵活地划分为不同的调差段，比如第 1 到第 2 分期调一次差，就需要把第 1 次调差选择为第 1 至第 2 期；点击添加按钮，选择第 2 次的调差周期；如有第 3 次调差，一样的方法继续选择。设置完毕后单击“确定”按钮。

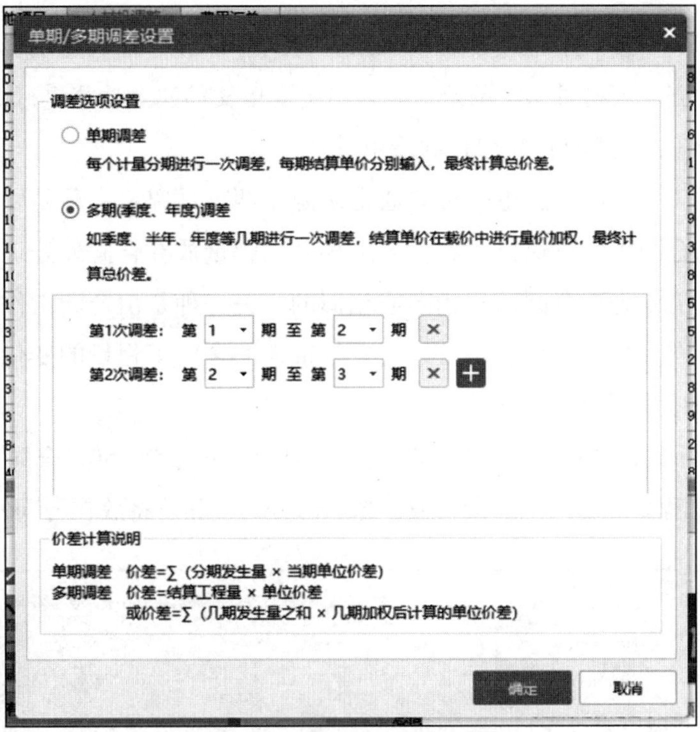

图 7–26　单期 / 多期调差设置

这时材料调差周期变为按多期调差设置的总调差次数，并且材料工程量也会自动重新计算（见图 7–27）。

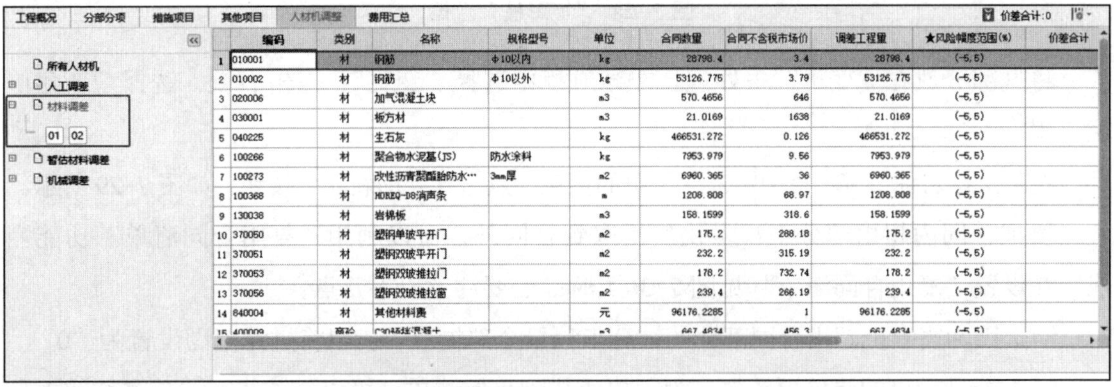

	编码	类别	名称	规格型号	单位	合同数量	合同不含税市场价	调差工程量	★风险幅度范围(%)	价差合计
1	010001	材	钢筋	Φ10以内	kg	28798.4	3.4	28798.4	(-5,5)	
2	010002	材	钢筋	Φ10以外	kg	53126.775	3.79	53126.775	(-5,5)	
3	020006	材	加气混凝土块		m3	570.4656	646	570.4656	(-5,5)	
4	030001	材	板方材		m3	21.0169	1638	21.0169	(-5,5)	
5	040225	材	生石灰		kg	466531.272	0.126	466531.272	(-5,5)	
6	100266	材	聚合物水泥基(JS)	防水涂料	kg	7953.979	9.56	7953.979	(-5,5)	
7	100273	材	改性沥青聚酯胎防水…	3mm厚	m2	6960.365	36	6960.365	(-5,5)	
8	100368	材	HOREQ-D8消声条		m	1208.808	68.97	1208.808	(-5,5)	
9	130038	材	岩棉板		m3	158.1599	318.6	158.1599	(-5,5)	
10	370050	材	塑钢单玻平开门		m2	175.2	288.18	175.2	(-5,5)	
11	370051	材	塑钢双玻平开门		m2	232.2	315.19	232.2	(-5,5)	
12	370053	材	塑钢双玻推拉门		m2	178.2	732.74	178.2	(-5,5)	
13	370056	材	塑钢双玻推拉窗		m2	239.4	266.19	239.4	(-5,5)	
14	840004	材	其他材料费		元	96176.2285	1	96176.2285	(-5,5)	

图 7–27　材料调差显示

任务3 竣工结算合同外量价处理

竣工结算——合同外量价处理

接下来继续学习竣工结算合同外部分，将从复用合同清单、关联依据、人材机参与调差、导入历史变更文件四个功能进行讲解。

功能1：复用合同清单。

合同外产生的量差通常来源于两种情况：一种是要求结算工程量和合同工程量保持一致，超出部分工程量放在合同外处理，综合单价根据清单先在合同内找相同或相似的。另一种是由合同工作内容的增减、合同工程量的变化、设计变更等带来的合同工程量的变化。这些合同外的工程量在软件中如何操作呢？

如图7–28所示，以“矩形柱”清单项为例，结算工程量为150，合同工程量为109.34，工程中要求结算工程量和合同工程量一致，超出部分的量和价将放在合同外部分计算。

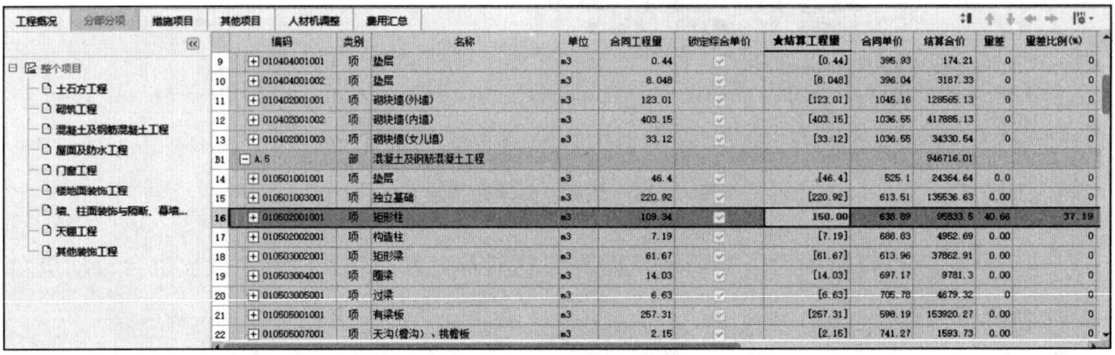

	编码	类别	名称	单位	合同工程量	锁定综合单价	★结算工程量	合同单价	结算合价	量差	量差比例(%)
9	010404001001	项	垫层	m3	0.44		[0.44]	395.93	174.21	0	0
10	010404001002	项	垫层	m3	8.048		[8.048]	396.04	3187.33	0	0
11	010402001001	项	砌块墙(外墙)	m3	123.01		[123.01]	1045.16	128565.13	0	0
12	010402001002	项	砌块墙(内墙)	m3	403.15		[403.15]	1036.55	417885.13	0	0
13	010402001003	项	砌块墙(女儿墙)	m3	33.12		[33.12]	1036.55	34330.54	0	0
B1	A.5	部	混凝土及钢筋混凝土工程						946716.01		
14	010501001001	项	垫层	m3	46.4		[46.4]	525.1	24364.64	0.0	0
15	010501003001	项	独立基础	m3	220.92		[220.92]	613.51	135536.63	0.00	0
16	010502001001	项	矩形柱	m3	109.34		150.00	638.89	95833.5	40.66	37.19
17	010502002001	项	构造柱	m3	7.19		[7.19]	688.83	4952.69	0.00	0
18	010503002001	项	矩形梁	m3	61.67		[61.67]	613.96	37862.91	0.00	0
19	010503004001	项	圈梁	m3	14.03		[14.03]	697.17	9781.3	0.00	0
20	010503005001	项	过梁	m3	6.63		[6.63]	705.78	4679.32	0	0
21	010505001001	项	有梁板	m3	257.31		[257.31]	598.19	153920.27	0.00	0
22	010505007001	项	天沟(檐沟)、挑檐板	m3	2.15		[2.15]	741.27	1593.73	0.00	0

图7–28 “矩形柱”数据

将这部分放在“变更”中处理。在导航栏中选择“变更”，点击右键，选择“新建单位工程”。

在“工程名称”等项目中输入变更单的信息，点击“立即新建”按钮，如图7–29所示。

要把合同内超出部分工程量快速提取到合同外，可以利用“复用合同清单”功能完成。在设置“复用合同清单”（见图7–30）时，需要注意以下几点：

（1）因为需要把超出合同部分的结算工程量全部提取，所以将过滤范围设置为“0”。

（2）若显示出的清单项较多，为了快速找到目标清单，可以进一步按清单名称或关键字过滤。

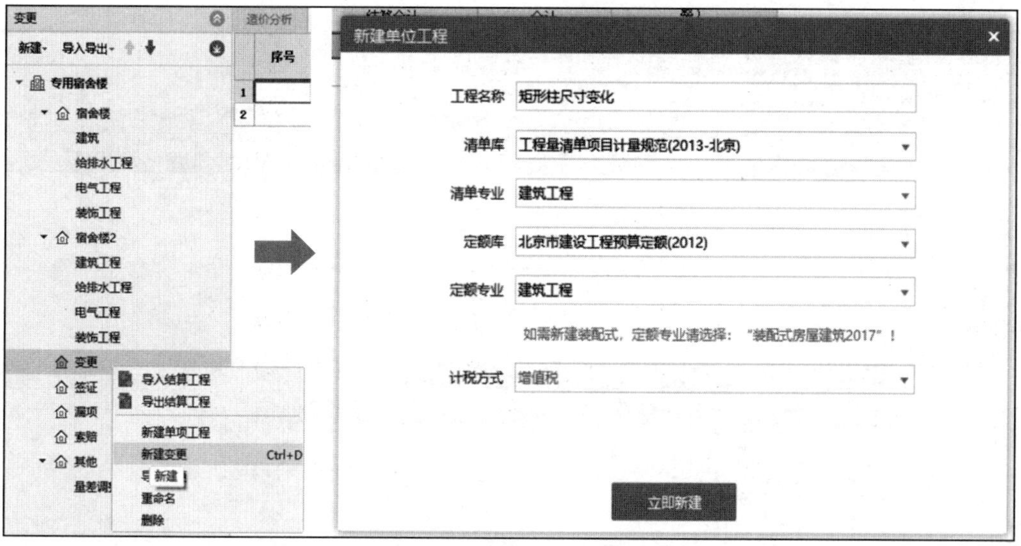

图 7–29　新建单位工程

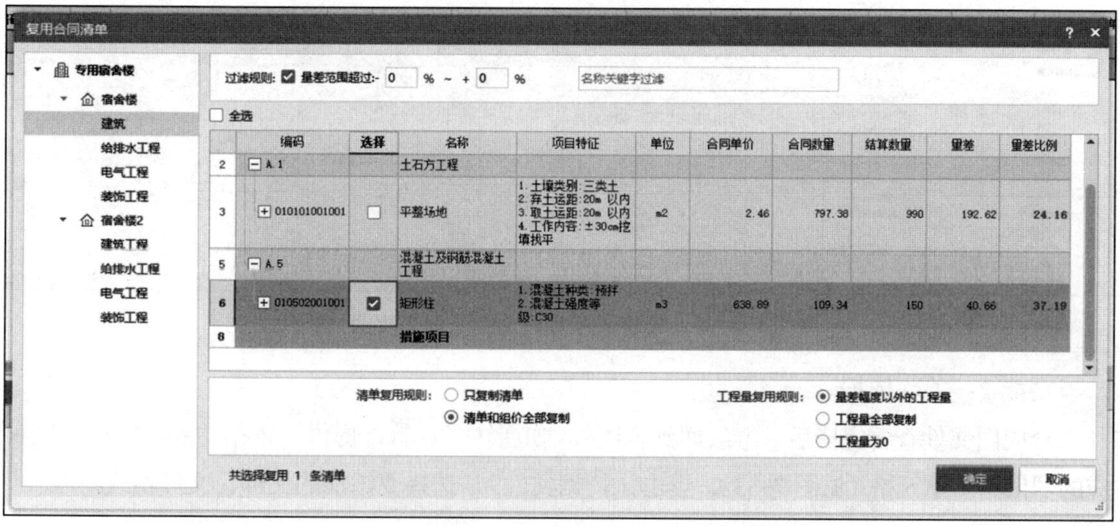

图 7–30　复用合同清单设置

（3）勾选目标清单。在选择单元格勾选“矩形柱”清单项。

（4）变更部分在合同内能找到相同或相似的清单，综合单价可以直接引用，所以“清单复用规则”选择“清单和组价全部复制”。

（5）“工程量复用规则”选择“量差幅度以外的工程量”。

依上述操作后，超出部分的工程量就被提取出来，结算单价、结算合价也自动统计，并且关联合同清单功能可以显示此条清单和哪个合同的哪条清单有关联（见图 7–31）。

再回到合同内查“矩形柱”这条清单项，此时结算工程量和合同工程量相同（见图 7–32）。

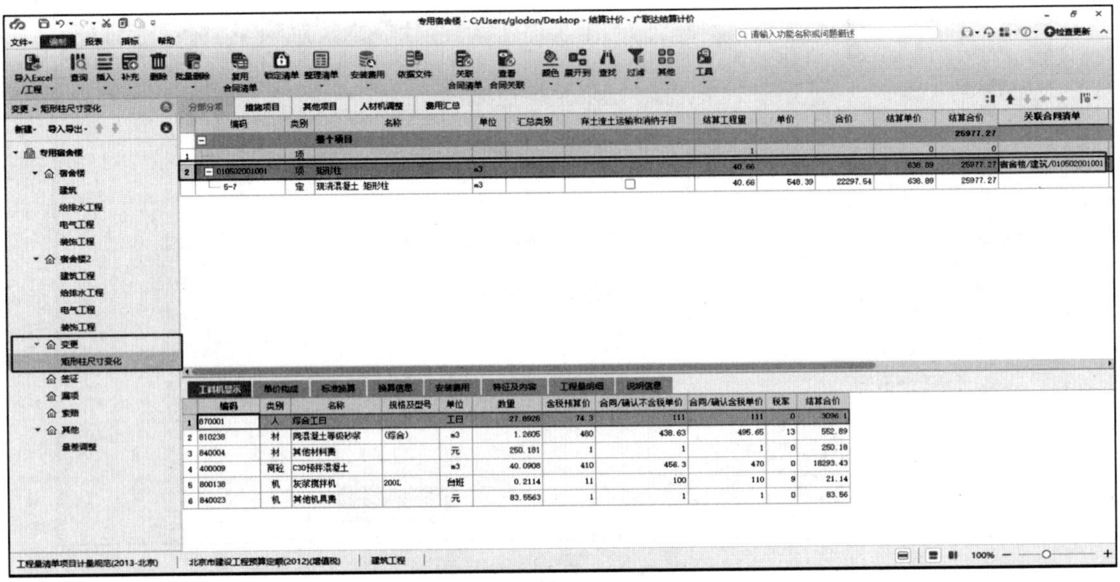

图 7–31　结果显示

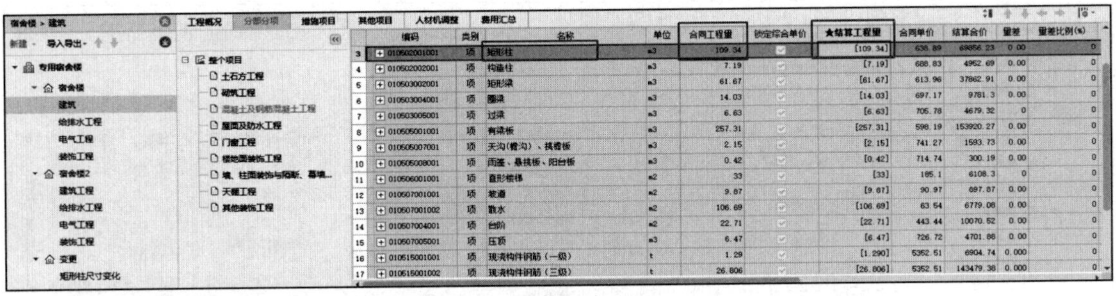

图 7–32　结算工程量与合同工程量相同

功能 2：关联依据。

合同内文件查看完毕后，继续回到合同外“矩形柱”。软件提供了依据功能，点击项目对应的“依据”单元格（见图 7–33），点击“依据文件”。选择要添加的文件，文件格式不限。

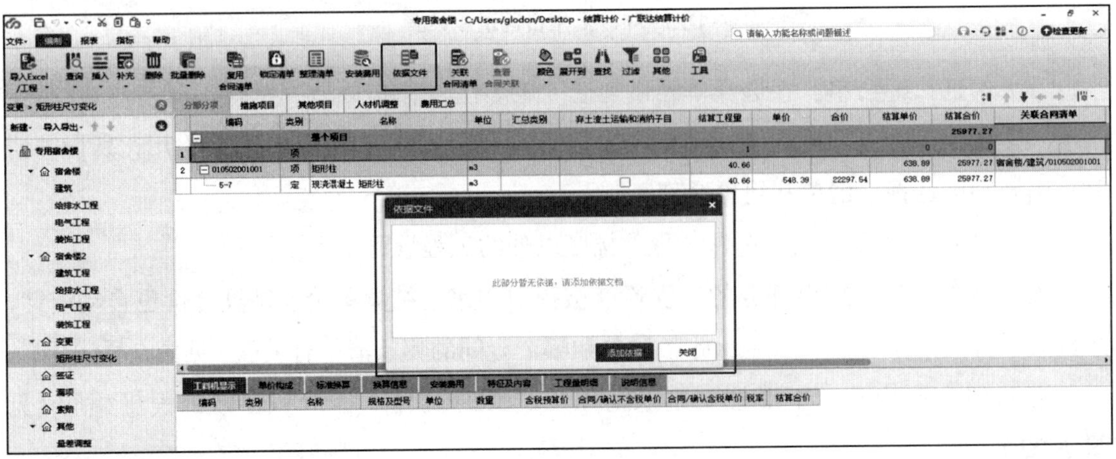

图 7–33　“依据”单元格

功能 3：人材机参与调差。

若要求合同外的人材机也参与调差，需在系统中点击“人材机参与调差”(见图 7-34)，这样合同内、外相同人材机的计算方式就相同了，并且单价保持一致。

图 7-34　人材机参与调差

功能 4：导入历史变更文件。

如果合同外的费用已经用预算文件做好了，可以直接导入到结算部分。以变更为例，在导航栏选中“变更”，点击右键，选择“导入变更”(见图 7-35)。

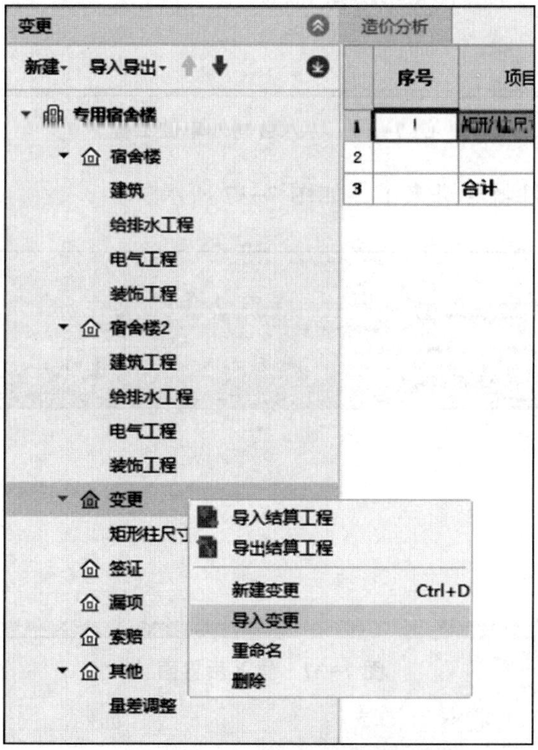

图 7-35　导入变更

在弹出的对话框中选择要导入的文件，在这里我们选择“1号楼KL21变更单”（见图7-36）。

图 7-36　导入合同外单位工程

这样合同外费用文件就导进来了，如图7-37所示。

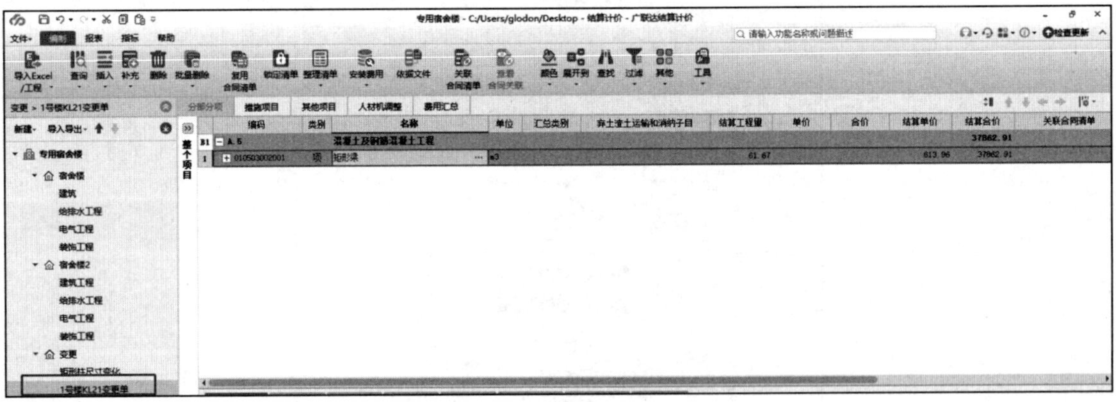

图 7-37　导入后界面

任务 4 竣工结算指标分析

竣工结算的指标是成本分析的主要部分，包含了对合同内外所有指标信息分析。

第一步，在指标分析之前需要先对合同外的费用指定归属，选中合同外的费用文件，点击右键，选择“工程归属”(见图 7-38)，在弹出的对话框中选择归属位置（见图 7-39）。

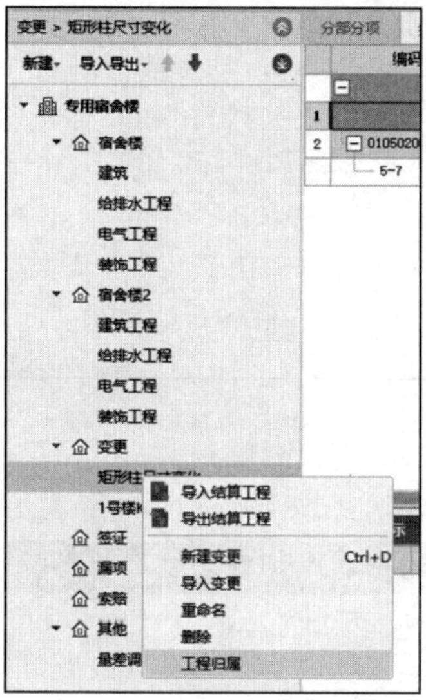

图 7-38 选择“工程归属”

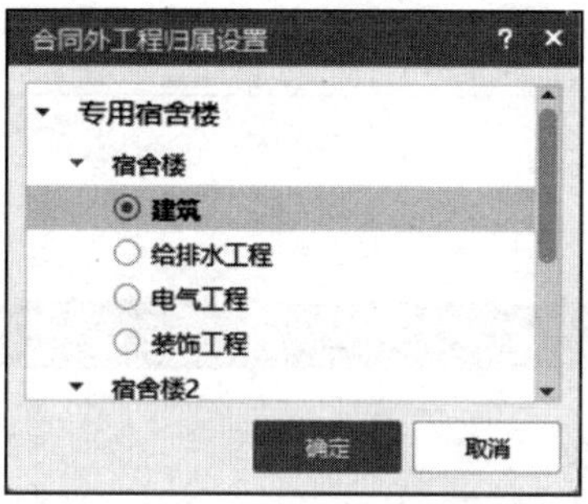

图 7-39 合同外工程归属设置

第二步，切换到指标页签，根据实际情况输入工程信息，计算口径选择“建筑面积”，在下方“计算口径”处，输入建筑面积的数值（见图 7-40）。

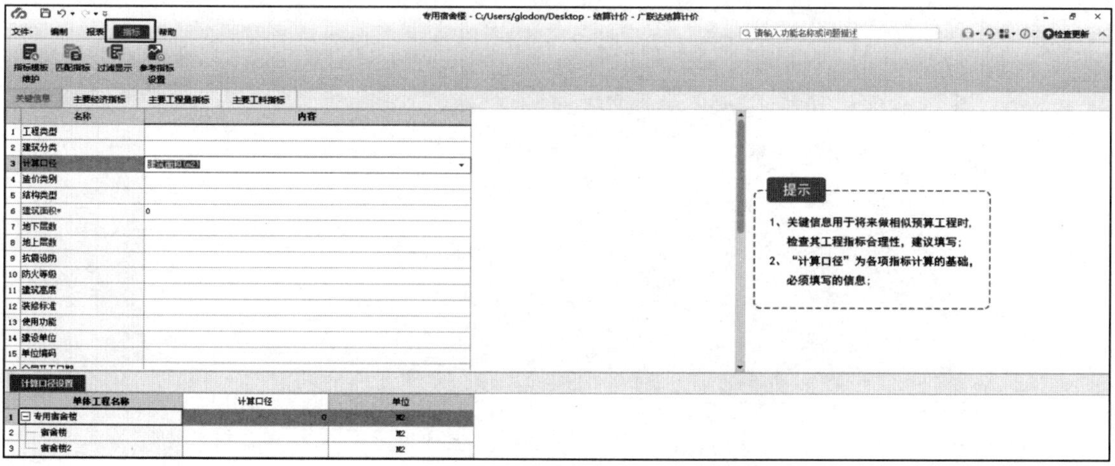

图 7-40 工程口径设置

关键信息输入完毕后就可以查看各项指标信息了，软件按工程、专业、费用 3 个不同的维度分析主要经济指标（见图 7-41）。

	科目名称	造价（元）	单方造价(元/m2)	占造价比（%）	计算口径	参考指标	参考结果
1	专用宿舍楼	5885785.58	0	100	0		
2	宿舍楼	5885785.58	0	100			
3	建筑	5885785.58	0	100			
4	分部分项	4277564.09	0	73.06			
5	土石方工程	197351.12	0	4.61		无	
6	砌筑工程	586423.55	0	13.71		无	
7	混凝土及钢筋混凝土工程	946716.01	0	22.13		无	
8	门窗工程	766248.33	0	17.91		无	
9	屋面及防水工程	580980.09	0	13.58		无	
10	楼地面装饰工程	303224.07	0	7.09		无	
11	墙、柱面装饰与隔断、幕墙工程	627339.11	0	14.67		无	
12	天棚工程	33633.32	0	0.79		无	
13	油漆、涂料、裱糊工程	41512.98	0	0.97		无	
14	其他装饰工程	194135.51	0	4.54		无	
15	措施项目	826932.88	0	14.12			
16	脚手架工程费	54677.07	0	6.61		无	
17	混凝土模板及支架费	486064.56	0	58.78		无	
18	安全文明施工费	266905.69	0	32.28		无	
19	夜间施工费	19285.56	0	2.33		无	
20	规费	218274	0	3.72			
21	税金	535071.41	0	9.09			
22	给排水工程	0	0	0			
23	电气工程	0	0	0			
24	装饰工程	0	0	0			
25	宿舍楼2	0	0	0			
26	建筑工程	0	0	0			

图 7-41　指标分析

技能检测

实操题

请自选一个竣工结算项目，练习用软件进行操作。

项目8　工程结算编制实例

项目导读

工程结算是指承包方（施工单位）与发包方（建设单位或业主）之间根据双方签订的合同（含补充协议）和已完工程量，向发包方办理工程价款的结算。工程建设周期长，耗用资金数额大，为使建筑安装企业在施工中耗用的资金及时得到补偿，需要对工程价款进行中间结算（进度款结算）、年终结算，全部工程竣工验收后应进行竣工结算。

工程完工后，发、承包双方应在合同约定时间内办理工程竣工结算。工程结算是每一个工程项目中的一项十分重要的工作，它主要表现为以下几个方面：

（1）工程结算是反映工程进度的主要指标。

（2）工程结算是加速自身周转的重要环节。

（3）工程结算是考核经济效益的重要指标。

项目重点

1. 工程签证、变更等资料的整理。

2. 依据工程签证、变更等资料计算调整工程量、项目工料费和项目直接费。

3. 编制工程结算书的方法与技巧，合理进行费用和工期索赔等。

素养目标

通过对本项目的学习，学生要在“四个自信”的指导下，坚持严谨的科学精神，养成遵循规则的工作习惯，形成社会责任感与使命感。

任务1 承包商结算及费用索赔的编制

任务目标

- 了解工程结算及费用索赔的编制要求。
- 熟悉工程结算依据的资料。
- 掌握《建设工程工程量清单计价标准》。
- 掌握工程结算谈判的内容与方法。

工程结算的种类

8.1.1 工程结算的种类

1. 期中结算

期中结算又称中间结算，包括月度、季度、年度结算和形象进度结算。按月结算是指实行旬末或月中预支、月终结算、竣工后清算的方法。跨年度竣工的工程，在年终进行工程盘点，办理年度结算。

2. 终止结算

终止结算是合同解除后的结算。

3. 竣工结算

竣工结算是指工程竣工后验收合格，发、承包双方依据合同约定办理的工程结算，是期中结算的汇总。竣工结算包括单位工程竣工结算、单项工程竣工结算和建设项目竣工结算。单项工程竣工结算由单位工程竣工结算组成，建设项目竣工结算由单项工程竣工结算组成。

8.1.2 工程价款的调整

《建设工程工程量清单计价标准》（以下简称《标准》）中，“8. 合同价款调整”的部分规定如下：

合同履行过程中发生下列事项，发承包双方可按有关规定调整相关合同价款：

8.1.1 以下事项（但不限于）发生，发、承包双方应当按照合同约定调整合同价款：

（1）工程量清单缺陷；（2）暂列金额；（3）暂估价；（4）总承包服务费；（5）计日工；（6）物价变化；（7）法律法规及政策性变化；（8）工程变更；（9）新增工程；（10）工程索赔；（11）发承包双方约定的其他调整事项。

8.9.1 采用单价合同的工程，因工程变更或工程量清单缺陷引起分部分项工程的清单项目变化（项目增减），或清单工程量发生变化且工程量变化不超出15%（含15%）时，发承包双方应依据《建设工程工程量清单计价标准》（GB/T 50500-2024）第 7.1 节、第 7.2 节、第 7.4 节规定确认的工程变更或工程量清单缺陷引起变化的工程量，按下列规定确定综合单价并计价，调整合同价格：（1）相同施工条件下实施相同项目特征的清单项目，应采用相应的合同单价；（2）相同施工条件下实施类似项目特征的清单项目或类似施工条件下实施相同项目特征的清单项目，应采用类似清单项目的合同单价换算调整后的综合单价；（3）相同施工条件下实施不同项目特征的清单项目或不同施工条件下实施相同项目特征的清单项目，可依据工程实施情况，结合类似项目的合同单价计价规则及报价水平，协商确定市场合理的综合单价；（4）不同施工条件下实施不同项目特征的清单项目，可依据工程实施情况，结合同类工程类似清单项目的综合单价，协商确定市场合理的综合单价；（5）因减少或取消清单项目的工程变更显著改变了实施中的工程施工条件，可根据实施工程的具体情况、市场价格、合同单价计价规则及报价水平协商确定工程变更的综合单价。

8.9.2　采用单价合同的工程，因工程变更或工程量清单缺陷引起分部分项工程的清单工程量发生变化，且工程量变化超出 15%（不含 15%）时，发承包双方应按《建设工程工程量清单计价标准》（GB/T 50500-2024）第 7.1 节、第 7.2 节、第 7.4 节规定确认的工程变更或工程量清单缺陷引起变化的工程量，按下列规定调整合同价格：（1）如工程变更或工程量清单缺陷引起增加清单项目及相应清单项目工程量的，可依据标准第 8.9.1 条的规定，并结合因增加工程数量引起的人工及材料采购价格优惠的影响，在合理下调其合同单价及新增综合单价后，计算相应清单项目价格，调整合同价格；（2）如工程变更或工程量清单缺陷引起减少清单项目及相应清单项目工程量的，可依据本标准第 8.9.1 条的规定，并结合因减少工程数量引起的人工及材料采购价格失去优惠的影响，在合理上调其合同单价及新增综合单价后，计算相应清单项目价格，调整合同价格。

8.9.3　采用总价合同的工程，按合同约定合同单价适用于工程变更计价的，因工程变更引起工程量清单项目及其工程数量发生变化时，可依据标准第 7.4.3 条规定计算的变更工程量，按标准第 8.9.1 条、第 8.9.2 条的规定调整合同价格；若合同约定合同单价不适用于工程变更计价的，工程变更发生的清单项目可由发承包双方根据工程实施情况、市场价格，结合已标价工程量清单计价规则及报价水平协商确定综合单价并计价。

8.9.4　工程变更或发包人责任事件引起合同工期实质性延长或缩短的，发承包双方可按下式计算合同工期影响的措施项目调增（减）价格：措施项目调增（减）价格 = 延长（缩短）工期 × 措施项目中期运行费用 / 合同工期。式中：延长（缩短）工期——可按标准第 7.4.4 条的规定计算延长或缩短工期；措施项目中期运行费用——可按标准第 6.2.13 条规定的措施项目费用分拆表计算合同清单中所有受影响措施项目的中期运行费用总额。

8.9.5　为完成工程变更而需增加的额外措施项目，且该费用未包括在标准第 8.9.1 条～第 8.9.4 条规定计价范围的，增加的措施项目费用应按下列规定计算：

（1）完成工程变更所需增加的（现场没有的）施工机具，应按实际发生施工机具的型号、台数及其耗用台班计量，并按合同清单中的计日工清单的相关施工机具单价进行计价。若合同清单中没有相应计日工清单，可按标准第 8.6.3 条的规定计算。

（2）完成工程变更所需增加设置的（现场没有的）临时设施，应按实际发生临时设施的类型、数量及使用时间进行计量，按发承包双方协商确定的合理市场价格进行计价。

8.9.6　工程变更涉及合同工程范围、工期、质量、合同规范等实质性内容变化并引起措施项目发生改变时，发承包双方的不利一方提出调整措施项目费的，应在实施前将拟实施的方案提交另一方审核，并详细说明与原方案措施项目对比的变化情况。拟实施的方案经发承包双方确认后执行的，可按标准第 8.9.4 条、第 8.9.5 条的规定调整措施项目费。

8.9.7　如果发承包双方的不利一方在约定时间内未提出调整措施项目费用的，应视为工程变更不引起措施项目费用的变化或不利一方放弃调整措施项目费用的权利。如果另一方未在约定时间内对不利一方提出的调整措施项目费用进行确认或提出审核意见的，应视为认可不利一方提出的调整措施项目费用。

8.9.8　非承包人原因，发包人提出的工程变更取消了合同中的某项原定工作或工程，且承包人发生的费用或（和）应得的收益没有包括在其他已支付或应支付的项目中或在任何替代的工作或工程中，发包人应补偿承包人的损失费用及合理的预期收益。

任务 2　工程结算编制实例

任务目标

- 通过案例，了解工程结算编制的程序和步骤。
- 熟悉工程结算书的编制方法与技巧。
- 掌握工程量计算规则。
- 能正确编制工程结算书，合理进行费用和工期的索赔。
- 能依据工程签证、工程变更等索赔资料计算调整工程量、调整项目工料分析和项目除税预算价。

案例

工程变更背景资料：

北京市某办公楼工程，结构类型为框架结构，檐高 28m，层数为地上 6 层，建筑面积为 5 600m²，工程地点在五环以外，施工现场安全生产标准化管理目标等级为标准化达标工地，质量标准为合格，采用一般计税方式。业主要求对雨篷进行设计变更，设计变更后的节点图如图 8-1 所示。

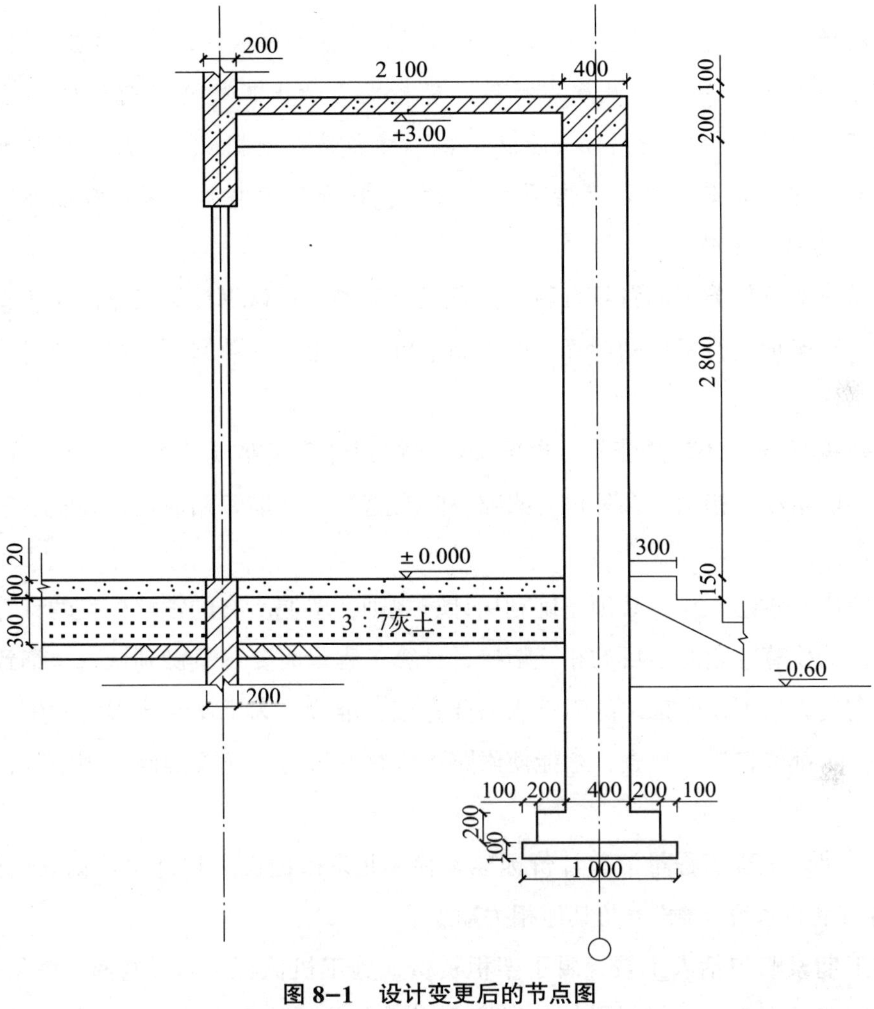

图 8-1　设计变更后的节点图

原设计雨篷结构的外边线至外墙结构的外边线的宽度为 2.0m，雨篷宽度为 2.0m，雨篷板的厚度为 100mm，雨篷板底标高 3.00m。雨篷底为两遍涂料，雨篷屋面为防水涂料。具体变更如下：

图纸设计变更将雨篷结构的外边线至外墙结构的外边线的宽度调整为 2.5m，雨篷宽度、厚度不变，增加 400mm×300mm C30 矩形雨篷梁，梁的外边线同雨篷板的外边线；在雨篷外边线的两端增加两根 400mm×400mm C30 混凝土独立柱，柱的边线同雨篷板外边线；独立柱的基础底标高为 -1.6m，室内外高差为 0.6m，独立柱基础垫层为 C15 混凝土 1 000mm×1 000mm×100mm，独立柱基础为 C30 混凝土 800mm×800mm×200mm，柱子在基础顶生根。钢筋及柱装饰暂不调整，雨篷及雨篷屋面装饰做法暂不考虑。

由于雨篷宽度增加，台阶上的平台也相应增加，增减的面积按 1 000mm×2 000mm 计算，台阶平台为 300mm 厚 3 ：7 灰土，100mm 厚 C15 素混凝土，面层为 DS 砂浆 20mm 厚的整体面层，不考虑平台下的素土夯实。原设计台阶不变。

施工现场不能存土，余土必须外运。除可以计量的如模板外，其他措施费用均不调整。

新增项目的除税预算价及原中标价，皆指发生于该工程施工前和施工过程中工程实体及非工程实体项目的费用，安全文明施工费即是以此相应部分除税预算价为计算基数，如此任务中，即是分别以新增项目的除税预算价 35 000 元、原建筑装饰工程中标价 9 975 460 元为计算基数。

要求认真阅读任务书的背景资料，按背景资料的要求认真计算索赔的工程量、准确地套用定额、正确地进行费用的计算，既不高估冒算、也不丢项漏项。能够通过各种表格来完成索赔工作。

要求依据任务书的背景资料，逐项按计算规则计算索赔项目的工程量，既不要丢项、漏项，也不能重项、错项，合理进行索赔。只有这样，才能索赔成功，完整、准确地完成好索赔工作。

若要完成好索赔工作，必须正确利用计算规则，掌握所有的索赔项目的计算公式，特别注意单位的换算、索赔项目的相互衔接，计算工程量时要尽量做到认真、细致，一量多用，减少重复算量工作。报出的索赔表格要完整、准确，为了避免错误的发生，只有做到索赔的每一步都要自检、自查，才能使索赔工作顺利进行。还要准确套用定额，才能合理进行索赔。

掌握《建设工程工程量清单计价标准》和《北京市建设工程计价依据——预算定额》（以下简称“北京预算定额”）及其他相关知识。

停工工期索赔包括人工费，脚手架租赁费，施工机械租赁费（电梯、塔吊等），自有机械的折旧费，现场施工材料增加的保管费等项内容。保函手续费，指由于工程延期时，保函手续费相应增加的部分。贷款利息，指由于工程延期时，贷款利息相应增加的部分。

工期索赔的根本目的是获得经济补偿或减少经济损失，按是否可以进行费用索赔分为：不可原谅的工期延误、可原谅并且应予以补偿的工期延误、可原谅但不予以补偿的工期延误。

工期索赔的计算方法包括网络分析法、动态分析法、程序化计算方法等。

在建筑工程施工过程中，由于项目的建设周期比较长、不可预见因素比较多，施工干扰因素不可避免，常常使预定计划不能实现，造成工期延误。而一旦出现工期索赔事件，承包商应及时、准确、客观地估算索赔事件对工期的影响，并且向业主提出延长工期，推迟竣工时间的要求。

我们一般谈的索赔是双向的，既可以是承包商向业主的索赔，也可以是业主向承包商的索赔。但工期索赔是单向的，因为，一般合同中都规定有延期罚款条款。由于承包商的原因造成工期延误，业主可直接对承包商提出误期损害的费用索赔，通过扣除工程进度款或没收履约保函的方法获得补偿，不存在业主向承包商提出延期索赔的情形。因此工期索赔一般是承包商向业主的索赔，是单向索赔。

如果承包商成功获得工期延长，就可以免除其误期损害赔偿的责任；如果还存在工期的提前，承包商还可以提出由于加速施工引起的费用索赔。因此，工期索赔和费用索赔是相辅相成不可分割的，应予整体考虑。

要求能够熟练地操作预算套价软件、算量软件、CAD、Excel 等工具，来快速完成算量、套价等索赔工作。

问题：

根据案例描述，该办公楼工程最高结算及索赔金额分别是多少?

分析：

1. 计算调整工程量

根据以上背景资料及《建设工程工程量清单计价标准》《房屋建筑与装饰工程工程量计算标准》，依据该变更背景资料，列出分部分项工程量清单。

此变更资料看似很简单，实际上包含增加或减少的下列项目：

（1）建筑面积：$2 \times 2.5 \times 0.5 = 2.50$（$m^2$）。

依据《建筑工程建筑面积计算规范》中 3.0.16 条款的规定，有柱雨篷应按其结构板水平投影面积的 1/2 计算建筑面积。无柱雨篷结构的外边线至外墙结构外边线的宽度超过 2.10m 及以上的，应按雨篷结构板的水平投影面积的 1/2 计算建筑面积。

（2）010101001001[①]（1–1）平整场地面积：$2 \times 2.5 \times 0.5 = 2.50$（$m^2$）。

注意：只要首层建筑面积增加，就要增加平整场地面积。

（3）010101004001（1–20）挖独立基础土方：

$(1 + 0.3 \times 2) \times (1 + 0.3 \times 2) \times (1 + 0.1) \times 2 = 5.63$（$m^3$）。

由于基础挖土深度没有超过放坡起点 1.5m，所以，不用考虑土方放坡；当基础材料为混凝土基础及垫层支模板时，基础施工所需工作面宽度为每边各增加 300mm。

（4）010501001001（5–150）C15 现浇混凝土垫层：$1 \times 1 \times 0.1 \times 2 = 0.2$（$m^3$）。

（5）010501003001（5–2）C30 现浇混凝土独立基础：$0.8 \times 0.8 \times 0.2 \times 2 = 0.26$（$m^3$）。

（6）010502001（5–7）C30 现浇混凝土矩形柱：

$0.4 \times 0.4 \times (3 + 0.1 + 1.6 - 0.2) \times 2 = 1.44$（$m^3$）。

① 12 位数字为工程量清单项目编码。

（7）010103001001（1–30）基础回填土：

$5.63-[0.2+0.26+0.4\times0.4\times(1.6-0.6-0.2)\times2]=4.91\ (m^3)$。

注意：有挖土，就不要忘记回填土。

（8）010103002001（1–45）余方弃置：

$0.2+0.26+0.4\times0.4\times(1.6-0.6-0.2)\times2=0.72\ (m^3)$。

注意：有余土，施工现场无法存放，就要考虑余方弃置。

（9）010503002001（5–13）C30 现浇混凝土矩形梁：

$[(2.5-0.4)\times2+(2-0.4\times2)]\times0.4\times0.3=0.65\ (m^3)$。

（10）010505008001（5–31）C25 现浇混凝土雨篷板：

现雨篷板：$(2-0.4\times2)\times(2.5-0.4)\times0.1=0.25\ (m^3)$。

原雨篷板：$2\times2\times0.1=0.4\ (m^3)$。

合计减少：$0.25-0.4=-0.15\ (m^3)$。

雨篷板减少是因为增加了雨篷梁。

（11）010404001001（4–72）台阶平台 3 ∶ 7 灰土：$1\times2\times0.3=0.60\ (m^3)$。

（12）010507003001（5–151）台阶平台 C10 混凝土：$1\times2\times0.1=0.20\ (m^3)$。

（13）011107004001（11–1）台阶平台 DS 砂浆：$1\times2=2.00\ (m^2)$。

（14）16–1 工程水电费：$2.50\ (m^2)$。

（15）011702001（17–9）综合脚手架搭拆：$2.5\div100=0.025\ (100m^2)$。

（16）011702001（17–10）综合脚手架租赁：$2.5\div100=0.025\ (100m^2)$。

（17）011703001001（17–44）垫层模板：$1\times4\times0.1\times2=0.80\ (m^2)$。

（18）011703003001（17–47）独立基础模板：$0.8\times4\times0.2\times2=1.28\ (m^2)$。

（19）011703007001（17–58）矩形柱模板：$(3+1.6-0.2)\times0.4\times4\times2=14.08\ (m^2)$。

柱模板及支架按柱周长乘柱高以面积计算，不扣除柱与梁连接重叠部分的面积。

（20）011703001001（17–74）矩形梁模板：

$[(2.5-0.4)\times2+(2-0.4\times2)]\times(0.4+0.3\times2)=5.40\ (m^2)$。

（21）011703027001（17–136）雨篷板模板：

现雨篷板：$(2.5-0.4)\times(2-0.4\times2)=2.52\ (m^2)$。

原雨篷板：$2\times2+(2+2\times2)\times0.1=4.60\ (m^2)$。

合计减少：$2.52-4.60=-2.08\ (m^2)$。

（22）011704001001（17–159）垂直运输 2 500 以内：$2.50\ (m^2)$。

（23）17–160×2 垂直运输每增 1 500 以内：$2.50\ (m^2)$。

由于垂直运输是按建筑面积 2 500 以内和每增 1 500 以内，等于 4 000m^2，而建筑面积等于 5 602.5（5 600 + 2.50）m^2，故应再增加 17–160，需要乘 3。还可以用 5 602.50 − 2 500 = 3 102.50（m^2），大于 1 500 × 2 = 3 000（m^2），小于 1 500 × 3 = 4 500（m^2），所以，应是“17–160 × 3 垂直运输每增 1 500 以内”。

（24）新增项目除税预算价 35 000.00 元（现场签证 12 000.00 元，其中人工费 2 700 元、机械费 300 元；工程设计变更 23 000.00 元，其中人工费 5 175 元、机械费 575 元），人工费及机械费之和作为安全文明施工费的计算基数。

011701001001（17–230）安全文明施工费：（2 700 + 300 + 5 175 + 575）× 20.07% = 1 756.13（元）。

以上工程量的计算还可以利用表格形式，如表 8–1 所示。

表 8–1　清单工程量计算

序号	清单项目编码	清单项目名称	计算式	工程量合计	计量单位
	建筑面积				
1	010101001001	平整场地	$S = 2 \times 2.5 \times 0.5 = 2.5$	2.50	m^2
2	010101004001	独立基础挖土方	$V = (1 + 0.3 \times 2) \times (1 + 0.3 \times 2) \times (1 + 0.1) \times 2 = 5.63$	5.63	m^3
	（其他略）				

以上为工程量的计算，实际分项工程是否需要调整，还要看招标文件、计价规范的规定。

2. 调整项目工料分析

× × 工程卫生间隔断（胶合板塑料贴面，带门）原设计是高度为 1.8m，现改为 2.2mm 高；原隔断镀铬支座，现改为隔断不锈钢支座，其他不变。

本变更暂按仅调整材料耗量。

定额中卫生间隔断高度是按 1.8m（含支座高度）编制的，设计高度不同时，允许换算。

12–458 卫生间胶合板塑料贴面，带门，单位为间，具体材料耗量如下：

定额材料消耗量：

120051[①] 厕所隔断胶合板贴塑料面：消耗量 3.214（m^2/ 间）；

370021 厕浴隔断门：消耗量 1.020（m^2/ 间）；

090591 厕所隔断镀铬支座：消耗量 6.360（套 / 间）；

110004 醇酸无光调和漆：消耗量 0.080（kg/ 间）；

110004 醇酸调和漆：消耗量 0.050（kg/ 间）；

840004 其他材料费：消耗量 6.700（元 / 间）。

① 6 位数字为定额中的材料代号。

调整定额后材料消耗量：

120051 厕所隔断胶合板贴塑料面：消耗量 3.928（3.214 ÷ 1.8 × 2.2）(m^2/ 间)；

370021 厕浴隔断门：消耗量 1.247（1.020 ÷ 1.8 × 2.2）(m^2/ 间)；

090591 厕所隔断镀铬支座：消耗量 6.360（套 / 间）；消耗量没有变化，材料由原来的隔断镀铬支座，改为隔断不锈钢支座。

110004 醇酸无光调和漆：消耗量 0.098（0.080 ÷ 1.8 × 2.2）(kg/ 间)；

110004 醇酸调和漆：消耗量 0.061（0.050 ÷ 1.8 × 2.2）(kg/ 间)；

840004 其他材料费：消耗量 8.189（6.700 ÷ 1.8 × 2.2）(元 / 间)。

3. 调整项目除税预算价

企业管理费，如表 8–2 所示。

表 8–2　企业管理费

<table>
<tr><th rowspan="2">序号</th><th rowspan="2" colspan="3">项目名称</th><th rowspan="2">计费基数</th><th rowspan="2">企业管理费率（%）</th><th colspan="2">其中</th></tr>
<tr><th>现场管理费率（%）</th><th>其中：工程质量检测费率（%）</th></tr>
<tr><td>1</td><td rowspan="3">单层建筑</td><td rowspan="2">厂房</td><td>跨度 18m 以内</td><td rowspan="17">预算价</td><td>8.74</td><td>3.75</td><td>0.45</td></tr>
<tr><td>2</td><td>跨度 18m 以外</td><td>9.94</td><td>4.17</td><td>0.47</td></tr>
<tr><td>3</td><td colspan="2">其他</td><td>8.40</td><td>3.45</td><td>9.43</td></tr>
<tr><td>4</td><td rowspan="4">住宅建筑</td><td rowspan="10">檐高（m）</td><td>25m 以下</td><td>8.88</td><td>3.62</td><td>0.46</td></tr>
<tr><td>5</td><td>45m 以下</td><td>9.69</td><td>3.88</td><td>0.47</td></tr>
<tr><td>6</td><td>80m 以下</td><td>9.90</td><td>4.09</td><td>0.48</td></tr>
<tr><td>7</td><td>80m 以上</td><td>10.01</td><td>4.23</td><td>0.50</td></tr>
<tr><td>8</td><td rowspan="6">公共建筑</td><td>25m 以下</td><td>9.25</td><td>3.73</td><td></td></tr>
<tr><td>9</td><td>45m 以下</td><td>10.38</td><td>4.25</td><td>0.46</td></tr>
<tr><td>10</td><td>80m 以下</td><td>10.76</td><td>4.54</td><td>0.48</td></tr>
<tr><td>11</td><td>120m 以下</td><td>10.92</td><td>4.71</td><td>0.50</td></tr>
<tr><td>12</td><td>200m 以下</td><td>10.96</td><td>4.84</td><td>0.51</td></tr>
<tr><td>13</td><td>200m 以上</td><td>10.99</td><td>4.96</td><td>0.52</td></tr>
<tr><td>14</td><td colspan="3">钢结构</td><td>3.81</td><td>1.54</td><td></td></tr>
<tr><td>15</td><td colspan="3">独立土石方</td><td>7.10</td><td>2.63</td><td></td></tr>
<tr><td>16</td><td colspan="3">施工降水</td><td>6.74</td><td>2.67</td><td></td></tr>
<tr><td>17</td><td colspan="3">边坡支护及桩基础</td><td>6.98</td><td>2.82</td><td></td></tr>
</table>

安全文明施工费，如表 8–3 所示。

表 8–3　安全文明施工费

项目名称		房屋建筑与装饰工程					
		一般计税方式			简易计税方式		
		达标	绿色	样板	达标	绿色	样板
计费基数		以人工费与机械费之和为基数计算					
费率（%）		20.07	21.75	24.39	20.87	22.65	25.41
其中	安全施工	4.72	5.20	5.82	4.89	5.40	6.05
	文明施工	4.34	4.87	5.71	4.50	5.07	5.95
	环境保护	4.23	4.57	4.88	4.41	4.74	5.08
	临时设施	6.78	7.11	7.98	7.07	7.43	8.33

注：除装配式钢结构工程外，其他钢结构工程按建筑装饰工程执行。

项目名称		土石方，地基处理与边坡支护，施工排水、降水工程					
		一般计税方式			简易计税方式		
		达标	绿色	样板	达标	绿色	样板
计费基数		以人工费与机械费之和为基数计算					
费率（%）		22.11	23.96	26.87	22.99	24.94	28.00
其中	安全施工	5.20	5.73	6.41	5.38	5.95	6.67
	文明施工	4.78	5.37	6.29	4.96	5.59	6.55
	环境保护	4.67	5.03	5.37	4.86	5.23	5.60
	临时设施	7.46	7.83	8.80	7.79	8.17	9.18

注：土石方，地基处理与边坡支护，施工排水、降水工程的费用标准适用于独立发包的工程。

项目名称		装饰装修工程					
		一般计税方式			简易计税方式		
		达标	绿色	样板	达标	绿色	样板
计费基数		以人工费与机械费之和为基数计算					
费率（%）		15.38	16.66	18.69	15.99	17.35	19.47
其中	安全施工	3.61	3.98	4.46	3.74	4.14	4.64
	文明施工	3.32	3.73	4.37	3.45	3.89	4.55
	环境保护	3.24	3.50	3.74	3.38	3.63	3.90
	临时设施	5.21	5.45	6.12	5.42	5.69	6.38

注：装饰装修工程费用标准适用于独立发包的工程。

项目名称		装配式房屋建筑工程					
		装配式混凝土住宅建筑					
		一般计税方式			简易计税方式		
		达标	绿色	样板	达标	绿色	样板
计费基数		以人工费与机械费之和为基数计算					
费率（%）		23.32	25.27	28.42	24.26	26.31	29.61
其中	安全施工	5.48	6.04	6.78	5.68	6.28	7.05
	文明施工	5.04	5.66	6.65	5.23	5.89	6.93
	环境保护	4.92	5.31	5.68	5.13	5.51	5.93
	临时设施	7.88	8.26	9.31	8.22	8.63	9.70

续表

项目名称		装配式房屋建筑工程					
		装配式钢结构					
		一般计税方式			简易计税方式		
		达标	绿色	样板	达标	绿色	样板
计费基数		以人工费与机械费之和为基数计算					
费率（%）		25.91	28.42	32.22	26.94	29.58	33.57
其中	安全施工	6.09	6.79	7.69	6.31	7.06	7.99
	文明施工	5.60	6.37	7.54	5.81	6.62	7.86
	环境保护	5.47	5.97	6.44	5.70	6.20	6.72
	临时设施	8.75	9.29	10.55	9.12	9.70	11.00

利润表，如表 8–4 所示。

表 8–4　利润表

序号	项目	计算基数	费率（%）
1	利润	预算价 + 企业管理费	7

规费表，如表 8–5 所示。

表 8–5　规费表

序号	项目名称		计费基数	规费费率（%）	其中	
					社会保险费率（%）	住房公积金费率（%）
1	房屋建筑与装饰工程		人工费	19.76	13.79	5.97
2	仿古建筑工程			19.76	13.79	5.97
3	通用安装工程			19.04	13.29	5.75
4	市政工程	道路、桥梁		21.72	15.15	6.57
5		管道				
6	园林绿化工程	绿化		18.55	12.95	5.60
7		庭园				
8	构筑物工程			19.76	13.79	5.97
9	城市轨道交通工程	土建		18.62	13.00	5.62
10		轨道				
11		通信、信号		23.32	16.28	7.04
12		供电				
13		智能与控制系统、机电				

税金（增值税）表，如表 8–6 所示。

表 8–6　税金（增值税）表

序号	项目	计算基数	费率（%）
1	税金	税前工程造价	9

该工程是在市区的公共建筑，檐高 28m，原中标价为 9 975 460.00 元，建筑装饰除税预算价为 7 300 645.00 元（人工费 1 876 800.00 元、材料费 5 241 328.85 元、机械费 182 516.15 元）。

上述结算增加：现场签证 12 000 元，工程设计变更 23 000 元，安全文明施工费 1 756.13 元。其中，人工费 7 875 元。

结算增加除税预算价 = 12 000 + 23 000 + 1 756.13 = 36 756.13（元）。

其中，人工费 7 875（元）。

企业管理费：36 756.13 × 10.38% = 3 815.29（元）。

利润：（36 756.13 + 3 815.29）× 7% = 2 840.00（元）。

规费：7 875 × 19.76% = 1 556.10（元）。

税金：（36 756.13 + 3 815.29 + 2 840.00 + 1 556.10）× 9% = 4 047.08（元）。

建筑装饰工程结算增加造价：36 756.13 + 3 815.29 + 2 840.00 + 1 556.10 + 4 047.08 = 49 014.60（元）

为了能够计算企业管理费和利润，本案使用除税预算价不含此费用，实际工程量清单综合单价中含企业管理费和利润，不单独计算。实际投标及结算以现行的工程量清单规范表格为准。

将上述结算内容、现场签证和工程设计变更填写到表 8-7 至表 8-23 中。

表 8-7　建筑与装饰工程现场签证增加项目费用表

工程名称：× × 办公楼工程　　　　第 1 页共 1 页

行号	序号	费用名称	取费说明	费率	费用金额（元）
1	一、	定额变更增加预算价	预算价		12 000.00
2	二、	安全文明施工费	以人工费与机械费之和为基数计算	20.07%	602.10
3		其中人工费：	人工费合计		2 700.00
4	三、	企业管理费	[1] + [2]	10.38%	1 308.10
5	四、	利润	[1] + [2] + [4]	7%	973.71
6		合计	[1] + [2] + [4] + [5]		14 883.91
7	五、	规费	[3]	19.76%	533.52
8	六、	税金	[6] + [7]	9%	1 387.57
9	七、	工程结算变更部分造价	[6] + [7] + [8]		16 805.00

表 8–8　建筑与装饰工程设计变更增加项目费用表

工程名称：× × 办公楼工程　　　　第 1 页共 1 页

行号	序号	费用名称	取费说明	费率	费用金额（元）
1	一、	设计变更增加费用	预算价		23 000.00
2	二、	安全文明施工	以人工费与机械费之和为基数计算	20.07%	1 154.03
3		其中人工费：	人工费合计		5 175.00
4	三、	企业管理费	[1] + [2]	10.38%	2 507.19
5	四、	利润	[1] + [2] + [4]	7%	1 866.29
6		合计	[1] + [2] + [4] + [5]		28 527.51
7	五、	规费	[3]	19.76%	1 022.58
8	六、	税金	[6] + [7]	9%	2 659.51
9	七、	工程结算变更部分造价	[6] + [7] + [8]		32 209.60

表 8–9　建筑与装饰现场签证及工程设计变更增加项目费用表

工程名称：× × 办公楼工程　　　　第 1 页共 1 页

行号	序号	费用名称	取费说明	费率	费用金额（元）
1	一、	定额变更增加预算价	除税预算价		36 756.13
2		现场签证			12 000.00
3		工程设计变更			23 000.00
4		安全文明施工		4.93%	1 756.13
5		其中人工费：	人工费合计		7 875.00
6	二、	企业管理费	[1]	10.38%	3 815.29
7	三、	利润	[1] + [6]	7%	2 840.00
8		合计	[1] + [6] + [7]		43 411.42
9	四、	规费	[5]	19.76%	1 556.10
10	五、	税金	[8] + [9]	9%	4 047.08
11	六、	工程结算变更部分造价	[8] + [9] + [10]		49 014.60

××办公楼工程

竣工结算总价

中标价（小写）：9 975 460.00 元（大写）：玖佰玖拾柒万伍仟肆佰陆拾元整

结算价（小写）：10 773 496.80 元（大写）：壹仟零柒拾柒万叁仟肆佰玖拾陆元捌角整

工程造价

发包人：　　　　承包人：　　　　咨询人：

（单位盖章）　　　　（单位盖章）　　　　（单位资质专用章）

法定代表人　　　　法定代表人　　　　法定代表人

或其授权人：　　　　或其授权人：　　　　或其授权人：

（签字或盖章）　　　　（签字或盖章）　　　　（签字或盖章）

编制人：　　　　核对人：

（造价人员签字盖专用章）　　　　（造价工程师签字盖专用章）

编制时间：××××年×月×日　　核对时间：××××年×月×日

表 8-10　总说明

工程名称：× × 办公楼工程　　　　第 1 页共 1 页

1. 工程概况：本工程为框架结构工程，带型混凝土基础，建筑层数为 6 层，建筑面积为 4 200m^2，招标计划工期为 150 日历天，投标工期为 145 日历天，实际工期为 148 日历天。

2. 竣工结算编制依据：

（1）《建设工程工程量清单计价规范》、施工合同、工程竣工图纸及资料；

（2）双方确认的工程量、双方确认追加（减）的工程价款；

（3）投标文件、招标文件；

（4）竣工图、发包人确认的实际完成的工程量和索赔及现场签证资料；

（5）北京市造价管理部门颁发的计价定额和计价管理办法及相关计价文件；

（6）北京市造价管理机构发布的人工费调整文件。

3. 本工程合同价为 9 975 460.00 元，结算价为 10 773 496.80 元。结算价中包括专业工程结算价款和发包人供应的钢筋及混凝土价款。

合同中专业价款暂估为 80 750 元，结算价款为 83 790 元。幕墙工程安装费，原暂估单价为 85 元 /m^2，数量为 950m^2，暂估价为 80 750 元；实际结算单价为 90 元 /m^2，数量为 931m^2，价款为 83 790 元。

4. 综合单价变化的说明：

（1）北京市造价管理机构发布的人工费调整文件；

（2）发包人调整了供应的部分主材的单价。

5. 结算价款分析说明：

本工程结算价较合同额超 49 014.60 元，主要是设计变更的原因，具体如下：工程签证 12 000.00 元；工程设计变更 23 000.00 元；安全文明施工费 1 756.13 元；企业管理费 3 815.29 元、利润 2 840.00 元、规费 1 556.10 元和税金（增值税）4 047.08 元，合计为 12 258.47 元。其中，人工费增加 7 875 元。

6. 其他（略）

表 8-11　工程项目竣工结算汇总表

工程名称：× × 办公楼工程　　　　第 1 页共 1 页

序号	单项工程名称	金额（元）	其中：（元）	
			安全文明施工费	规费
1	建筑、装饰及安装工程	10 773 496.80	415 060.88	372 411.78
合计		10 773 496.80	415 060.88	372 411.78

表 8–12　单项工程竣工结算汇总表

工程名称：×× 办公楼工程　　　　第 1 页共 1 页

序号	单项工程名称	金额（元）	其中：（元）	
			安全文明施工费	规费
1	建筑、装饰及安装工程	10 773 496.80	415 060.88	372 411.78
合计		10 773 496.80	415 060.88	372 411.78

注：本案例建筑、装饰及安装工程不单独列项，实际投标或结算工程应增加单位工程竣工结算汇总表。

表 8–13　单位工程竣工结算汇总表

工程名称：×× 办公楼工程　　　　第 1 页共 1 页

序号	汇总内容	金额（元）
1	分部分项工程	8 424 087.85
1.1	A 土石方工程	124 350.00
1.2	D 砌筑工程	684 082.00
1.3	E 混凝土及钢筋混凝土工程	3 137 800.00
1.4	F 金属结构工程	14 850.00
1.5	H 门窗工程	384 200.00
1.6	I 屋面及防水工程	310 842.00
1.7	J 防腐隔热、保温工程	145 280.00
1.8	K 楼地面装饰工程	505 865.00
1.9	L 墙、柱面装饰与隔断、幕墙工程	487 500.00
1.10	M 天棚工程	346 850.00
1.11	N 油漆、涂料、裱糊工程	268 750.00
1.12	O 其他装饰工程	220 438.00
1.13	D 电气设备安装工程	300 850.00
1.14	J 给排水、采暖、燃气工程	1 492 430.85
2	措施项目	938 987.79
2.1	其中：安全文明施工费	415 060.88
3	其他项目	148 454.6
3.1	其中：专业工程结算价	83 790.00
3.2	其中：计日工	3 928.23
3.3	其中：总承包服务费	11 721.77
3.4	索赔与现场签证	49 014.6
4	规费	372 411.78
5	税金（增值税）	889 554.78
竣工结算总价合计 = 1 + 2 + 3 + 4 + 5		10 773 496.80

表 8-14　分部分项工程量清单与计价表

工程名称：×× 办公楼工程　　　　　　　　　　　　　　　　　　　　第 1 页共 6 页

序号	项目编码	项目名称	项目特征描述	计量单位	工程量	综合单价	合计	其中：暂估价
		A 土石方工程						
1	010101001001	平整场地	Ⅱ、Ⅲ类土综合，土方就地挖填找平	m^3	600	5.00	3 000.00	
2	010101003001	挖基础土方	Ⅲ类土，条形基础，垫层底宽 2m，挖土深度 4.5m 以内，土方就地挖填找平	m^3	2 400	32.00	76 800.00	
		（其他略）						
		分部小计					124 350.00	
		D 砌筑工程						
1	010401001001	墙基础	页岩砖基础	m^3	124	658.02	81 594.48	
2	010401003001	实心砖墙	烧结标准砖，框架间外墙	m^3	538	680.75	366 243.50	
		（其他略）						
		分部小计					684 082.00	
		本页小计					808 432.00	
		合计					808 432.00	

注：根据建设部、财政部发布的《建筑安装工程费用项目组成》的规定，为计取规费等使用，可在表中增设“直接费”“人工费”“人工费＋机械费”。

工程名称：×× 办公楼工程　　　　第 2 页共 6 页

序号	项目编码	项目名称	项目特征描述	计量单位	工程量	综合单价	合计	其中：暂估价
		E 混凝土及钢筋混凝土工程						
1	010501002001	带型基础	C30 混凝土带型基础，基础底标高 −4.5m，柱截面 600mm × 600mm，500mm × 500mm	m^3	124	518.50	64 294.00	
2	010502002001	矩形柱	C30 混凝土矩形柱，柱标高 4.0m	m^3	173.5	650.42	112 847.87	
		（其他略）						
		分部小计					3 137 800.00	
		F 金属结构工程						
1	010604001001	贴爬梯	U 型贴爬梯，型钢品种、规格详见 ×× 图集，油漆为红丹漆一遍，调和漆两遍	t	0.25	10 450.2	2 612.55	
		（其他略）						
		分部小计					14 850.00	
		本页小计					3 152 650.00	
		合计					3 961 082.00	

工程名称：× × 办公楼工程　　　　　　第 3 页共 6 页

序号	项目编码	项目名称	项目特征描述	计量单位	工程量	综合单价	合计	其中：暂估价
		H 门窗工程						
1	010802001001	金属（塑钢）门	80 系 列 LC0921 塑钢平开门，5mm 白玻璃	m^2	205	493.5	101 167.50	
2	010807001001	金属（塑钢）窗	80 系 列 LC0921 塑钢平开门，5mm 白玻璃	m^2	186	815.52	151 686.72	
		（其他略）						
		分部小计					384 200.00	
		I 屋面及防水工程						
1	010902001001	屋面卷材防水	改性沥青卷材（自粘），聚酯胎双层，3mm 厚	m^2	680	145.85	99 178.00	
		（其他略）						
		分部小计					310 842.00	
		本页小计					695 042.00	
		合计					4 656 124.00	

工程名称：×× 办公楼工程　　　　　　　　　　　　　　　　　　　　第 4 页共 6 页

序号	项目编码	项目名称	项目特征描述	计量单位	工程量	综合单价	合计	其中：暂估价
		J 防腐隔热、保温工程						
1	011001001001	保温隔热屋面	挤塑聚苯板 50mm 厚，干铺	m^2	680	40.5	27 540.00	
		（其他略）						
		分部小计					145 280.00	
		K 楼地面装饰工程						
1	011102003001	块料楼地面	楼地面玻化砖，600mm × 600mm，黏接剂 DTA 砂浆	m^2	1 350	194.35	262 372.50	
2	011105003001	块料踢脚线	玻化地砖踢脚线 150mm 高，黏接剂 DTA 砂浆	m	1 035	26.95	27 893.25	
		（其他略）						
		分部小计					505 865.00	
		本页小计					651 145.00	
		合计					5 307 269.00	

工程名称：× × 办公楼工程　　　　第 5 页共 6 页

序号	项目编码	项目名称	项目特征描述	计量单位	工程量	综合单价	合计	其中：暂估价
		L 墙、柱面装饰与隔断、幕墙工程						
1	011204001001	石材柱面	矩形柱 600 × 600，柱面花岗岩，DP 砂浆挂贴	m^2	124.8	350.5	43 742.4	
		（其他略）						
		分部小计					487 500.00	
		M 天棚工程						
1	011302001001	吊顶天棚	吊挂式，吊杆 ϕ 10；T 型铝合金龙骨 TB24 × 38，中距 600；矿棉吸音板 600mm × 600mm	m^2	1 682	92.5	155 585.00	
		（其他略）						
		分部小计					346 850.00	
		本页小计					834 350.00	
		合计					6 141 619.00	

工程名称：××办公楼工程　　　　第6页共6页

序号	项目编码	项目名称	项目特征描述	计量单位	工程量	综合单价	合计	其中：暂估价
		N 油漆、涂料、裱糊工程						
1	011407001001	墙面喷刷涂料	外墙抹灰凹凸型外墙涂料；水性封底涂料、水性耐候面漆、水性中间涂料、复合涂料骨浆（喷涂型）	m^2	2 020	75.5	152 510.00	
		（其他略）						
		分部小计					268 750.00	
		O 其他装饰工程						
1	011503001001	金属扶手、栏杆、栏板	不锈钢直形栏杆 ϕ20	m^2	142.5	698.25	99 500.63	
		（其他略）						
		分部小计					220 438.00	
		D 电气设备安装工程						
		（略）						
		分部小计					300 850.00	
		J 给排水、采暖、燃气工程						
		（略）						
		分部小计					1 492 430.85	
		本页小计					2 282 468.85	
		合计					8 424 087.85	

表 8–15　工程量清单综合单价分析表

工程名称：××办公楼工程　　　　　　　　　　　　　　　　第 1 页共 1 页

<table>
<tr><td colspan="2">项目编码</td><td colspan="2">010502001001</td><td>项目名称</td><td colspan="3">××办公楼工程</td><td colspan="2">计量单位</td><td>m³</td></tr>
<tr><td colspan="12">清单综合单价组成明细</td></tr>
<tr><td rowspan="2">定额编号</td><td rowspan="2">定额名称</td><td rowspan="2">定额单位</td><td rowspan="2">数量</td><td colspan="4">单价</td><td colspan="4">合价</td></tr>
<tr><td>人工费</td><td>材料费</td><td>机械费</td><td>管理费和利润</td><td>人工费</td><td>材料费</td><td>机械费</td><td>管理费和利润</td></tr>
<tr><td>5–7</td><td>C30 现浇混凝土矩形柱</td><td>m³</td><td>1</td><td>50.97</td><td>425.29</td><td>2.11</td><td>86.61</td><td>50.97</td><td>425.29</td><td>2.11</td><td>86.61</td></tr>
<tr><td></td><td></td><td></td><td></td><td></td><td></td><td></td><td></td><td></td><td></td><td></td><td></td></tr>
<tr><td></td><td></td><td></td><td></td><td></td><td></td><td></td><td></td><td></td><td></td><td></td><td></td></tr>
<tr><td></td><td></td><td></td><td></td><td></td><td></td><td></td><td></td><td></td><td></td><td></td><td></td></tr>
<tr><td></td><td></td><td></td><td></td><td></td><td></td><td></td><td></td><td></td><td></td><td></td><td></td></tr>
<tr><td colspan="2">人工单价</td><td colspan="6">小计</td><td>50.97</td><td>425.29</td><td>2.11</td><td>86.61</td></tr>
<tr><td colspan="2">74.30 元 / 工日</td><td colspan="6">未计价材料费</td><td colspan="4">0</td></tr>
<tr><td colspan="8">清单项目综合单价</td><td colspan="4">564.98</td></tr>
<tr><td rowspan="8">材料费明细</td><td colspan="5">主要材料名称、规格、型号</td><td>单位</td><td>数量</td><td>单价（元）</td><td>合价（元）</td><td>暂估单价（元）</td><td>暂估合价（元）</td></tr>
<tr><td colspan="5">其他材料费</td><td>元</td><td></td><td></td><td></td><td></td><td></td></tr>
<tr><td colspan="5">C30 预拌混凝土</td><td>m³</td><td>0.986</td><td>410</td><td>404.26</td><td></td><td></td></tr>
<tr><td colspan="5">同混凝土等级砂浆（综合）</td><td>m³</td><td>0.031</td><td>480</td><td>14.88</td><td></td><td></td></tr>
<tr><td colspan="5"></td><td></td><td></td><td></td><td></td><td></td><td></td></tr>
<tr><td colspan="7">其他材料费</td><td>—</td><td>6.15</td><td>—</td><td>0</td></tr>
<tr><td colspan="7">材料费小计</td><td>—</td><td>425.29</td><td>—</td><td>0</td></tr>
</table>

注：1. 如不使用省级或行业建设主管部门发布的计价依据，可不填定额项目、编号等。
2. 招标文件提供了暂估价的材料，按暂估的材料填入表内“暂估单价”栏及“暂估合价”栏。

表 8–16　措施项目清单与计价表（一）

工程名称：×× 办公楼工程　　　　　　　　　　　　　　　　　　第 1 页共 1 页

行号	项目编码	费用名称	计算基础	费率（%）	金额（元）
1		安全文明施工费	以人工费与机械费之和为基数计算	20.07%	415 060.88
2		夜间施工费			8 000.00
3		二次搬运费			12 000.00
4		冬雨季施工费			13 000.00
5		大型机械设备进出场及安拆费			197 745.21
6		施工排水			0.00
7		施工降水			0.00
8		地上、地下设施、建筑物的临时保护设施			0.00
9		已完工程及设备保护			12 000.00
10		各专业工程的措施项目			15 000.00
11		脚手架			122 974.90
合计					795 780.99

注：1. 本表适用于以“项”计价的措施项目。

2. 根据建设部、财政部发布的《建筑安装工程费用项目组成》的规定，“计算基础”可为“直接费”“人工费”“人工费＋机械费”。

表 8–17　措施项目清单与计价表（二）

工程名称：× × 办公楼工程　　　　　　　　第 1 页共 1 页

序号	项目编码	项目名称	项目特征描述	计量单位	工程量	金额（元）	
						综合单价	合价
1	011703007001	矩形柱	模板：截面 600mm × 600mm	m^2	125.5	82.00	10 291.00
2		（其他略）					
	本页小计						143 206.80
	合计						143 206.80

注：本表适用于以综合单价形式计价的措施项目。

表 8–18　其他项目清单与计价汇总表

工程名称：× × 办公楼工程　　　　　　　　　　　　　　　　　　　　第 1 页共 1 页

序号	项目名称	金额（元）	结算金额（元）	备注
1	暂列金额	—	—	
2	暂估价	80 750.00	83 790.00	
2.1	材料（工程设备）暂估价			
2.2	专业工程结算价		83 790.00	
3	计日工		4 300.00	
4	总承包服务费		11 350.00	
5	索赔与签证		49 014.60	
合计			148 454.60	

注：材料暂估单价计入清单项目综合单价，此处不汇总。

表 8-19　专业工程结算价表

工程名称：× × 办公楼工程　　　　　　　　标段：　　　　　　　　第 1 页共 1 页

序号	工程名称	工作内容	暂估额（元）	结算金额（元）	差额（元）
1	幕墙工程	安装	80 750.00	83 790.00	3 040.00
合计				83 790.00	3 040.00

注：此表由招标人填写，投标人应将上述专业工程暂估价计入投标总价中。

表 8–20　计日工表

工程名称：××办公楼工程　　　　　　　　　　　　　　　　　　第 1 页共 1 页

编号	项目名称	单位	暂定数量	综合单价（元）	合价（元）		差额（元）
					暂定	实际	
1	人工						
1.1	普工	工日	22	80	1 760	1 760	
1.2	技工（综合）	工日	10	100	1 000	1 000	
人工费小计					2 760.00	2 760.00	
2	材料						
2.1	水泥（综合）	t	0.80	400.00	320.00	320.00	
2.2	中砂	m^3	2.20	70.00	154.00	154.00	
材料费小计					474.00	474.00	
3	机械						
3.1	灰浆搅拌机 200L	台班	5.00	11.00	55.00	55.00	
3.2	电焊机（综合）	台班	2.00	18.50	37.00	37.00	
机械费小计					92.00	92.00	
4	企业管理费	元	3 326.01	10.38%	345.24	345.24	
5	利润	元	3 671.29	7%	256.99	256.99	
	总计				3 928.23	3 928.23	

注：此表项目名称、数量由招标人填写，编制招标控制价时，单价由招标人按有关计价规定确定；投标时，单价由投标人自主报价，计入投标总价中。结算时，按发承包双方确认的实际数量计算合价。

表 8-21　总承包服务费表

工程名称：× × 办公楼工程　　　　第 1 页共 1 页

序号	项目名称	项目价值（元）	服务内容	计算基础	费率（%）	金额（元）
1	发包人发包的专业工程	127 453.86	1. 按专业工程承包人的要求提供施工工作面并对施工现场进行统一管理，对竣工资料进行统一整理汇总。 2. 为专业工程承包人提供垂直运输机械和焊接电源接入点，并承担垂直运输费和电费。		7	8 921.77
2	发包人供应的材料	350 000	对发包人供应的材料进行验收及保管和使用发放		0.8	2 800
	合计					11 721.77

注：此表项目名称、服务内容由招标人填写，编制招标控制价时，费率及金额由招标人按有关计价规定确定；投标时，费率及金额由投标人自主报价，计入投标总价中。

表 8–22　索赔与现场签证计价汇总表

工程名称：×× 办公楼工程　　　　第 1 页共 1 页

序号	签证及索赔项目名称	计量单位	数量	单价（元）	合价（元）	签证及索赔依据
1	雨篷进行设计变更	项	1	49 014.60	49 014.60	表—001（略）
	本页合计				49 014.60	
	合计				49 014.60	

注：签证及索赔依据是指经发承包人双方认可的签证单和索赔依据的编号。

表 8–23　费用索赔申请（核准）表

工程名称：× × 办公楼工程　　　　标段：　　　　编号：001

<table>
<tr><td colspan="2">致：× × 办公楼建设办公室
根据施工合同条款第 15 条的约定，由于你方工作需要的原因，我方要求索赔金额（大写）肆万玖仟零壹拾肆元陆角整（小写 49 014.60 元），请予批准。
附：1. 费用索赔的详细理由和依据：根据发包人“关于暂停施工的通知”（详见附件 1）。
2. 索赔金额的计算：详见附件 2。
3. 证明材料：监理工程师确认的现场工人、机械、周转材料数量及租赁合同（略）。

承包人（章）(略)
承包人代表：× × ×
日期：× × × × 年 × × 月 × × 日</td></tr>
<tr><td>复核意见：
根据施工合同条款第 15 条的约定，你方提出的费用索赔申请经复核
□不同意此项索赔，具体意见见附件。
√同意此项索赔，索赔金额的计算由造价工程师复核。

监理工程师：× × ×
日期：× × × × 年 × × 月 × × 日</td><td>复核意见：
根据施工合同条款第 15 条的约定，你方提出的费用索赔申请经复核，索赔金额为（大写）肆万玖仟零壹拾肆元陆角整（小写 49 014.60 元）。

造价工程师：× × ×
日期：× × × × 年 × × 月 × × 日</td></tr>
<tr><td colspan="2">审核意见：
□不同意此项索赔。
√同意此项索赔，与本期进度款同期支付。

发包人（章）：(略)
发包人代表：× × ×
日期：× × × × 年 × × 月 × × 日</td></tr>
</table>

注：1. 在选择栏中的“□”内做标识“√”。
2. 本表一式四份，由承包人填报，发包人、监理人、造价咨询人、承包人各存一份。

项目实训

实训主题

在施工合同中，我们往往会自觉或不自觉地将总包管理费和总包配合费的概念混淆，究竟什么是总包管理费，什么是总包配合费呢？

实训分析

根据《中华人民共和国建筑法》第二十九条的规定，建筑工程总承包单位可以将承包工程中的部分工程发包给具有相应资质条件的分包单位；但是，除总承包合同中约定的分包外，必须经建设单位认可。如果当总承包人要求发包人同意其分包时，发包人往往要求总承包人同意由其直接与分包人结算，并约定以分包工程价款的一定比例向总承包人支付总承包管理费。此时总承包单位收取的是名副其实的总包管理费。

根据《民法典》第八百零三条的规定，发包人除具有按时足额支付工程价款的法定义务外，还应承担向承包人提供符合要求的施工条件的义务。因此，当发包人采取总包加平行发包模式时，也就是我们一般所说的由发包人指定直接发包的专业工程项目，其施工条件往往需要总承包人配合才能满足，此时，发包人会与总承包人签订就总包人提供的配合工作（例如脚手架、垂直运输等）而约定双方的权利和义务。总承包人在切实提供了这些配合工作后，向发包人收取的一定费用，有时双方在合同约定中往往也将其称之为总包管理费，但是，其实质是总包配合费。

实训内容

总包管理费与总包配合费所约定的主体和取费的形式相同并且取费比例相近，所以，在实际工作中，往往二者容易混淆，甚至正好相反，以至于当需要配合的专业工程项目质量或工期出现问题时，发包人往往要求收取“总包管理费”的总承包人承担连带责任。其实对此应该明确加以区别。总承包人收取总包管理费与总包配合费二者的主要区别是：总承包人对该专业工程项目是否有发包权，若有，则对该专业工程项目有管理的义务，则收取的费用无论如何，其性质是总包管理费；若对该专业工程项目无管理的义务，其性质仅是总包配合费。

根据《民法典》第七百九十一条第二款的规定，总承包人或者勘察、设计、施工承包人经发包人同意，可以将自己承包的部分工作交由第三人完成。第三人就其完成的工作成果与总承包人或者勘察、设计、施工承包人向发包人承担连带责任。《建设工程质量管理条例》第二十七条规定，总承包单位依法将建设工程分包给其他单位的，分包单位应当按照分包合同的约定对其分包工程的质量向总承包单位负责，总承包单位与分包单位对分包工程的质量承担连带责任。因此，如果收取的费用性质属于总包管理费，当专业工程项目出现质量、进度、安全等问题，总包人与分包人应共同向发包人承担连带责任。如果收取的费用性质是总包配合费，当专业工程项目出现质量、进度、安全等问题，则总承包人仅对履行配合义务的瑕疵承担责任，而不存在与专业工程施工单位共同向发包人承担连带责任。

根据上述分析，我们可以清楚地知道，当总承包人具有发包权时，总承包人就必须对分包工程负有管理的义务，所收取的费用就是总包管理费，而这时总包管理费收取的对象应该是分包人而非发包人，总承包人如果收取了总包管理费，就必须与分包工程的分包人共同就分包工程的质量、进度、安全等对发包人承担连带责任；当总承包人不具有发包权时，总承包人就无须对分包工程负有管理的义务，所收取的费用就是总包配合费，而这时总包配合费收取的对象应该是发包人而非分包人，总包人如果只收取总包配合费就无须与分包工程质量、进度、安全等承担连带责任，仅对履行配合义务的瑕疵承担责任；而当发包人就总包加平行发包模式（指定分包）约定，总承包人既收取了总包管理费，又收取了总包配合费时，那就要求总承包人不仅要对分包工程质量、进度、安全等承担连带责任，还要切实做好对分包工程的所有配合工作，同时也不能再向分包人另行收取总包管理费了。

技能检测

一、案例题

1. 工程涂料天棚的结构梁原设计 300mm×700mm，为了提高房间净空高度，将梁的尺寸改为 400mm×600mm，结构楼板厚为 120mm。此结构梁有 30 根，长 6m。此变更需要增减哪些项目，数量为多少？分别列出项目编码、项目名称、计算式、数量和计量单位。

2.×× 工程现浇混凝土柱为 C25，施工过程中设计调整为 C30，应如何调整？

3.×× 工程项目招标控制价为 3 250 元，投标报价的综合单价为 2 980 元，该工程投标报价下浮为 6%，是否调整综合单价？

4.×× 工程项目招标工程量清单数量为 1 500m^3，施工中由于设计变更调整增加到 1 875m^3，增加了 25%，该项目招标控制价综合单价为 345 元，投标报价为 382 元，应如何调整？

二、简答题

发、承包双方在工程合同中约定的工程造价包括哪些项目的费用？

附录　工程结算相关资料

附录 1：

×× 公司

×××× 工程

项目经理部收发文本

序号	日期	收文 / 发文	文件名称、编号及关键内容	发文 / 收文单位	收件人签字	备注
1						
2						
3						
4						
5						
6						
7						
8						
9						
10						

附录 2：

工程技术文件报审表

工程名称	（合同工程名称）		编　　号	
地　　点			日　　期	

现报上关于　　　　　　　　　　　　　　　　　　　　　工程技术管理文件，请予以审定。

序号	类　　别	编制人	册　数	页　数
1	施工组织设计			
2				
3				
4				

盖项目部公章

项目技术负责人

编制单位名称：× × 公司 × × × 项目经理部

技术负责人（签字）：　　　　　　　　　　　　　　　　　　　申报人（签字）：

承包单位审核意见：

盖公司公章

公司总工

□有 / □无　附页

承包单位名称：× × 公司　审核人（签字）：　　　　　　　　　　　　审核日期：

监理单位审核意见：

监理公司公章

审定结论：　□同意　□修改后再报　□重新编制

监理单位名称：　　　　　　　　　总监理工程师（签字）：　　　　　　　日期：

注：本表由承包单位填报，建设单位、监理单位、承包单位各存一份。

附录 3：

图纸会审记录

<table>
<tr><td colspan="4">图纸会审记录
（表 C2-2）</td><td>编　　号</td><td colspan="2"></td></tr>
<tr><td>工程名称</td><td colspan="3">（合同工程名称）</td><td>日　　期</td><td colspan="2">年　月　日</td></tr>
<tr><td>地　　点</td><td colspan="3"></td><td>专业名称</td><td colspan="2"></td></tr>
<tr><td>序号</td><td>图号</td><td colspan="2">图纸问题</td><td colspan="3">会审意见</td></tr>
<tr><td></td><td></td><td colspan="2"></td><td colspan="3"></td></tr>
<tr><td rowspan="2">签字栏</td><td colspan="2">建设单位</td><td>监理单位</td><td colspan="2">设计单位</td><td>施工单位</td></tr>
<tr><td colspan="2">（法定代表人或合同上的发包人代表签字，并加盖公章）</td><td>（总监签字，并加盖公章）</td><td colspan="2">（必须有设计单位项目主持人签字，可加专业工程师签字，并加盖公章）</td><td>（必须有项目经理签字，可加项目总工签字，并加盖公章）</td></tr>
</table>

注：1. 由施工单位整理、汇总，建设单位、监理单位、施工单位各保存一份。

2. 图纸会审记录应根据专业（建筑、装饰、机电等汇总）整理。

3. 设计单位应由专业设计负责人签字，其他相关单位应由项目技术负责人或相关专业负责人签认。

附录 4：

现场原貌测量记录

工程定位测量记录 （表 C4-1）		编　　号	
工程名称	（合同工程名称）	委托单位	
图纸编号		施测日期	
平面坐标依据		复测日期	
高程依据		使用仪器	
允许偏差		仪器校验日期	
定位抄测示意图：			
复测结果：			

建设（监理）单位	施工（测量）单位		测量人员	
	技术负责人	测量负责人	复测人	施测人

注：本表由建设单位、监理单位、施工单位各保存一份。

附录 5：

工程动工报审表

工程名称	（合同工程名称）	编　号	
地　点		日　期	

致：＿＿＿＿＿＿＿＿＿＿＿（监理单位）

根据合同约定，建设单位已取得主管单位审批的开工证，我方也完成了开工前的各项准备工作，计划于＿＿年＿＿月＿＿日开工，请审批。

已完成报审的条件有：

1. □行政主管部门批示文件（复印件）
2. □施工组织设计（含主要管理人员和特殊工种资格证明）
3. □施工测量放线成果
4. □主要人员、材料、设备进场
5. □施工现场道路、水、电、通信等已达到开工条件
6. □

承包单位名称：× × 公司　　　　项目经理（签字）：

注意：不是项目经理部！

审查意见：

监理工程师（签字）：　　　　日期：

审批结论：　　　　□同意　　　　□不同意

最好盖监理公司公章

监理单位名称：　　　　总监理工程师（签字）：　　　　日期：

注：本表由承包单位填报，建设单位、监理单位、承包单位各存一份。

附录 6：

施工进度计划报审表

<table>
<tr><td>工程名称</td><td>（合同工程名称）</td><td>编　　号</td><td></td></tr>
<tr><td>地　　点</td><td></td><td>日　　期</td><td></td></tr>
<tr><td colspan="4">致：______________________（监理单位）
　　现报_____年_____季_____月工程施工进度计划，请予以审查和批准。

附件：1. □施工进度计划（说明、图表、工程量、资源配置）______________份
　　　2. □

　　施工单位名称：　　　　　　　　　　　　技术负责人（签字）：</td></tr>
<tr><td colspan="4">审查意见：

监理单位名称：　　　　　　　　　　监理工程师（签字）：　　　　　日期：</td></tr>
<tr><td colspan="4">审批结论：　　　　□同意　　　　□修改后再报　　　　□重新编制

监理单位名称：　　　　　　　　　总监理工程师（签字）：　　　　　日期：</td></tr>
</table>

注：本表由施工单位填报，建设单位、监理单位、施工单位各存一份。

附录 7：同意非我方原因延期证明文件

工程延期申报表

工程名称	（合同工程名称）	编　　号	
地　　点		日　　期	

致：____________________（监理单位）

根据合同条款____________________________条的规定，由于______________的原因，申请工程延期，请批准。

工程延期的依据及工期计算：

合同竣工日期：
申请延长竣工日期：
附：证明材料

施工单位名称：　　　　　　　　　　　　　　　　项目负责人（签字）：

注：本表由施工单位填报，建设单位、监理单位、施工单位各存一份。

工程延期审批表

工程名称	（合同工程名称）	编　　号	
地　　点		日　　期	

致：______________________（监理单位）

根据施工合同条款______________________条的规定，我方对你方提出的第（　　）号关于_________________________________工程延期申请，要求延长工期________日历天，经过我方审核评估：

□同意工期延长__________________日历天，竣工日期（包括已指令延长的工期）从原来的____年____月____日延长到____年____月____日。请你方执行。

□不同意延长工期，请按约定竣工日期组织施工。

说明：

监理单位名称：　　　　　　　　　　　　　　　　　　　　总监理工程师（签字）：

注：本表由监理单位签发，建设单位、监理单位、施工单位各存一份。

附录 8：

设计变更通知单

<table>
<tr><td colspan="5">设计变更通知单
（表 C2-5）</td><td>编　　号</td><td></td></tr>
<tr><td colspan="2">工程名称</td><td colspan="3">（合同工程名称）</td><td>专业名称</td><td></td></tr>
<tr><td colspan="2">地　　点</td><td colspan="3"></td><td>日　　期</td><td></td></tr>
<tr><td>序号</td><td colspan="3">图　号</td><td colspan="3">变更内容</td></tr>
<tr><td></td><td colspan="3"></td><td colspan="3"></td></tr>
<tr><td colspan="3">建设单位</td><td colspan="2">监理单位</td><td>设计单位</td><td>施工单位</td></tr>
<tr><td colspan="3">（法定代表人或合同上的发包人代表签字，并加盖公章）</td><td colspan="2">（总监签字，并加盖公章）</td><td>（必须有设计单位项目主持人签字，可加专业工程师签字，并加盖公章）</td><td>（必须有项目经理签字，可加项目总工签字，并加盖公章）</td></tr>
</table>

注：1. 本表由建设单位、监理单位、施工单位各保存一份。

2. 涉及图纸修改的，应注明应修改图纸的图号。

3. 不可将不同专业的设计变更办理在同一份变更上。

工程洽商记录

<table>
<tr><td colspan="2">工程洽商记录
（表 C2-6）</td><td colspan="2">编　　号</td><td></td></tr>
<tr><td>工程名称</td><td colspan="4">（合同工程名称）</td></tr>
<tr><td>施工单位</td><td></td><td colspan="2">日　　期</td><td></td></tr>
<tr><td colspan="5">洽商内容：</td></tr>
<tr><td>建设单位</td><td colspan="2">监理单位</td><td>设计单位</td><td>施工单位</td></tr>
<tr><td>（法定代表人或合同上的发包人代表签字，并加盖公章）</td><td colspan="2">（总监签字，并加盖公章）</td><td>（必须有设计单位项目主持人签字，可加专业工程师签字，并加盖公章）</td><td>（必须有项目经理签字，可加项目总工签字，并加盖公章）</td></tr>
</table>

注：由洽商提出方填写并注明原图纸号，建设单位、监理单位、施工单位保存。

附录 9：

单位（子单位）工程质量竣工验收记录

<table>
<tr><td colspan="2">工程名称</td><td colspan="6">（合同工程名称）</td></tr>
<tr><td colspan="2">施工单位</td><td>× × 公司</td><td>技术负责人</td><td colspan="2"></td><td>开工日期</td><td>（实际开工日期）</td></tr>
<tr><td colspan="2">项目经理</td><td>（合同中承包人代表，如不是则应有发包人的变更批复原件）</td><td>项目技术负责人</td><td colspan="2"></td><td>竣工日期</td><td>（合同竣工日期如延后，则应有发包人或监理的延期批复原件）</td></tr>
<tr><td>序号</td><td colspan="2">项　　目</td><td colspan="3">验收记录</td><td colspan="2">验收结论</td></tr>
<tr><td>1</td><td colspan="2">分部工程</td><td colspan="3">共　分部，经查　分部，符合标准及设计要求　分部。</td><td colspan="2">经各专业分部工程验收，工程质量符合验收标准</td></tr>
<tr><td>2</td><td colspan="2">质量控制资料核查</td><td colspan="3">共　项，经审查符合要求　项，经核定符合规范要求　项。</td><td colspan="2">质量控制资料经核查符合有关规范要求</td></tr>
<tr><td>3</td><td colspan="2">安全和主要使用功能及涉及植物成活要素核查及抽查结果</td><td colspan="3">共核查　项，符合要求　项，共抽查　项，符合要求　项，经返工处理符合要求　项。</td><td colspan="2">经核查符合有关规范要求</td></tr>
<tr><td>4</td><td colspan="2">观感质量验收</td><td colspan="3">共抽查　项，符合要求　项，不符合要求　项</td><td colspan="2">观感质量验收为好</td></tr>
<tr><td>5</td><td colspan="2">综合验收结论</td><td colspan="5">经对本工程综合验收，各分项分部工程符合设计要求，施工质量均满足合同及有关质量验收规范和标准要求，工程竣工验收合格</td></tr>
<tr><td rowspan="2">参加验收单位</td><td colspan="2">建设单位
（公章）</td><td colspan="2">监理单位
（公章）</td><td colspan="2">施工单位
（公章）</td><td>设计单位
（公章）</td></tr>
<tr><td colspan="2">单位（项目）负责人：
（法定代表人或合同上的发包人代表签字）
年　月　日</td><td colspan="2">总监理工程师：
年　月　日</td><td colspan="2">单位负责人：
（合同上的或经变更的项目经理签字）
年　月　日</td><td>单位（项目）负责人：
（设计单位项目主持人签字）
年　月　日</td></tr>
</table>

附录 10：

竣工移交证书（资料规程版）

<table>
<tr><td>工程名称</td><td>（合同工程名称）</td><td>编　　号</td><td></td></tr>
<tr><td>地　　点</td><td></td><td>日　　期</td><td>（竣工验收日期）</td></tr>
<tr><td colspan="4">致：________________（建设单位）
兹证明承包单位　××公司　施工的（合同工程名称）工程，已按施工合同的要求完成，并验收合格，即日起该工程移交建设单位管理，并进入保修期。

附件：单位工程验收记录</td></tr>
<tr><td colspan="2">总监理工程师（签字）</td><td colspan="2">监理单位（章）</td></tr>
<tr><td colspan="2">
日期：　　年　月　日</td><td colspan="2">
日期：　　年　月　日</td></tr>
<tr><td colspan="2">建设单位代表（签字）</td><td colspan="2">建设单位（章）</td></tr>
<tr><td colspan="2">（合同上的发包人代表签字）
日期：　　年　月　日</td><td colspan="2">
日期：　　年　月　日</td></tr>
</table>

注：本表由监理单位签发，建设单位、监理单位、承包单位各存一份。

竣工移交证书

<table>
<tr><td>工程名称</td><td>（合同工程名称）</td><td>编　　号</td><td></td></tr>
<tr><td>地　　点</td><td></td><td>移交日期</td><td>（竣工验收日期）</td></tr>
<tr><td colspan="4">兹证明承包单位 ×× 公司施工的（合同工程名称）工程，已按施工合同的要求完成，且已验收合格，根据合同自即日起该工程移交给接收单位管理，并从竣工验收合格之日起进入保修期。

附件：单位（子单位）工程质量竣工验收记录表</td></tr>
<tr><td colspan="2">施工单位（公章）</td><td colspan="2">监理单位（公章）</td></tr>
<tr><td colspan="2">（合同上或经变更的项目经理签字）

日期：　　年　月　日</td><td colspan="2">（总监理工程师签字）

日期：　　年　月　日</td></tr>
<tr><td colspan="2">建设单位（公章）</td><td colspan="2">接收单位（公章）</td></tr>
<tr><td colspan="2">（法定代表人或合同上的发包人代表签字）

日期：　　年　月　日</td><td colspan="2">

日期：　　年　月　日</td></tr>
</table>

注：本表由施工单位填报，施工单位、监理单位、建设单位、接收单位各存一份。

附录 11：

工程结算审核确认单

项目名称	（合同工程名称）			
施工单位	××公司			
合同金额（元）	¥　　　元			
原报结算金额（元）	¥　　　元			
审核结算金额（元）	¥　　　元			
审减金额（元）	¥　　　元			
审核说明：				
	建设单位 （公章）	监理单位 （公章）	施工单位 （公章）	审核单位 （公章）
	年　月　日	年　月　日	年　月　日	年　月　日

工程竣工结算审核结果定案表

审核单位：× × 咨询公司

序号	工程名称	送审金额（元）	审定金额（元）	审减金额（元）	审减率（%）
1	（合同工程名称）				
2	（合同工程名称）				

<table>
<tr><td>建设单位意见</td><td>施工单位意见</td><td>审核单位意见</td></tr>
<tr><td>主管或经办人员签字：
建设单位（盖公章）：
年　月　日</td><td>主管或经办人员签字：
施工单位（盖公章）：
年　月　日</td><td>主管或经办人员签字：
审核单位（盖公章）：
年　月　日</td></tr>
<tr><td colspan="3">审核人（盖执业资格证章）：　　　　复核人（盖执业资格证章）：</td></tr>
</table>

附录 12：

业主评价意见表（顾客满意度调查表）

<table>
<tr><td rowspan="8">工程情况</td><td>施工单位</td><td colspan="3">××公司</td></tr>
<tr><td>工程名称</td><td>（合同工程名称）</td><td>工程造价</td><td>万元</td></tr>
<tr><td rowspan="2">工程地点</td><td rowspan="2"></td><td>开工时间</td><td>年　月　日</td></tr>
<tr><td>竣工时间</td><td>年　月　日</td></tr>
<tr><td>工程内容</td><td colspan="3"></td></tr>
<tr><td>工程总面积</td><td colspan="3">平方米，其中：绿地面积　　平方米，其他面积　　平方米</td></tr>
<tr><td>项目经理</td><td></td><td>技术负责人</td><td></td></tr>
<tr><td>总监理工程师</td><td></td><td>安全负责人</td><td></td></tr>
<tr><td rowspan="3">工程评价</td><td>施工操作</td><td>□规范　□不规范</td><td>安全生产</td><td>□无事故　□有事故</td></tr>
<tr><td>后期服务
保障制度</td><td>□健全　□不健全</td><td>合同
履约情况</td><td>□满　意　□不满意</td></tr>
<tr><td colspan="4">①安全防护与文明施工方案与实施情况　□优　□一般　□差
②进度计划与落实情况　□优　□一般　□差
③质量控制措施与实施情况　□优　□一般　□差
④施工组织及内部配合与协调　□优　□一般　□差
⑤与业主、设计、监理单位及其他承包人的配合和协调　□优　□一般　□差
其他意见和建议：

业主项目负责人：　　联系电话：　　单位名称：（公章）

年　月　日</td></tr>
</table>

附录 13：

工程移交证书

<table>
<tr><td>工程名称</td><td>（合同工程名称）</td><td>编　　号</td><td></td></tr>
<tr><td>地　　点</td><td></td><td>移交日期</td><td>年　月　日</td></tr>
<tr><td colspan="4">兹证明承包单位 ×× 公司施工的（合同工程名称），已按施工合同要求完成，经验收合格，并按合同约定履行了＿＿＿＿＿＿＿＿＿＿义务，即日起（或自＿＿年＿＿月＿＿日起）该工程移交给接收单位管理。

附件：单位（子单位）工程质量竣工验收记录表</td></tr>
<tr><td colspan="2">施工单位（公章）</td><td colspan="2">建设单位（公章）</td></tr>
<tr><td colspan="2">日期：　　年　月　日</td><td colspan="2">（法定代表人或合同上的发包人代表签字）

日期：　　年　月　日</td></tr>
<tr><td colspan="2">接收单位（公章）</td><td colspan="2"></td></tr>
<tr><td colspan="2">日期：　　年　月　日</td><td colspan="2">日期：　　年　月　日</td></tr>
</table>

注：本表由施工单位填报，施工单位、建设单位、接收单位各存一份。

工程保修责任终止证书

工程名称	（合同工程名称）
地　　点	

兹证明：

承包单位 ××公司施工的（合同工程名称）工程，已按合同要求完成，经验收合格，并按合同约定履行了保修义务，自____年____月____日起 ××公司对（合同工程名称）的保修责任终止。

附件：单位（子单位）工程质量竣工验收记录表

施工单位（公章）	发包单位（公章）
日期：　　年　月　日	（法定代表人或合同上的发包人代表签字） 日期：　　年　月　日

注：本表由施工单位填报，施工单位、建设单位、接收单位各存一份。

工程保修责任终止证书

兹证明：

承包单位××公司施工的（合同工程名称），已按合同要求完成，经验收合格，并按合同约定履行了保修义务，即日起（或自____年__月__日起）××公司对（合同工程名称）的保修责任终止。

工程发包人全称（公章）

____年__月__日

工程保修责任终止函

致

（工程发包人全称）：

我××公司施工的（合同工程名称），已按合同要求完成，经验收合格，并按合同约定履行了保修和绿化养护义务，该工程已于____年__月__日移交给（接收单位全称）管理，即自____年__月__起我司对（合同工程名称）的保修责任终止，特此函告。同时也衷心感谢贵司给我司的本次合作机会，以及在（合同工程名称）合同履行过程对我司的信任和给予我司的帮助，愿与贵司能有再次合作的机会。

顺颂

商祺

××公司

____年__月__日

附录 14：

专业 / 劳务分包版尾款结清确认及承诺书

致

× × 公司：

由我司从贵司分包并施工的（合同工程名称）工程（以下简称“该工程”），经我司与贵司协商一致，现已完成该工程的结算及款项结清工作，现就该工程的相关事宜做如下确认和承诺：

一、该工程的最终结算价款（含应向贵司上交的管理费及其他相关费用）为人民币（¥______元）[或用“以业主方（工程发包人）（工程发包人名称）最终支付到达贵司账户的实际款额为准”]，我司对此予以认可。

二、我司确认已于____年__月__日收到贵司支付给我司该工程的全部尾款，即贵司已与我司结清该工程的全部工程款。

三、我司因该工程所雇用的劳务人员工资已全额发放给劳务人员本人（或劳务公司），我司对劳务人员工资发放的真实性负责，若因该工程出现欠薪、讨薪事件，或有弄虚作假的情况，我司承诺无条件自筹资金予以支付并承担由此而引发的各种责任。

四、我司因该工程与第三方之间的所有债务（包括但不限于人工费、机械费、材料费、租赁费等），均与贵司无关，也无须由贵司承担连带责任，此类债务由我司全额承担，并承担由此而引发的各种责任。

五、因该工程的发包方已将该工程的全部尾款（含质量保修金）支付给贵司，根据我司与贵司签订的该工程承包合同，我司已于____年__月__日收到贵司支付给我司上述工程的全部尾款（含质量保修金），为确保该工程保修责任及其他相关责任或义务的落实，我司在此郑重承诺：

1. 该工程的保修责任及其他相关责任或义务均由我司全责承担，并由我司全额承担相关费用。

2. 如发包方因该工程的保修及其他相关责任或义务向贵司提出索赔，则由我司全额承担相关费用。

如我司未能履行上述承诺，导致贵司因此蒙受损失，则贵司可由我司分包贵司的其他项目的应付款中扣除相应款额或用其他任何方式向我司追偿，以抵冲和补偿贵司蒙受的损失。

确认 / 承诺单位（公章）：（分包单位名称）

法人代表签章：

确认 / 承诺单位财务部门盖章：

确认 / 承诺单位财务负责人签章：

确认 / 承诺日期：____年__月__日

附录 15：

采购租赁版尾款结清确认及承诺书

致

× × 公司：

由我司与贵司因（合同工程名称）工程签订的 × × 采购 / 租赁合同（以下简称“该合同”），经我司与贵司协商一致，现已完成该合同的结算及款项结清工作，现就该合同的相关事宜做如下确认和承诺：

一、我司确认该合同的最终结算价款为人民币（¥______元）。

二、我司确认已于____年__月__日收到贵司支付给我司该合同的全部尾款，即贵司已与我司结清该合同的全部工程款。

三、我司因该合同所雇用的劳务人员工资已全额发放给劳务人员本人（或劳务公司），我司对劳务人员工资发放的真实性负责，若因该合同出现欠薪、讨薪事件，或有弄虚作假的情况，我司承诺无条件自筹资金予以支付并承担因此而引发的各种责任。

四、我司因该合同与第三方之间的所有债务（包括但不限于人工费、机械费、材料费、租赁费等），均与贵司无关，也无须由贵司承担连带责任，此类债务由我司全额承担，并承担因此而引发的各种责任。

五、因贵司已支付我司该合同的全部尾款，为确保该合同所采购的材料 / 设备的质量保证责任或保修责任及其他相关责任或义务的落实，我司在此郑重承诺：

1. 该合同的采购的材料 / 设备的质量保证责任或保修责任及其他相关责任或义务，均由我司按国家、行业、工程所在地的相关规定及我司出具的材料 / 设备出厂书面承诺全责承担，并由我司全额承担相关费用。

2. 如（合同工程名称）工程发包方因该合同采购的材料 / 设备的质量保证责任或保修责任及其他相关责任或义务向贵司提出索赔，按相关规定属我司责任的，则由我司按责任大小承担相应费用。

如我司未能履行上述承诺，导致贵司因此蒙受损失，则贵司可由我司与贵司签订的其他合同的应付款中扣除相应款额或用其他任何方式向我司追偿，以抵冲和补偿贵司蒙受的损失。

确认 / 承诺单位（公章）：（材料供应商或租赁商名称）

法人代表签章：

确认 / 承诺单位财务部门盖章：

确认 / 承诺单位财务负责人签章：

确认 / 承诺日期：____年__月__日